高等职业教育“新资源、新智造”系列精品教材

电子产品设计与制作

（第3版）

陈 强 主 编

胡逸凡 张建新 吕殿基 副主编

李学礼 白 云 参 编

電子工業出版社

Publishing House of Electronics Industry

北京 · BEIJING

内 容 简 介

本书根据目前最新的职业教育改革要求，以典型电子产品——函数信号发生器为载体，通过 7 个典型工作任务，即电路设计、电路仿真、PCB 设计、PCB 制作、元器件识别与测量、安装与调试、编制技术文件，阐述了电子产品设计与制作的全部过程。通过 3 个综合设计实例，使教学内容更加丰富。本书注重技能训练，采用工作任务引导教与学，内容贴近电子行业职业岗位要求。学生可通过真实任务的实施，获得所需知识，提高动手能力。

本书适用于高等职业院校电子信息类、通信类等专业的学生作为教材，同时也可以作为广大电子制作爱好者的参考用书。

图书在版编目（CIP）数据

电子产品设计与制作 / 陈强主编. —3 版. —北京：电子工业出版社，2021.8
ISBN 978-7-121-37798-3

Ⅰ. ①电… Ⅱ. ①陈… Ⅲ. ①电子产品－设计－高等职业教育－教材②电子产品－制作－高等职业教育－教材 Ⅳ. ①TN602②TN605

中国版本图书馆 CIP 数据核字（2019）第 240855 号

责任编辑：王昭松　　特约编辑：田领红
印　　刷：大厂回族自治县聚鑫印刷有限责任公司
装　　订：大厂回族自治县聚鑫印刷有限责任公司
出版发行：电子工业出版社
　　　　　北京市海淀区万寿路 173 信箱　邮编 100036
开　　本：787×1 092　1/16　印张：14　字数：358.4 千字
版　　次：2010 年 8 月第 1 版
　　　　　2021 年 8 月第 3 版
印　　次：2024 年12月第12次印刷
定　　价：46.00 元

凡所购买电子工业出版社图书有缺损问题，请向购买书店调换。若书店售缺，请与本社发行部联系，联系及邮购电话：（010）88254888，88258888。

质量投诉请发邮件至 zlts@phei.com.cn，盗版侵权举报请发邮件至 dbqq@phei.com.cn。

本书咨询联系方式：（010）88254015，wangzs@phei.com.cn，QQ83169290。

前　　言

本书为强化现代化建设人才支撑，秉持“尊重劳动、尊重知识、尊重人才、尊重创造”的思想，以人才岗位需求为目标，突出知识与技能的有机融合，让学生在学习过程中举一反三，创新思维，以适应高等职业教育人才建设需求。

本书第 3 版在修订过程中，结合了北京信息职业技术学院在北京特色高水平职业院校建设中的课程改革成果，融合了学科的发展和编者多年的教学经验。修订后的教材具有以下特点。

（1）教材以立德树人为根本任务，以知行合一为实现途径，提升学生在电子产品设计与制作过程中的技能水平，培养学生的职业能力和工匠精神。

（2）本书以典型电子产品为载体，以工作任务为导向，由任务入手引入相关知识和理论。每个任务按照任务目标→任务要求→相关知识→任务实施→任务总结的思路安排结构，体现工学结合一体化的教学思路，并引入了新技术、新工艺。

（3）引入世界技能大赛原题，充实教学内容。本书第 8 章提供了 3 个综合设计实例，其中实例二和实例三均取材于世界技能大赛（简称世赛），实例二是编者在原赛题基础上进行加工的，其编写架构与实例一类似；实例三的编写架构与原赛题结构基本保持一致，让读者体会到原汁原味的世赛特点。

（4）更新 PCB 设计软件。在第 2 版教材中介绍的 Protel DXP 2004 软件版本较低，已不能跟上当前 PCB 设计软件发展及人才市场对此岗位的需求，所以本版对第 3 章重新进行编写，介绍了当前比较流行的 Altium Designer Summer 09 软件的使用方法。此款软件一方面适合职业院校 PCB 设计软件更新的进程，另一方面为学生在将来工作中过渡到更高版本的 PCB 设计软件打下良好的基础。

（5）增加可制造性设计（DFM）分析技术。本部分内容让读者建立起 DFM 的概念，学习 PCB 设计中的 DFM 技术，了解 DFM 工具的使用方法。

（6）与国际标准接轨，手工焊接内容参照 IPC 焊接工艺步骤重新撰写。

（7）每章的思考与练习部分增加一些习题，更能充分检验学生的学习情况。

本书由北京信息职业技术学院陈强任主编，北京信息职业技术学院胡逸凡、张建新、北京经济管理职业学院吕殿基任副主编，北京信息职业技术学院电子与自动化学院院长李学礼和北京易睦达电子科技有限责任公司白云高级工程师为参编。陈强对本书的编写思路与大纲进行了总体策划，并对全书进行了统稿和审稿。其中，陈强编写了第 1、4、6 章和第 8.1、8.3 节以及第 5 章除片状元器件的其余内容，胡逸凡编写了第 2 章，张建新编写了第 3 章，吕殿基编写了第 7 章，李学礼编写了第 8.2 节，白云编写了第 5 章中片状元器件的内容。在此特别感谢望友信息科技有限公司蔡强的大力支持。

限于编者的水平，书中难免有疏漏和不足之处，敬请广大读者批评指正，以使本书更趋完美，也更加符合教学需要。

由于 Altium Designer Summer 09 软件的原因，本书对电路图中不符合国家标准的图形、单位、符号（例如，二极管用 D 系列表示，三极管用 Q 系列表示，电容单位写为 u）等未做改动，以便于读者学习和使用实际的 Altium Designer 软件。

编　者

CONTENTS 目录

第1章

电子产品设计概述

本章从电子产品设计的基本概念入手，首先让读者了解电子产品设计的概念、流程、要求、方法，对电子产品设计有一个感性的认识；其次介绍电路设计的基本方法及步骤。由于电子产品设计最终归结为电路的设计，所以我们通过一个设计实例，使读者掌握产品电路的设计方法，在电子产品电路设计中，培养全局意识、工程意识和探究精神。

任务一　函数信号发生器的电路设计

任务目标

① 能够根据电子产品的设计流程，完成函数信号发生器方框图的设计、各个功能单元电路的设计及整个电路原理图的设计，并能进行基本的分析和计算，以达到设计指标的要求。

② 能够综合考虑选取电子元器件。

任务要求

设计函数信号发生器，其技术指标如下：

（1）正弦波信号源。

输出频率范围：200Hz～50kHz，分两波段连续可调。

输出电压范围：（0～10）Vp-p。

（2）方波信号源。

输出频率范围：200Hz～50kHz，分两波段连续可调。

输出电压范围：（0～10）Vp-p。

（3）三角波信号源。

输出频率范围：250Hz～33kHz，分两波段连续可调。

输出电压范围：（0～10）Vp-p。

相关知识

1.1 电子产品设计的概念与特点

1.1.1 电子产品设计概述

设计是一个思维过程，是通过构思和创造，将设想以最佳方式转化为现实的活动过程。电子产品的设计就是根据课题的要求，以科学理论为依据，以知识技能为基础，创新构思，将研究方案予以实现的过程。

进行电子产品设计，不仅要掌握过硬的电子专业知识，还要了解市场变化，懂得产品造型艺术，对视觉、触觉、安全及使用标准等各方面有详细的了解。设计人员应该将对这些方面的考虑与生产过程中的技术要求，包括销售、流通和维修服务等有机地结合起来。

1.1.2 电子产品设计的特点

电子产品设计的技术是现代科学技术中发展最快的一门技术。由于电子产品种类繁多、应用广泛、可靠性高、精度高、控制系统复杂，且集知识、技术、信息为一体，所以在设计时应考虑以下几点。

（1）明确目标。

对要设计的产品，要分清实现目标的主次因素，抓住主要矛盾，明确首要目标，以便选择有效的设计方法，解决关键问题，设计出好的方案。

（2）多种备选方案。

设计人员的责任就是对同一目标构思出多种方案，然后通过优化设计的方法，优中选优，确定一个最佳方案，并将其运用到实践中。

（3）制约因素。

进行方案选定时，肯定会受到多方面条件的限制，如物理、化学、数学等方面基本规律的限制；人力、物力、财力等条件的限制；社会和法律因素的限制；民族和人们生活习俗的限制；生产设施和资料来源的限制；发展演化的限制；市场变化的限制等。

1.1.3 电子产品设计的程序

电子产品设计的程序包括方案论证、初步设计、技术设计、试制与实验，以及设计定型五个阶段。

1. 方案论证

设计一种产品，其根本目的是满足社会生产和人们的需要。对设计者来说，完成设计的标准就是满足和实现这些需求。调查分析这些要求产生的原因，并考虑在技术上、经济上实现的可能性，这一阶段工作通常称为方案论证。它是设计的依据和基础。

2. 初步设计

初步设计又称总体设计，它所依据的性能、规格、用途，通常由用户或双方共同提出。

初步设计的主要目的是确定设计对象的主要参数，并保证有足够的精确度，以便做出完善的设计。初步设计的最终结果是确定产品的主要参数值，避免以后重复设计，并使评价指标体系达到最佳状态。

3．技术设计

技术设计是产品设计定型阶段。技术设计依据总体方案确定的参数、尺寸，精确地对每个零部件进行设计，确定它们的结构、形状、尺寸、材料、强度及质量等参数。有的零部件有时也需要做些试验性的验证工作。技术设计的内容一般包括：确定产品总图、部件装配图及主要零部件图；编制零部件明细表；编写设计说明书，指定产品的技术经济指标；对新产品进行技术经济分析。

在技术设计阶段，要完成图纸设计，造出样机，同时要进行一系列静态和动态试验。有关的试验设备、仪器也要在这一阶段完成准备。

4．试制与实验

除了试制样机和部件，还要进行一系列的工艺设计，其中包括解决技术问题、工艺装备、制订零件加工方法、部件装配及整机装配等，并按规定进行整机的静力试验、动力试验等，以考核产品的规定性能。

5．设计定型

这一阶段要在有关主管部门主持下，经专家鉴定确认产品符合性能要求，图纸齐全、规范，技术文件和试验资料充分，即可办理设计定型手续。在实际工作中，一般还要经过小批量生产，通过试用进一步发现问题，进行改善。

1.2　电子产品设计的要求与方法

1.2.1　电子产品设计的要求

设计产品关系到众多要素，在设计中处理好它们相互之间的关系，是产品设计的关键所在。电子产品在设计时，应按照安全、可靠、耐用、经济、美观、好造、易修的要求进行。

1．可靠性

可靠性是指产品在规定的条件下，在规定的时间内，不出故障地完成规定功能的概率。产品的寿命取决于产品的可靠性，而产品的可靠性取决于设计中的可靠性。

2．安全性

在设计电子产品时要特别注意安全性设计。世界各国对电气产品有安全性的规定，如我国的3C认证、美国的UL标准、欧洲的IEC标准等。尤其是出口产品，必须取得进口国的安全认证才能输出。尽管各国对不同电子产品的安全标准规定不同，但为了防止触电、火灾等事故的发生，都对绝缘材料、绝缘距离、认定元器件等有相应的规定。

3．实用性

实用性是产品设计的目的。实用性好是指性能良好，操作、使用与维护方便。在设计时应“形式服从功能”，遵循实用、合理、为消费者着想的原则。

4．工艺性

工艺性是衡量设计质量的重要标志之一。美国专家对机电产品质量进行的分析表明，工艺性不良所造成的缺陷占缺陷总数的20%。因此，产品设计要有良好的工艺性，要尽可能地考虑加工的方便、制造上的技术水平和生产能力等。

5．标准化

在产品设计中，要贯彻执行标准化、通用化、系统化的设计原则，积极采用国际先进技术标准。这可以简化产品的结构和设计，提高零部件的通用性和互换性，节省开发时间，便于产品维修。

6．延续性

在产品设计中，要尽可能采用原有产品中先进、合理的部分及已掌握的生产技术和生产经验。这样不仅可以使原有设备得以重复利用、降低产品成本，还可以缩短设计时间，加快开发进程。

1.2.2　电子产品设计的方法

设计方法是实现预期目标的途径。在电子产品设计中，有很多实用而有效的设计方法，它们都建立在各自的理论基础之上，每种方法都是一门学问，这里只进行简要说明。

1．系统论设计法

系统论设计法是以整体分析及系统观点来解决各个领域中具体问题的科学方法。系统论设计法具有整体性、目的性、有序性、反馈性和动态性等特点。系统论设计法主要分为系统分析、系统设计及系统实施三个步骤，其中系统分析分为总体分析、功能分析、指标分配、方案研究、分析模拟、系统优化及系统综合等。系统论设计法也就是在设计时，综合考虑设计对象及与之相关的各个方面的功能分配与协调。

2．优化设计法

优化设计法是指在各种限制条件下，优选设计参数，实现产品优化设计。一项电气产品的设计，总是力图在给定功率、体积及成本等限制条件下寻求最佳效果，取得最优的技术经济指标。在优化设计过程中，首先要建立优化设计的数学模型，选择适当的优化方法；其次要编写优化程序；然后输入必要的数据和设计参数初始值，通过计算机求解并输出优化结果。

3．计算机辅助设计法

计算机辅助设计法（Computer Aided Design，CAD）是指以计算机软、硬件为依托，以数字化、信息化为特征，计算机参与产品设计的一种现代化的设计方式和手段。计算机辅助设计产品具有高效性、科学性及可靠性等常规设计所不具备的优点，它可以对设计对象的有关资料（如数据、图表及公式等）进行自动检索和运算。将人的经验、智慧与计算机的高速运算结合起来，方便地实现优化设计。计算机还可以通过屏幕显示样品设计模型，并进行仿真分析，对多种方案进行模拟、比较，并将最终设计结构绘成图纸，同时输出有关数据。计算机辅助设计还可以借助数据库，利用各种标准化典型结构设计加快设计进度。现在各种电路设计、电路板设计及机械设计等的CAD已广泛应用于产品设计中。

4．模块化设计法

模块化设计法是在产品设计时将产品按功能作用的不同分解为几个不同的模块，模块之间保存相对的独立性，然后将模块互相连接起来构成完整的系统。也可以设计一系列可互换的不同功能的模块，便于选用所需的功能模块与其他部分组成不同的新产品。这样就可以将原来复杂的问题简化、分解，使设计工作能平行开展，缩短设计周期。由于模块功能相对独立，设计中的错误被局限在有限的范围内，有利于调试、查找和纠正问题。同一模块还可以被用于不同的设计中，这使设计的工作量大大减少。

1.3　电路设计的基本内容与方法

1.3.1　电路设计的基本内容

电路设计的基本内容主要包括以下几个方面。

① 拟定电路设计的技术条件（任务书）。

② 选择电源的种类。

③ 确定负荷容量（功耗）。

④ 设计电路原理图、接线图、安装图及装配图。

⑤ 选择电子电气元件，制订电子元器件明细表。

⑥ 画出执行元件、控制部件及检测元件总布局图。

⑦ 设计机壳、面板、印制电路板、接线板及非标准电气元件和专用安装零件。

⑧ 编写设计计算说明书和使用说明书。

1.3.2　电路设计的基本方法

1．借鉴设计法

设计者在接到设计任务或确定设计目标后，应结合产品，进行调查研究，了解该行业中此类产品采用电子电路的情况，选取可以借用或借鉴的实用电路。通常存在许多原理和技术上可以借用的电路，设计人员只需对电路做某些改进和元件调整，以适应设计需要。这一过程包括课题分析和方案选取两个阶段。

因此，设计的第一步是将设计任务功能模块化，进行目标分解，将整个电路系统分解为若干个功能模块和功能电路，然后查寻可以借用或借鉴的电路。

虽然电路设计者可以自己设计具体电路，但通常不一定完全需要自己设计。要考虑电路的实用性、时间性和制造成本。借用的电路往往经过实践和时间的考验，因而更有工程价值，这样做可以缩短设计周期。新设计的电路，只有当具有技术先进、性能明显改善和可以降低成本的优势时，才会在工程上被接受。

2．近似设计法

近似设计法是设计电路的另一种方法。众所周知，理论可以给设计者一个清晰的思路，但理论往往是有条件的，因而具有一定的局限性。在电路的设计中，精确的理论计算是不必要的。由于元件受多方因素的影响，在设计电路的过程中，往往采取“定性分析、定量估算、实验调整”的方法。所以在设计初期，只需进行粗略计算，帮助近似确定电路参数的取值范围，参数的具体确定需要借助于实验调整和计算机仿真来完成。

3．功能分解、组合设计法

功能分解、组合设计法是设计电子电路的第三种方法。在电路的设计中，经常将电子线路按功能划分为多个子模块，各子模块参照各种具体电路进行设计，然后组合成系统进行统调。在由功能电路组合成大系统时，由于子模块之间存在负载效应的影响，会引起子模块电路之间的参数不匹配，从而使电子产品整体性能下降，这在模拟电路中尤为突出，如频率偏移、阻抗不匹配等，甚至会使电路不能正常工作。因此，在由大系统分解为子系统时，不仅要注意功能分解，还要合理地分配性能指标。如在设计多级放大器时，前级应具有低噪声的特点，放大倍数也不能太高，而后级则应有较大的放大倍数。

在数字系统中，要注意各子模块之间的时钟同步和协调。保证电路满足一定的时序要求，禁止竞争冒险和过渡干扰脉冲出现，以免发生控制失误。控制器一般采用扭环型计数器或微程序控制器实现。

1.4 电路设计的步骤

电路设计的基本步骤是：课题分析、总体方案的设计与选择、单元电路的设计与选择、电子元器件的选用、电路的参数计算、总电路图的设计、审图、撰写产品设计报告。

1.4.1 课题分析

根据技术指标的要求，弄清楚系统要求的功能，确定采用电路的基本形式，据此对课题的可行性做出估计和判断，确定课题的技术关键和拟解决的问题。

1.4.2 总体方案的设计与选择

在对设计任务的各项功能要求、技术指标进行分析后，接下来就可以选择总体方案。

1．选择总体方案的一般过程

总体方案是根据设计任务书提出的任务、要求和性能指标，用具有一定功能的若干单元电路组成一个整体，来实现各项功能，满足设计题目提出的要求和技术指标。

由于符合要求的总体方案不止一个，应当针对任务、要求和条件，查阅有关资料，广开思路，提出若干不同方案，然后仔细分析每个方案的可行性和优缺点，加以比较，从中选优，进行优化设计及可靠性设计。在选择过程中，常用框图表示各种方案的基本原理。框图一般不必画得太细，只要说明基本原理就可以了。但有些关键部分一定要画清楚。必要时需要画出具体电路加以分析。

2．选择方案时应注意的几个问题

① 应当针对关系到电路全局的问题，多提些不同的方案。有些关键部分，还要提出各种具体电路。根据设计要求进行分析比较，从而找出最优方案。

② 既要考虑方案的可行性，还要考虑性能、可靠性、成本、功耗和体积等问题。

③ 选定一个满意的方案并非易事，在分析论证和设计过程中需要不断改进和完善，但应尽量避免方案上的重大反复，以免浪费时间和精力。

1.4.3 单元电路的设计与选择

在确定总体方案，画出详细框图之后，便可进行单元电路的设计。

① 根据设计要求和总体方案的原理框图，确定对各单元电路的设计要求，必要时应拟定主要单元电路的性能指标。应注意各个单元电路之间的相互配合，尽量少用或不用电平转换之类的接口电路，以简化电路结构、降低成本。

② 拟定出各单元电路的要求，检查无误后方可按一定顺序分别设计每个单元电路。

③ 设计单元电路的结构形式。一般情况下，应查阅有关资料，从中找到适用的参考电路，也可从几个电路中综合得出需要的电路。

④ 选择单元电路的元器件，根据设计要求，调整元器件，估算参数。

1.4.4 电子元器件的选用

电子产品的制作过程需要各种各样的电子元器件。为了确保产品质量，降低成本，电子元器件的选用是产品生产、制作的关键。如果选用不当将影响各项技术指标的实现，会出现废品、次品。

电路原理图上标明了各元器件的规格、型号及参数，它是电子元器件选用的依据。已经定型的产品，原理图上各元器件是经过设计、研制、试制后投入生产的，一般情况下，选用的元器件是不允许更换的。但对于电子产品的研制者、维修人员来说，由于客观条件等诸多因素的影响，在符合技术要求规范的条件下，可机动灵活地选用元器件。在某些特定情况下，即使有了原理图，但由于有些元器件参数标注不全，如电解电容只标容量不标耐压，在电源电路选择中也要重新考虑；产品使用现场条件与技术资料不符，可调整部分元器件以适应实际要求；个别元器件当地买不到，可选用符合要求的元器件代用；在维修过程中发现个别元器件有不合理之处，就需要更换合适的元器件。

电子元器件是执行预定功能而不可拆卸分解的电路基本单元，如电阻器、电容器、半导体分立元件、半导体集成电路、微波元器件、继电器、磁性元件、开关、电连接器、滤波器及传感器等。实践证明，在电子设备中元器件失效总数的44.4%～66.6%是由于选用不当引起的，而元器件本身质量引起的失效只占33%～46%，见表1-1。因此元器件的选用在电路设计中占有重要地位，设计人员必须高度重视。

表1-1 元器件失效原因统计

报告日期	选用不当引起失效	器件本身质量引起失效	资料来源
1982年7月	66.6%	33%	某厂元器件总结报告
1989年11月	54%	46%	信息产业部五所
1990年1月	64%	33%	航天部（信息管理简报）
1998年6月	44.4%	—	航天质量局

1. 元器件的选择原则

① 选择经实践证明质量稳定、可靠性高、有良好信誉的生产厂家的标准器件，不能选用

淘汰的或劣质的元器件。

② 元器件的技术性能、质量等级及使用条件等指标应满足电路设计的要求。

③ 在满足性能参数的情况下，应选用低功耗、低热阻、低损耗角、高功率增益及高效益的元器件。

④ 国产元器件的优选。首先选择经过认证鉴定的符合国标的元器件，经过使用考验的、符合要求的、有稳定货源的元器件。

⑤ 进口元器件。优选国外权威机构的 PPL（优选清单）、QPL（质量鉴定合格的元器件清单）中的元器件；生产过程中经过严格筛选的高可靠元器件。

2．元器件的选用

应优先选择型号优先手册或国外权威机构公布的优选清单 PPL 中的元件。设计人员应制定准确的采购元器件的技术规范，为保证可靠性要求，规范应明确筛选（含二次筛选）和质量指标一致性检验的措施和方法。同时应按型号规定制定合格的元器件采购清单。必须明确在采购清单中影响元器件的可靠性和质量的因素，如质量等级、环境条件、失效率、技术标准、封装形式、特殊要求（抗静电特性、芯片保护工艺等）及生产厂家等。

采购规范应按规定经审批后方可实施。元器件在产品中的应用确定后，应预计其是否满足电路对元器件可靠性的要求。

3．优先选用集成电路

集成电路具有体积小、成本低、可靠性好、安装调试简单等优点，简化了设计，已得到越来越广泛的应用。

4．分立元件依然不可替代

在高频率、高电压、大电流或要求噪声低的特殊场合仍需采用分立元件，如有些功能简单的电路只需用一只三极管就能解决问题。如采用集成电路，反而使设计的电路复杂化，且增加成本，小题大做了。

1.4.5 电路的参数计算

在设计电路过程中，常需要计算一些参数。如设计积分电路时，需计算电阻值和电容值，还要估算集成运放的开环电压放大倍数、差模输入电阻、转换速率、输入偏置电流、输入失调电压和输入失调电流及温漂，最后根据计算结果选择元器件。

1．计算参数的重要性

电路的参数计算，主要是正确运用已学过的分析方法，搞清电路原理，灵活运用公式进行计算。如实际应用中需要开发一个产品，设计一个电路，去满足一项或几项功能，要计算输出功率、电压、电流等参数及控制时间、方式等，必须进行参数计算，并对元器件的规格、型号、参数及数量进行选择。

2．计算参数的方法

（1）参数计算的基本原则。

在电路参数的计算中，精确的理论计算往往是不切实际的，由于元器件的离散性，以及受多方面因素的影响，只需进行粗略计算，确定电路参数的初选数值范围，而参数的准确数

值要借助于计算机仿真实验来调整确定。工程实践和产品开发设计制作的经验说明，电路中的分析计算采取“定性分析、定量估算、实验调整”的原则是非常行之有效的。

（2）理论公式计算法。

理论公式计算仍是初步估算的基本方法之一，各种电路（交直流电路、模拟电路、数字电路及控制电路等）的计算，都是给出已知条件，求出未知条件来进行的，最后经实验调整确定参数。如设计一个分立元件的直流稳压电源，设计任务书给出技术指标如下：输出电压 U_o=6V，输出电流 I_o=200mA，输出电阻 R_o≤0.2Ω，稳压系数 S_r≤0.05，最大输出纹波电压 U_{WB}≤10mV，最大保护动作电流 I_{BD}=300mA。根据已知条件，借助于已学过的计算公式，可计算出整流滤波电路的参数，调整管的有关参数，确定基准电压及基准放大级的参数，计算出保护电路的参数，最后计算选择各种元器件的规格、型号，经安装实验确定电路。

（3）工程经验公式计算法。

工程经验公式是考虑了各种主、客观因素的影响，并在长期的生产实践中总结出来的符合实际的行之有效的计算公式，计算简单、方便、准确，省去了一些中间计算环节，大大提高了计算速度。

3．计算参数应注意以下几点

① 各元器件的工作电压、电流、频率和功耗等应在允许范围内，并留有适当裕量，以保证电路在规定的条件下能正常工作，达到所要求的性能指标。

② 对于环境温度、交流电网电压变化等工作条件，计算参数时应按最不利的情况考虑。

③ 涉及元器件的极限参数（如整流桥的耐压）时，必须留有足够的裕量，一般按 1.5 倍左右考虑，例如，如果实际电路中三极管 U_{ce} 的最大值为 20V，挑选三极管时应按≥30V 考虑。

④ 电阻值尽可能选在 1MΩ 范围内，其数值应在常用电阻标称值系列之内，并根据具体情况正确选择电阻的品种。

⑤ 非电解电容尽可能在 100pF～0.1μF 范围内选择，其数值应在常用电容器标称值系列之内，并根据具体情况正确选择电容器的品种。

⑥ 在保证电路性能的前提下，尽可能降低成本，减少元器件品种，减小元器件的功耗和体积，为安装调试创造有利条件。

⑦ 应将计算确定的各参数标注在电路图的适当位置。

⑧ 设计电路时应尽可能选用中、大规模集成电路，但晶体管电路在设计时仍是最基本的方法，具有不可替代的作用。

⑨ 单元电路的输入电阻和输出电阻，应根据信号源的要求确定前置级电路的输入电阻，或用射极跟随器实现信号源与后级电路的阻抗匹配和转换。

1.4.6　总电路图的设计

设计好各个单元电路之后，应画出总电路图。总电路图是进行实验和印制电路板设计的主要依据，也是进行生产、调试及维修的依据，因此，画好一张总电路图非常重要。

画总电路图的一般方法如下。

① 根据信号的流向，通常从输入端或信号端画起，从左到右或从上到下按信号流向依次画出各单元电路。不要将电路画成长窄条，必要时可按信号流向的主通道依次将各单元电路排成类似于“U”的形状，它的开口可以朝左，也可以朝其他方向。

② 尽量将总电路图画在一张图样上。如果电路比较复杂，一张图样画不下，应将主电路画在一张图样上，而将一些比较独立或次要的部分（如直流稳压电源）画在另一张或几张图样上，并用适当方式说明各图样之间的关系。

③ 电路中所有连线都要表示清楚，各元器件间的绝大多数连线应在图样上直接画出。连线画成水平线或竖线，一般不画斜线。互相连通的交叉线，应在交叉处用圆点标出。连线要尽量短。电源只标出电压的数值（+5V、+10V、−15V）。电路图的安排要协调、紧凑，疏密得当，布局合理。总之，要清楚明了、美观协调。

④ 电路图中所有中大规模集成电路，通常用框形表示。在框中标出型号、名称和引脚号。符号应标准化。

⑤ 集成电路引脚较多，多余引脚应做适当处理。

⑥ 先画草图，调整好布局和连线后，再画出正式的总电路图。

1.4.7 审图

在开发设计过程中可能会考虑不周，各种计算可能出现错误，所以，在画出总电路图并计算全部参数之后，要进行全面审查。审图应注意以下几点。

① 先从全局出发，检查总体方案是否合适，有无问题，再检查各单元电路的原理是否正确，电路形式是否合适。

② 检查各单元电路之间的电平、时序等配合有无问题。

③ 检查电路中有无烦琐之处，是否可以简化。

④ 根据图中所标出的各种元件的型号、参数等，验算能否达到指标要求，有无一定的裕量。

⑤ 要特别指出，元件应工作在额定范围内，以免实验时损坏。

⑥ 解决发现的所有问题，并请人复查一遍。

1.4.8 产品设计报告

产品开发设计制作完成之后，通常要求提供产品设计报告和样机。表 1-2 列出了设计报告的内容，供读者参考。

表 1-2 产品设计报告内容

课题的任务与要求	设计题目的任务与要求
系统概述	提出几种设计方案； 方案比较，对选取的方案进行可行性分析； 列出系统框图，介绍设计思路、工作原理
单元电路设计与分析	介绍各单元电路的工作原理，技术指标； 参数计算，元件选择，提出元件采购计划； 如用 EDA 软件设计，应列出程序清单和仿真波形等
安装调试与数据处理	列出测试仪器仪表名称、型号，记录测量数据及波形； 分析安装调试过程中的技术问题，找出原因，提出改进方案
结束语	总结设计制作的结论性意见及收获体会，对存在的问题提出改进方案； 致谢辞
附录	总电路图、元件表、参考文献

任务实施

子任务一 正弦波产生电路的设计

根据任务要求，要设计的函数信号发生器应该由正弦波、方波、三角波信号发生器、放大器输出及直流稳压电源组成，如图 1-1 所示。三种波形发生器通过切换开关从公共的放大电路输出相应的波形。直流稳压电源为整个系统供电。

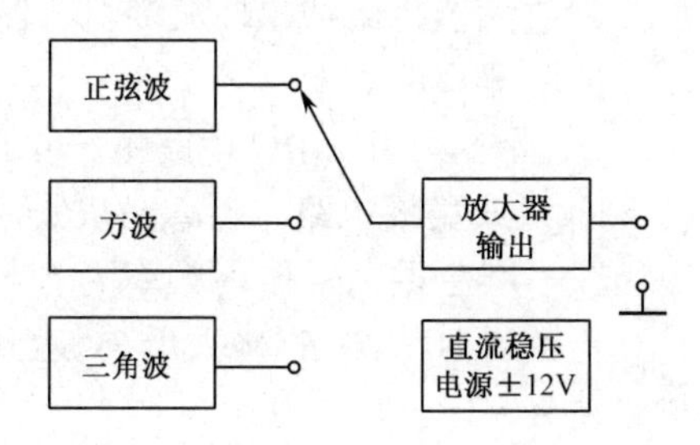

图 1-1 函数信号发生器系统框图

（1）工作原理。

正弦波产生电路是在放大电路的基础上加上正反馈网络而产生一定频率和幅度的正弦波，它是各类波形发生器和信号源的核心电路，其框图如图 1-2 所示。

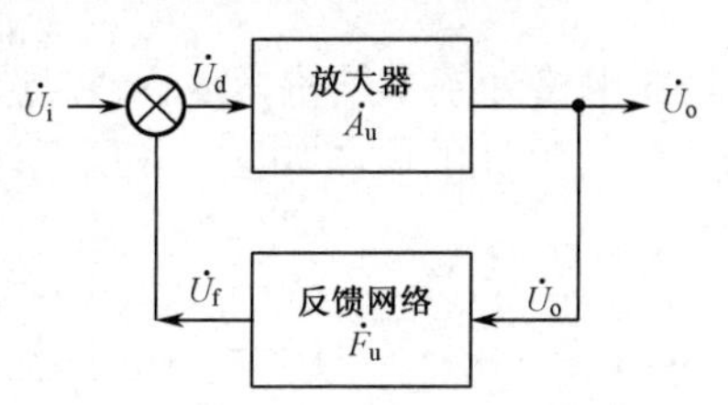

图 1-2 正弦波振荡器框图

如果反馈电压 $\dot{U}_f$ 与原输入信号 $\dot{U}_i$ 完全相等，则即使无外输入信号，放大电路输出端也有一个正弦波信号。这种没有外加信号，依靠电路自身条件产生一定频率和幅度的交流信号的现象称为“自激振荡”。

由此可知，放大电路产生自激振荡的条件是

$$\dot{U}_f = \dot{U}_i \tag{1-1}$$

即

$$\dot{U}_f = \dot{F}_u \dot{U}_o = \dot{F}_u \dot{A}_u \dot{U}_i = \dot{U}_i$$

所以产生正弦波振荡的条件是

$$\dot{F}_u \dot{A}_u = 1 \tag{1-2}$$

振荡器在刚刚起振时，为了克服电路中的损耗，需要正反馈强一些，即要求 $\left|\dot{F}_u \dot{A}_u\right| > 1$（起振条件）。既然 $\left|\dot{F}_u \dot{A}_u\right| > 1$，起振后就要产生增幅振荡，需要靠三极管大信号运用时的非线性特性去限制幅度的增加，这样电路必然产生失真。这就要靠选频网络选出失真波形的基波分量作为输出信号，以获得正弦波输出。

此外，可以在反馈网络中加入非线性稳幅环节，用以调节放大电路的增益，从而达到稳幅的目的。

因此，产生正弦波的电路包括放大电路、正反馈网络、选频网络和稳幅电路。

（2）RC 桥式正弦波振荡器。

RC 正弦波振荡电路结构简单，性能可靠，用来产生几十 kHz 以下的低频正弦信号。常用的 RC 振荡电路有 RC 桥式振荡电路和移相式振荡电路。振荡器用 RC 电路做选频网络，同时采用晶体管或集成运放作为放大器，组成 RC 振荡器。图 1-3 所示为 RC 桥式正弦波振荡器电路。

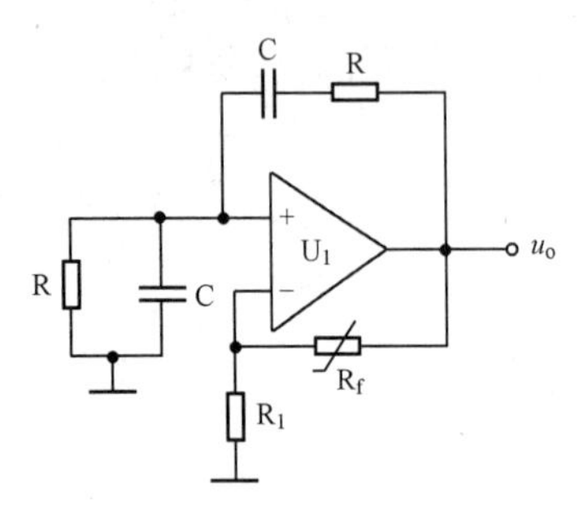

图 1-3　RC 桥式正弦波振荡器电路

图 1-3 中，RC 电路串、并联为正反馈与选频网络，R_f、R_1 组成稳幅电路。当$\omega_o=1/RC$ 时，经 RC 选频网络组成正反馈，产生振荡，振荡频率为 $f_o=1/2\pi RC$。起振时，要求放大倍数 $A_u=1+R_f/R_1$ 略大于 3，达到稳定平衡状态时，R_f减小至使 $A_u=3$。

在设计时，应使 A_u 略大于 3，即 R_f/R_1 略大于 2。若 A_u 远大于 3，则因振幅的增长使放大器工作在非线性区域内，波形将产生严重的非线性失真；若 A_u 小于 3，则不起振。

在负反馈回路中采用负温度系数的热敏电阻 R_f 构成稳幅电路，当 u_o 增加时，i_f 增大、R_f 减小、负反馈加强，使 u_o 下降达到稳幅的目的。

（3）电路的设计。

本电路的设计以图 1-3 所示的电路为基本结构，然后确定选频网络 RC 的参数和稳幅电路元件的阻值，以及集成运放的型号。设计的电路如图 1-4 所示。

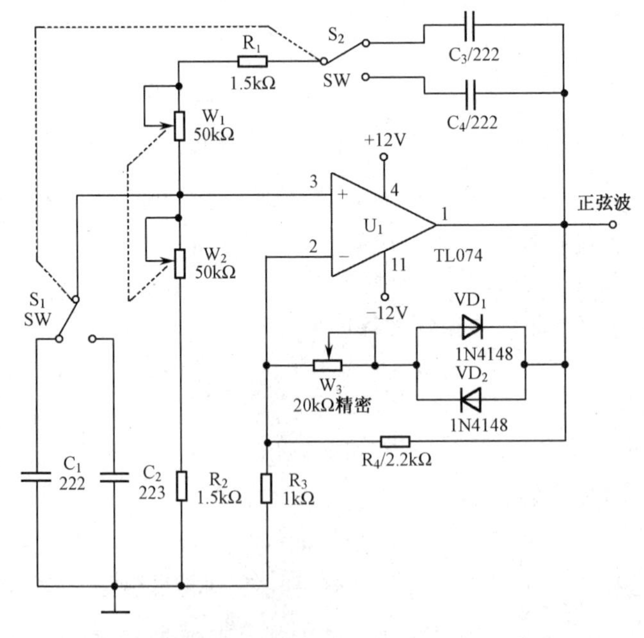

图 1-4　正弦波发生器电路

① 选频网络：正弦波振荡器的设计要求是输出频率范围为 200Hz～50kHz，分两波段连续可调。由于要求输出频率连续可调，所以 RC 选频网络中应包含可调元件。一般情况下，采

用波段开关切换电容的方式实现频段的粗调，在每个频段内用双联电位器完成本波段内频率的细调。这里用波段开关 S_1、S_2 对选频网络中的电容 C_1、C_3（2200pF）和 C_2、C_4（0.022μF）进行切换实现频率粗调。用双联电位器 W_1、W_2（50kΩ）和 R_1、R_2（1.5kΩ）的串联完成频率的细调。串联 R_1、R_2 用于防止双联电位器调到 0Ω 时导致电路工作异常。

选频网络中要求电阻 R_1、R_2 选用精度为 1%的电阻；双联电位器中的两个电位器在调节时的阻值偏差不能太大；电容 C_1、C_3、C_2、C_4 的误差不能超过 5%。若不能满足上述要求，会产生失真的正弦波。

② 稳幅电路：稳幅电路由 VD_1、VD_2 和 W_3 组成。当输出幅度增加时，二极管的动态内阻减小，使 VD_1 或 VD_2 和 W_3 串联的电阻减小，相当于图 1-3 中 R_f 减小，输出幅度下降，达到稳幅的目的。

为了保证电路起振，应使 R_4/R_3 略大于 2，电路中 R_4 选 2.2kΩ，R_3 选 1kΩ。

用作振荡器的运放，其振荡频率最好在运放频率参数的 1/10 较为可靠。这里选用频带宽度为 3MHz 的四运放 TL074。

子任务二　方波产生电路的设计

方波产生的方法很多，最简单的方法是采用过零比较器，将正弦波产生电路输出的正弦波经过零比较器即可得到同频的方波，如图 1-5 所示。

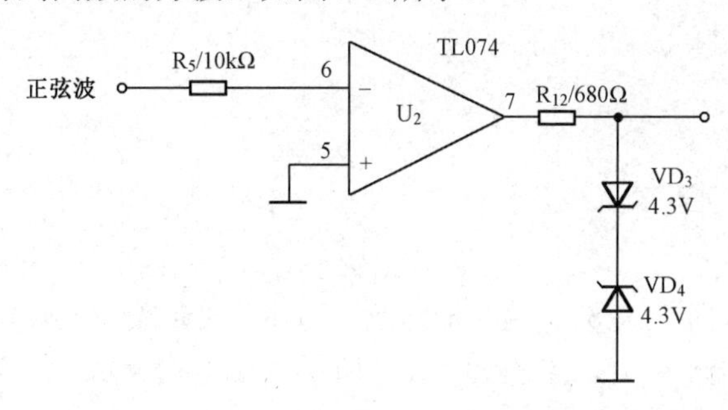

图 1-5　方波发生器

过零比较器的原理是：将输入电压 u_i 与 0V 比较，当 $u_i>0$ 时，运放处于负饱和态，输出电压 $u_o=U_{OL}$（U_{OL} 为低电平）；当 $u_i<0$ 时，运放处于正饱和态，输出电压 $u_o=U_{OH}$（U_{OH} 为高电平）。由于当 $u_i=0$ 时输出电压发生翻转，故称为“过零电压比较器”，波形如图 1-6 所示。

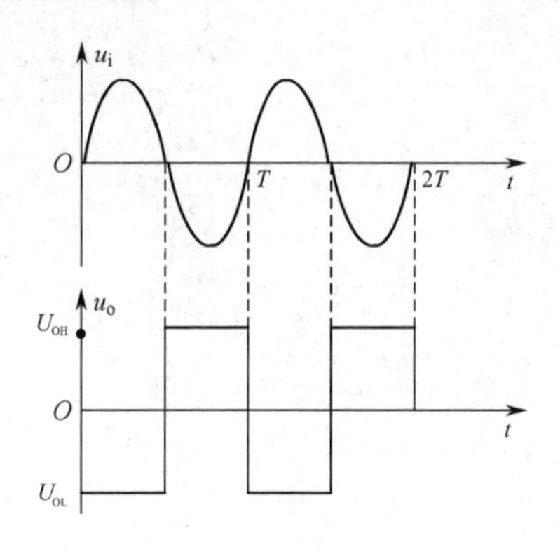

图 1-6　过零比较器输入、输出波形图

当输出低电平时，若无稳压管 VD_3、VD_4，则 U_{OL} 等于负电源电压（-12V）；同理，输出的高电平 U_{OH} 等于正电源电压（+12V）。由于加入两个 4.3V 稳压管，则总有一个稳压管处于稳压状态，另一个处于导通状态，使方波输出电压范围是-5V～+5V。

子任务三　三角波产生电路的设计

三角波产生电路的基本结构如图 1-7 所示。集成运放 U_1 及其周围元件 R_1～R_4、VD_Z 构成电压比较器，集成运放 U_2 及其周围元件 R、C、R_5 构成积分器，输出为三角波，输出电压为

$$u_o = -\frac{1}{RC}\int u_{o1}\mathrm{d}t$$

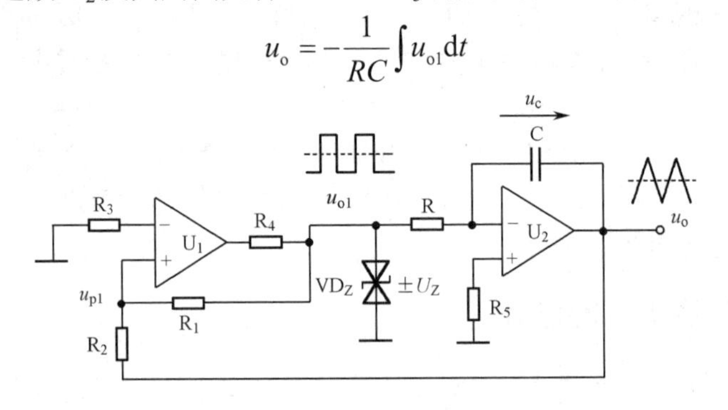

图 1-7　三角波产生电路

三角波的频率为

$$f = \frac{R_1}{4RCR_2} \tag{1-3}$$

三角波的幅度为

$$U_o=(R_1/R_2)\times U_Z \tag{1-4}$$

根据图 1-7，设计一个三角波电路，输出频率范围为 250Hz～33kHz，分两波段连续可调，输出电压范围为（0～10）Vp-p。电路如图 1-8 所示。根据式（1-3）、式（1-4）分别确定电路中的参数。由式（1-4）可得

$$\frac{R_8+W_5}{R_7}=\frac{U_o}{U_Z}=1$$

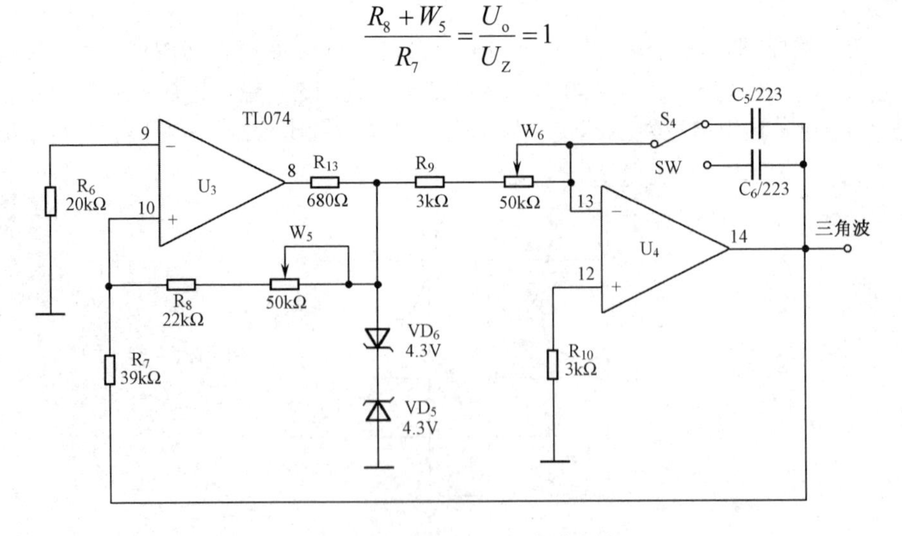

图 1-8　实际设计的三角波电路

取 $R_7 = 39\text{k}\Omega$，则 $R_8 + W_5 = 39\ \text{k}\Omega$，取 $R_8 = 22\ \text{k}\Omega$，W_5为 50 kΩ的电位器，平衡电阻 $R_6 = R_7 // (R_8 + W_5) \approx 20\text{k}\Omega$。

根据式（1-3），三角波的频率 $f = (R_8+W_5)/4R_7(R_9+W_6)C_5$，将 $\dfrac{R_8+W_5}{R_7} = 1$ 代入得

$$f = \frac{1}{4(R_9 + W_6)C}$$

取 $R_9 = 3\text{k}\Omega$，电位器 W_6为 50 kΩ，切换电容 C_5=2200pF，C_6=0.022μF。

子任务四　输出电路的设计

输出电路采用由 LM358 或 LM833（15MHz 带宽）组成的电压跟随器，如图 1-9 所示。调节 W_4可改变信号幅度。

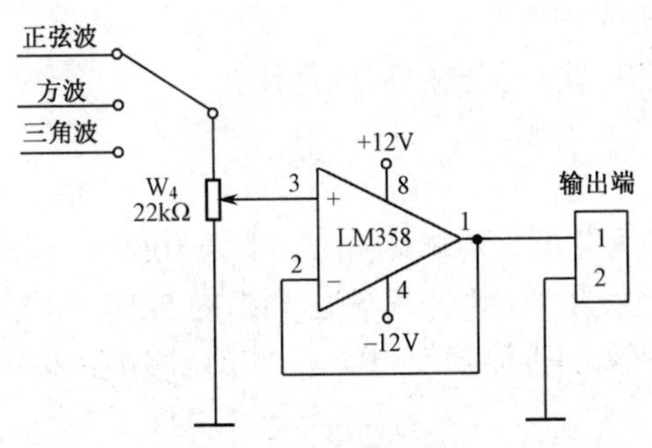

图 1-9　输出电路

子任务五　直流稳压电源的设计

直流稳压电源用于给集成运放供电，由于集成运放工作时的电压为±12V，所以选用的三端稳压块的型号为 LM7812 和 LM7912。根据经验值，LM7812 的输入端电压应为（15～20）V，LM7912 的输入端电压应为(−20～−15)V，所以选用双 15V 输出的变压器。整流管选用 1N4007 即可满足要求。设计的电路如图 1-10 所示。

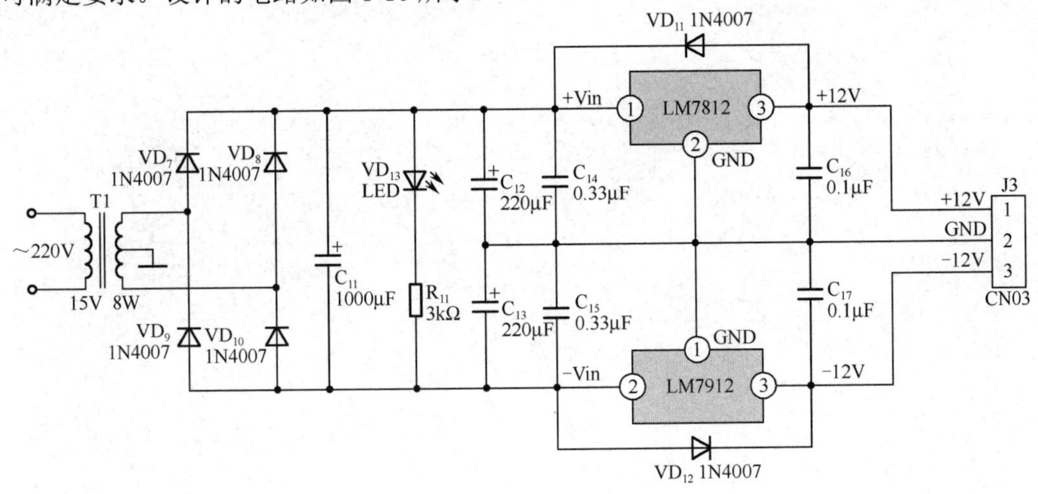

图 1-10　直流稳压电源

图 1-10 中，VD_{11} 和 VD_{12} 是输出保护二极管，当输出电压高于输入电压时，它们导通，保护 LM7812 和 LM7912 的输出级不被损坏。发光二极管 VD_{13} 具有电源指示作用，R_{11} 是其限流电阻。一般发光二极管的导通电压为 1.5～2.0V，其正常发光时通过的电流在 10mA 左右。电路中 C_{11} 两端的电压约为 36V，则电阻 R_{11} 的阻值计算方法是：R_{11}=（36V−2V）/11mA≈3kΩ。

任务总结

本任务首先介绍了电子产品设计的基本概念、电路设计的内容及基本步骤，然后通过函数信号发生器的设计，使学生根据所学的知识按照电路设计的步骤进行设计。

思考与练习

1.1　什么是电子产品设计？电子产品设计包括哪些内容？
1.2　电子产品设计有哪些方法？
1.3　电路设计的方法有哪些？各自的特点是什么？
1.4　简述电路设计的基本步骤。
1.5　怎样画总体电路图？
1.6　试设计一个正弦波发生器，要求其输出频率为 10kHz，画出电路图，标出元器件参数。
1.7　试设计一个三角波发生器，要求其输出频率为 5kHz，画出电路图，标出元器件参数。
1.8　试设计一个输出+8V 的直流稳压电源，画出电路图，标出元器件参数。

第2章

电子产品设计电路的仿真

为了确保设计电路的成功，消除潜在的设计缺陷，必须在理论设计完成后，通过电路仿真验证其正确性及可行性，并找出设计缺陷，使学生对知识的认知从感性上升到理性。由于实际环境中的某些效应，包括串扰、电子噪声及线路噪声等，要在仿真中对它们进行建模十分困难，所以仿真不会替代原型开发。

任务二　函数信号发生器的电路仿真

任务目标

能够正确操作计算机及 Proteus 仿真软件对函数信号发生器电路进行模拟仿真，测量电路的主要参数，分析和评价仿真结果，完成电路原理图的修改、定稿。

任务要求

① 用 Proteus 软件仿真产生正弦波的电路，并进行波形测试及参数的调整。

② 用 Proteus 软件仿真产生方波的电路，并进行波形测试。

③ 用 Proteus 软件仿真产生三角波的电路，并进行波形测试及参数的调整。

④ 用 Proteus 软件仿真稳压电源电路。

相关知识

2.1　Proteus ISIS 电路仿真软件概述

2.1.1　Proteus ISIS 软件概述

Proteus ISIS 是英国 Labcenter 公司开发的电路分析与实物仿真软件。它运行于 Windows 操作系统上，可以仿真、分析（SPICE）各种模拟器件和集成电路，该软件的特点如下。

① 实现了单片机仿真和 SPICE 电路仿真相结合。具有模拟电路仿真、数字电路仿真、单片机及其外围电路组成的系统的仿真、RS-232 动态仿真、I^2C 调试器、SPI 调试器、键盘和 LCD 系统仿真的功能；有各种虚拟仪器，如示波器、逻辑分析仪、信号发生器等。

② 支持主流单片机和微处理器系统的仿真。目前支持的有 ARM7、8051/52、AVR、

PIC10/12、PIC16、PIC18、PIC24、dsPIC33、HC11、MSP430 等。

③ 提供软件调试功能。在硬件仿真系统中具有全速、单步及设置断点等调试功能，同时可以观察各个变量及寄存器等的当前状态，因此在该软件仿真系统中，也必须具有这些功能；同时支持第三方的软件编译和调试环境，如 Keil 和 IAR 软件。

④ 具有强大的原理图绘制功能。

总之，该软件是一款集单片机和 SPICE 分析于一身的仿真软件，功能极其强大。

2.1.2 Proteus ISIS 的运行环境

Proteus ISIS 可运行于 Windows XP、Win7 及更高的操作系统上，其对 PC 的配置要求不高，一般的配置就能满足要求。本书中的实验所用版本为 Proteus 7.4，仿真过程中该软件运行流畅，反应迅速，所用机器的配置如下。

CPU：1.5GHz

RAM：256MB

硬盘：40GB

操作系统：Windows XP

2.2 Proteus ISIS 工作界面简介

单击“开始”菜单，在“程序”组中选 Proteus 7 Professional 程序，如图 2-1 所示。Proteus ISIS 的工作界面是一种标准的 Windows 界面，如图 2-2 所示，包括标题栏、菜单栏、标准工具栏、模式选择工具栏、元件列表、方向工具栏、仿真按钮、预览窗口和原理图编辑窗口。

图 2-1　从“开始”菜单启动 Proteus

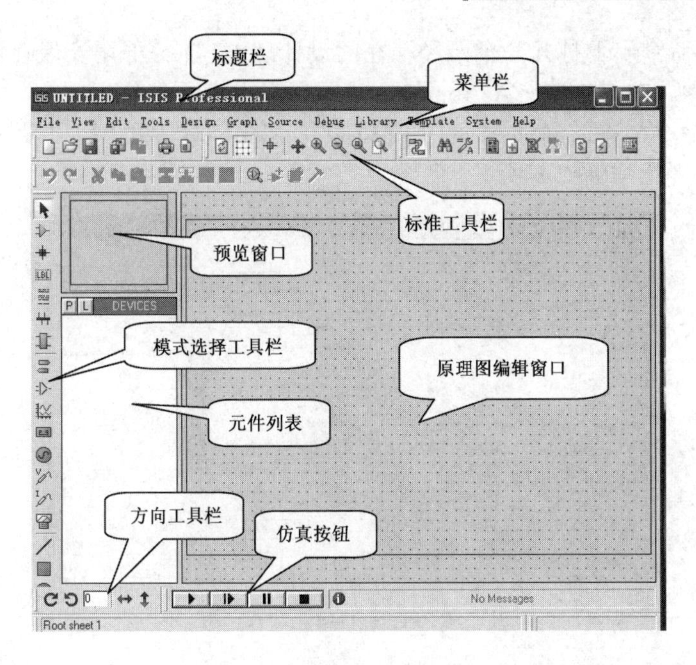

图 2-2 Proteus ISIS 的工作界面

2.2.1 主菜单

主菜单包含 Proteus 的所有命令操作，按功能分为 12 组菜单项，如图 2-3 所示。通过选择主菜单上的菜单项就可以实现相应的功能，下面只介绍本书所用到的菜单项。

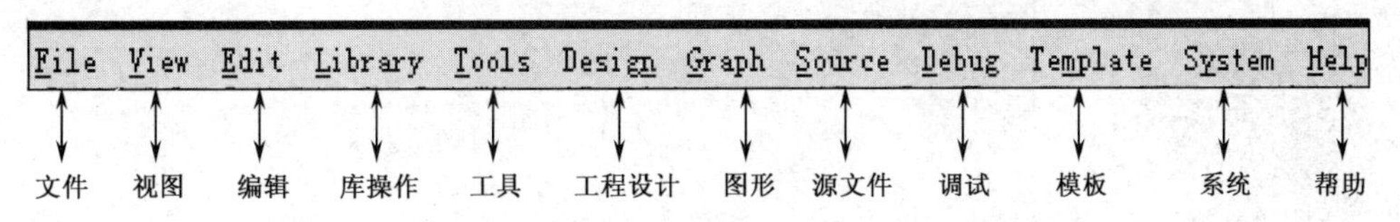

图 2-3 Proteus ISIS 的主菜单

1. File 菜单

该菜单项主要用于文件的操作和管理，包括以下菜单命令。

New Design 是新建设计命令，运行该命令时将打开“Creat New Design”对话框，根据需要选择新建设计的模板，如图 2-4 所示。

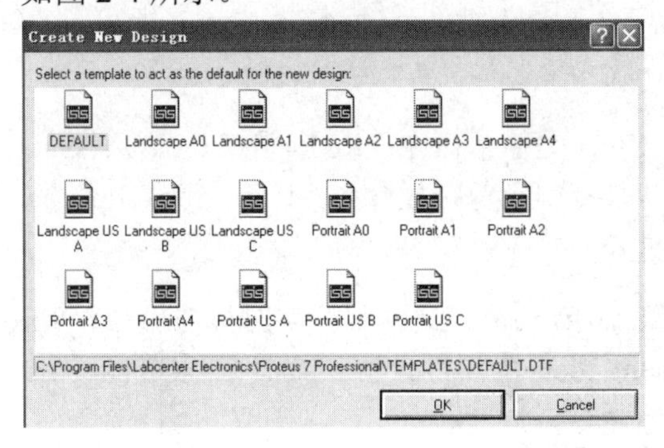

图 2-4 “Creat New Design”对话框

Open Design 命令用于打开一个已经存在的设计。Save Design 用于保存设计。Save Design As……表示另存为。Save Design As Template 表示保存为模板命令。

Print 为打印命令，运行该命令时打开“Print Design”对话框，可以设置打印范围、缩放比、页面设置等内容，如图 2-5 所示。

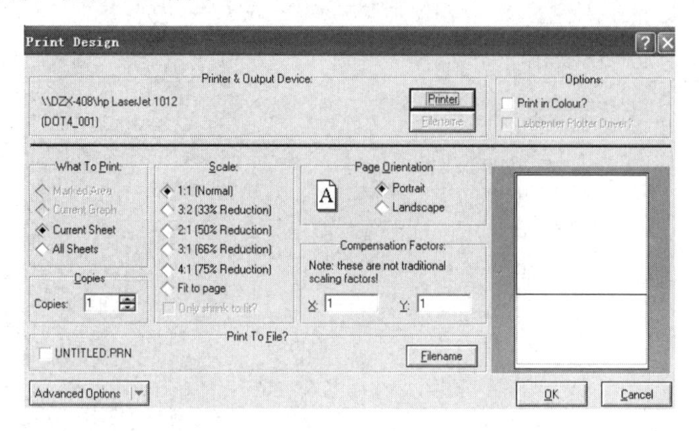

图 2-5 “Print Design”对话框

Print Setup 命令为打印设置，运行该命令时可打开“打印设置”对话框，可以设置打印机的属性和纸张，如图 2-6 所示。

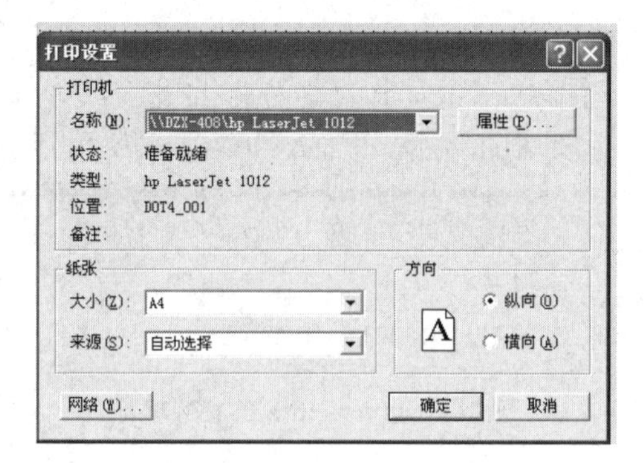

图 2-6 “打印设置”对话框

2．View 菜单

该菜单包含的命令：Redraw 为刷新显示内容命令；Grid 为栅格打开和关闭切换命令；Snap 为设置捕捉栅格的间距命令；Pan 为视图移动命令；Zoom 为视图的缩放命令。

3．Edit 菜单

该菜单包含的命令：Undo 是撤销命令；Redo 是恢复命令；Cut to clipboard 是剪切到剪贴板命令；Copy to clipboard 是复制到剪贴板命令；Paste from clipboard 为从剪贴板中粘贴命令。

4．Tools 菜单

该菜单包含的命令：Real Time Annotation 为实时标注命令；Wire Auto Router 为自动布线命令；Properties Assignment Tools 为属性设置工具命令；Global Annotation 为全局标注命令；Bill of Material 为材料清单命令。

5．Design 菜单

该菜单包含的命令：Edit Design Properties 为编辑设计属性命令；Edit Sheet Properties 为编辑当前页面属性命令；New Sheet 为新建页面命令；Remove Sheet 为删除页面命令；Next Sheet 为下一页命令；Goto Sheet 为跳转某一页命令等。

6．System 菜单

该菜单包含的命令：Set Sheet Size 为设置图纸大小命令，如图 2-7 所示；Set Text Editor 为设置文本编辑选项命令，如图 2-8 所示。

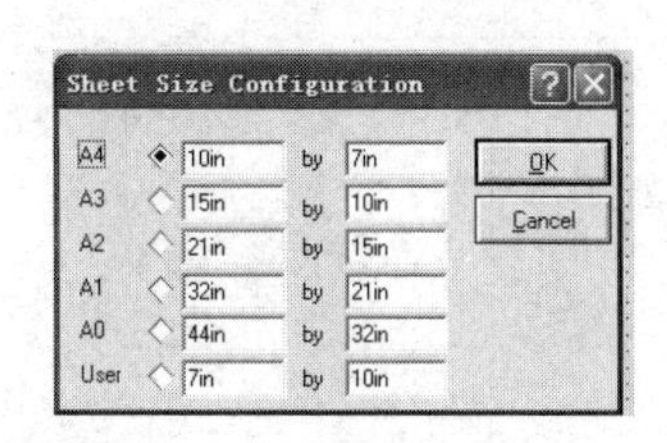

图 2-7　设置图纸大小

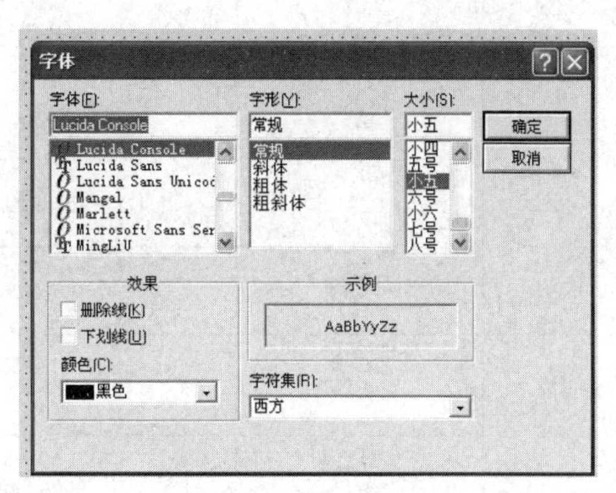

图 2-8　设置字体属性

其他菜单如 Graph、Source、Debug、Library、Template 在本门课中没有涉及，这里就不做介绍了。

2.2.2　主工具栏

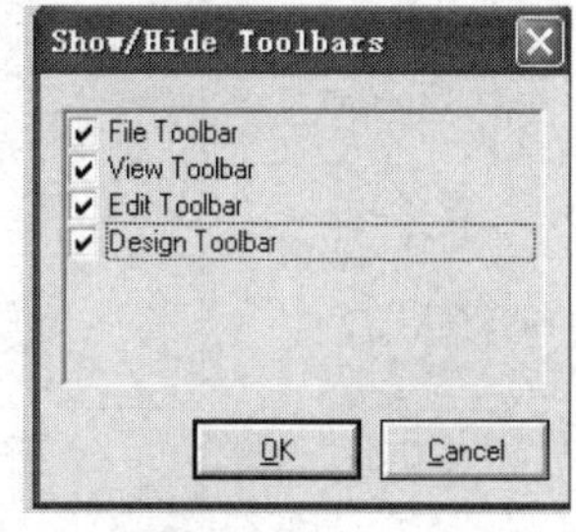

图 2-9　工具栏菜单

该工具栏包含 4 部分，分别为 File Toolbar、View Toolbar、Edit Toolbar 和 Design Toolbar，工具栏的显示与隐藏可通过“View”下的 Toolbar 命令实现。如图 2-9 所示，勾选或取消相应工具栏前面的“√”，即可实现工具栏的显示或隐藏。

工具栏中的每个按钮都对应一个具体的菜单命令，下面仅介绍常用按钮，见表 2-1。

表 2-1　工具栏常用按钮功能

类　别	图　标	对应菜单命令	功　能
File Toolbar		New Design	新建一个设计文件
		Open Design	打开已有的设计文件
		Save Design	保存设计文件
		Print	打印文件

续表

类　别	图　标	对应菜单命令	功　能
View Toolbar		Redraw	刷新显示内容
		Grid	栅格显示或隐藏切换按钮
		Zoom In	放大
		Zoom Out	缩小
		Zoom All	缩放到整图
		Zoom to Area	缩放到区域
Edit Toolbar		Undo	撤销
Edit Toolbar		Redo	恢复
		Cut to clipboard	剪切到剪贴板
		Copy to clipboard	复制到剪贴板
		Paste from clipboard	从剪贴板中粘贴
		Block Copy	块复制
		Block Move	块移动
		Block Delete	块删除
		Pick Devices	从库中选取器件
Design Toolbar		New Sheet	新建页面
		Remove Sheet	删除页面

2.2.3　模式选择工具栏

该工具栏包含 3 部分，分别是主模式图标、部件图标和 2D 图形图标，具体功能见表 2-2。

表 2-2　模式选择工具栏按钮功能

类　别	图　标	功　能
主模式图标		选择模式
		选择元器件
		在原理图中放置节点
		放置或修改连线标号
		输入或修改文本
		创建或修改子电路模式
部件图标		终端模式（如输入、输出）
		图表模式（如直流扫描、交流扫描、瞬态分析）
		激励源模式（如直流电源、正弦交流信号源）
		电压探针模式
		电流探针模式
		虚拟仪器模式（如示波器、电压表、电流表）
2D 图形图标		2D 图形直线模式
		2D 图形文本模式

2.2.4　预览窗口

该窗口有两个作用：一是当在元件列表中选中一个元件时，它会显示该元件的预览图；二是当鼠标焦点落在原理图编辑窗口时（放置元件到原理图编辑窗口后或在原理图编辑窗口中单击鼠标后），它会显示整个原理图的缩略图，并会显示一个绿色的方框，绿色方框里面的内容就是当前原理图窗口中显示的内容，因此，可用鼠标在它上面单击来改变绿色方框的位置，从而改变原理图的可视范围。

2.2.5　元件列表

该列表用于显示已经选用的所有元器件。例如，当选中模式工具栏中的“components”时，单击“P”按钮会打开挑选元件对话框，选择一个元件，单击“OK”按钮后，该元件会在元件列表中显示，以后要用到该元件时，只需在元件列表中选择即可。

对于原理图编辑窗口，蓝色方框内为可编辑区，元件要放到它里面。注意，这个窗口是没有滚动条的，可用预览窗口来改变原理图的可视范围。

2.2.6 方向工具栏

对于具有方向性的对象，该软件提供了旋转、镜像控制按钮来改变对象的方向。注意，该工具只能改变预览状态下对象的方向，如果对象已经放置到原理图编辑区，则只能通过右击选择相应命令的方式实现其方向的改变。旋转、镜像按钮的具体功能见表 2-3。

表 2-3 旋转、镜像按钮功能

类　别	按　钮	功　能
旋转按钮	C	对元件列表中被选中的对象以 90° 间隔顺时针旋转
	↺	对元件列表中被选中的对象以 90° 间隔逆时针旋转
编辑框	0	该编辑框可输入 90° 的整数倍，对元件列表中被选中的对象以相应的角度逆时针旋转
镜像按钮	↔	对元件列表中被选中的对象进行水平镜像旋转
	↕	对元件列表中被选中的对象进行垂直镜像旋转

2.2.7 仿真工具栏

交互式电路仿真是 Proteus 软件的一个重要功能，用户可以通过仿真过程实时观测到电路的状态和各个输出，仿真工具栏主要用于交互式仿真过程的实时控制。仿真控制按钮的具体功能见表 2-4。

表 2-4 仿真控制按钮功能

类　别	按　钮	功　能
仿真控制按钮	▶	开始仿真
	I▶	单步仿真，单击该按钮，电路按预先设定的时间步长进行单步仿真，如果选中该按钮不放，则电路仿真一直持续到放开该按钮
	II	可以暂停仿真，再次按下可继续被暂停的仿真，也可以暂停后接着进行单步仿真
	■	停止仿真，所有可动状态停止，模拟器不占用内存

2.3 Proteus VSM 仿真工具

2.3.1 探针

探针在电路仿真时被用来记录它所连接网络的状态，通常用于图表分析仿真中，也可用于交互仿真中，显示探针连接处的电压值或电流值。该软件提供了两种探针：电压探针和电流探针。

电压探针：电压探针既可用于模拟电路仿真，又可用于数字电路仿真，在模拟电路中电

压探针用来记录电路两端的真实电压值；而在数字电路中，电压探针用来记录逻辑电平及其强度。

电流探针：电流探针只能用于模拟电路仿真中，测量电流的方向由电流探针中的箭头方向来表明，且箭头不可垂直于连线。注意，电流探针不能放置在总线上。

探针和电路中的其他元器件一样，可对其进行旋转、移动和编辑等操作。

1. 放置探针

选择模式工具栏中的“Voltage Probe”按钮或“Current Probe”按钮，此时在预览窗口中可以看到探针。电压探针和电流探针分别如图 2-10 和图 2-11 所示。

图 2-10　电压探针

图 2-11　电流探针

依据电路需要，对探针进行旋转和镜像操作，需要注意的是，一定要保证电流探针上圆圈中箭头所指的方向和连线平行。

在编辑窗口的合适位置单击，放置探针，如果按住左键不放，则可以拖动探针。可以将探针放在已有的连线上，也可以先放置探针，再进行连线。

如果探针没有放置在连线上，系统自动分配给它的名字为“？”，表示此时探针还没有被标注。当探针被放置到网络上时，则系统将分配该网络名称作为探针的名称。如果探针放置的网络还没被标注，系统就分配第一个连接到该网络的元器件的参考值或者引脚的名称作为探针名称。如果移动探针到别的网络，则探针的名称将随着所连接的网络自动更新。

用户也可以根据需要自己编辑探针的名称。双击探针，打开“Edit Voltage Probe”或“Edit Current Probe”对话框，分别如图 2-12 和图 2-13 所示，在 Probe Name 栏或 Name 栏中输入探针的名称，单击“OK”按钮即可。需要注意的是，采用该方法分配的探针名称不再具有自动更新功能，其名称具有永久性。

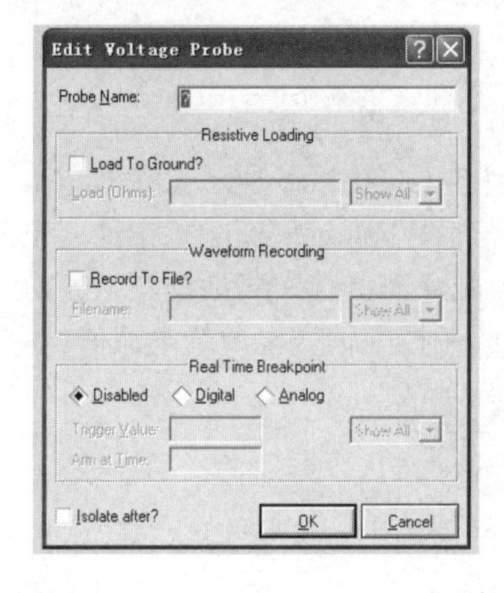

图 2-12　“Edit Voltage Probe”对话框

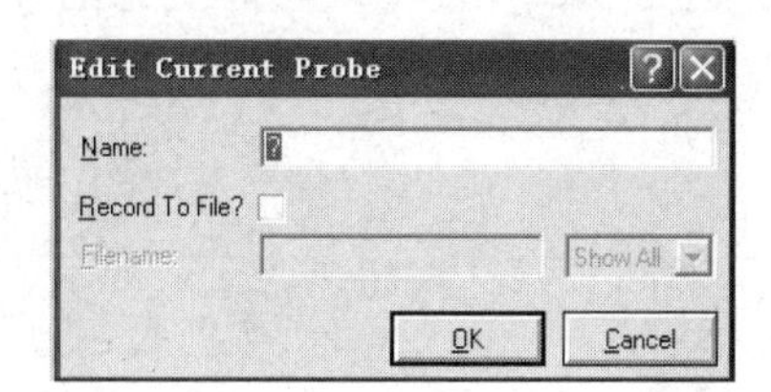

图 2-13　“Edit Current Probe”对话框

2．编辑探针

① 编辑电压探针，“Edit Voltage Probe”对话框还可以进行如下设置。

Load（Ohms）：负载电阻，当探针的连接点没有到地的直流通路时，需要采用这种方式。即选中 Load To Ground 复选钮后，可以设置电压探针的负载电阻。

Record To File：记录测量数据，电流或电压探针都可以将测量数据记录成文件，供 Tape Record 回放。该特性使用户可以用一个电路创建测试波形，在另一个电路中回放该波形。

② 编辑电流探针，“Edit Current Probe”对话框也可以进行 Record To File 设置，同样用来记录测量数据，供 Tape Record 回放。

2.3.2 激励源

激励源的作用是为电路仿真提供电源或输入信号，选择模式工具栏中的“Generator Mode”按钮，元件列表列出了所有的激励源，如图 2-14 所示。下面介绍几种常用的激励源。

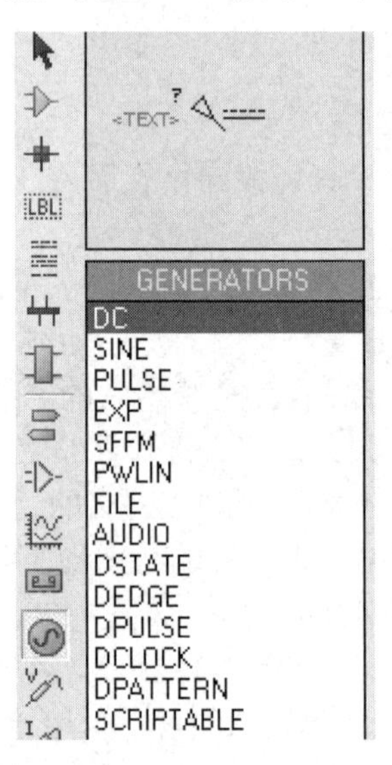

图 2-14 激励源模式

1．DC 激励源（直流电源）

选中 DC，此时在预览窗口中可以看到 DC 激励源，如图 2-15 所示。其放置方法和其他元器件一样，双击打开“DC Generator Properties”对话框，如图 2-16 所示。在 Generator Name 栏中输入激励源的名称，若需要的是直流电压源，则只需在 Voltage(Volts)栏中输入电源的电压值，然后单击“OK”按钮；若需要的是直流电流源，则还需要选中对话框左下方的“Current Source?”复选钮，如图 2-17 所示，然后在 Current(Amps)栏中输入电源的电流值。

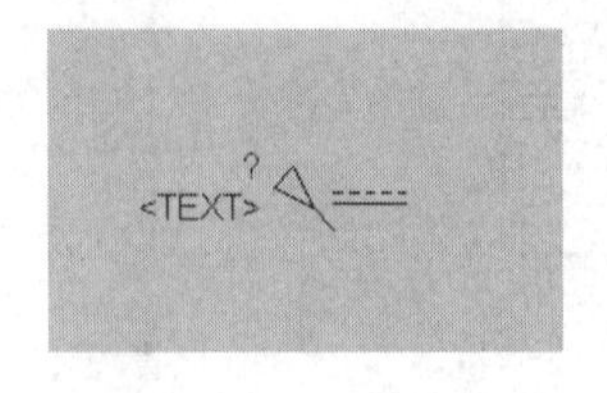

图 2-15 DC 激励源

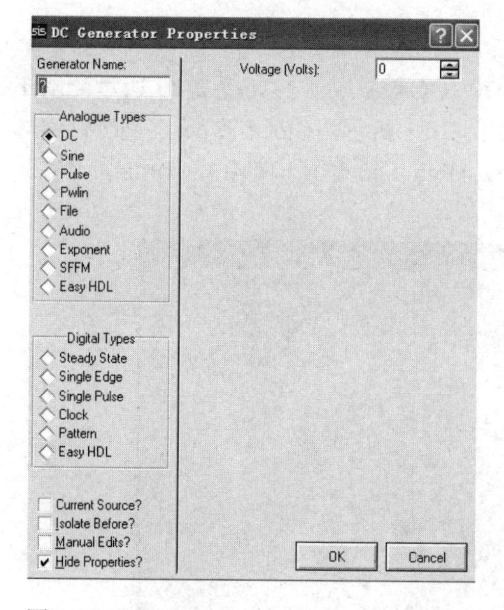

图 2-16 “DC Generator Properties”对话框

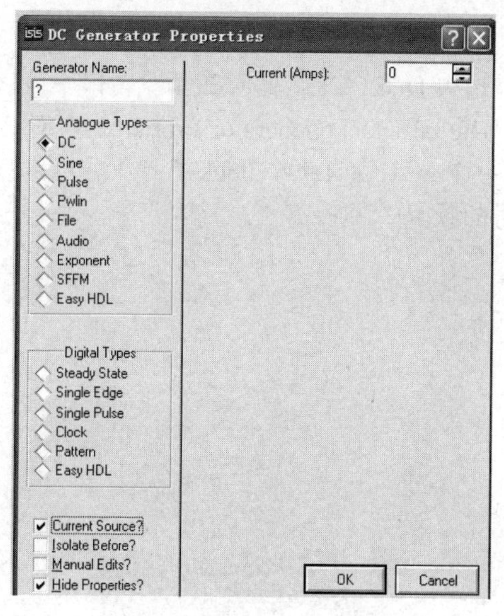

图 2-17　设置直流电流源属性

2．SINE 激励源（正弦交流电源）

选中 SINE，此时在预览窗口中可以看到 SINE 激励源，如图 2-18 所示。

双击打开“Sine Generator Properties”对话框，如图 2-19 所示。其属性设置方法与直流电源设置方法一样。下面介绍它的其他属性，Amplitude(Volts)栏设置信号的大小，它有 3 个选项，Amplitude 表示信号的幅度（最大值），Peak 表示信号的峰-峰值，RMS 表示信号的有效值，这 3 个选项中设置任意一个即可。Timing 栏设置信号的频率，它也有 3 个选项，Frequency(Hz) 表示信号的频率，Period(Secs)表示信号的周期，Cycles/Graph 表示整个图标信号的循环次数，一般通过设置 Frequency(Hz)来设置信号的频率。Delay 栏设置信号的初相位，Time Delay(Secs) 表示信号的延迟，Phase(Degrees)表示信号的初相位，一般该项设置为零。其他属性不经常用，这里就不做介绍了。

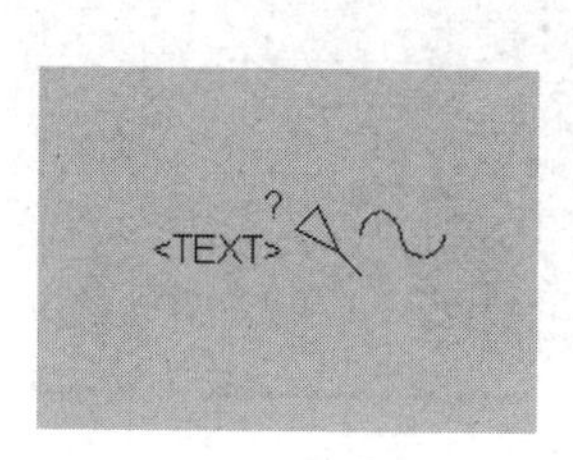

图 2-18　SINE 激励源

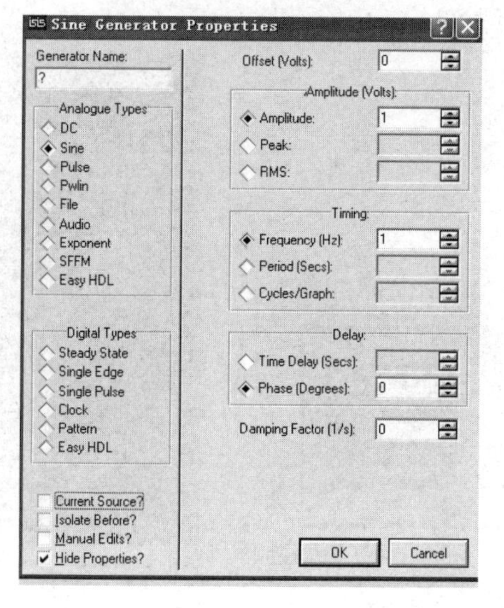

图 2-19　“Sine Generator Properties”对话框

3. DCLOCK 激励源（时钟信号电源）

选中 DCLOCK，此时在预览窗口中可以看到 DCLOCK 激励源，如图 2-20 所示。双击打开“Digital Clock Generator Properties”对话框，如图 2-21 所示。Clock Type 设置时钟信号的类型：Low-High-Low Clock（上升沿）和 High-Low-High Clock（下降沿），Timing 设置时钟信号的频率（周期）。

图 2-20　DCLOCK 激励源

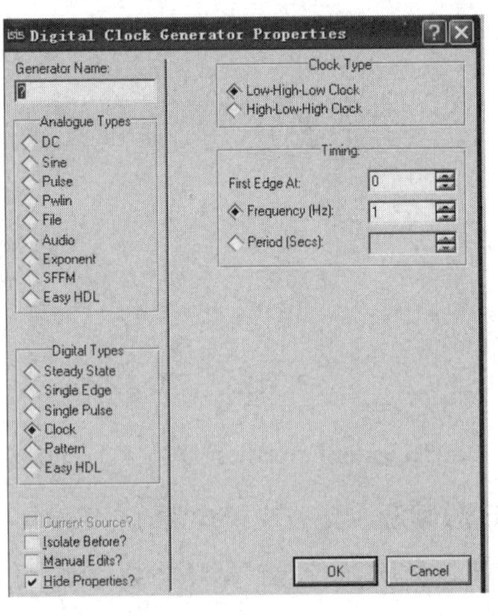

图 2-21　“Digital Clock Generator Properties”对话框

2.3.3　虚拟示波器

该软件提供 4 通道的虚拟示波器，选择模式工具栏中的“Virtual Instrument Mode”按钮，元件列表处列出了所有的虚拟仪器，选中“OSCILLOSCOPE”，此时在预览窗口中可以看到虚拟示波器，如图 2-22 所示。

单击仿真工具栏中的开始仿真按钮，系统开始仿真，系统弹出如图 2-23 所示的示波器窗口。下面介绍各部分的功能。

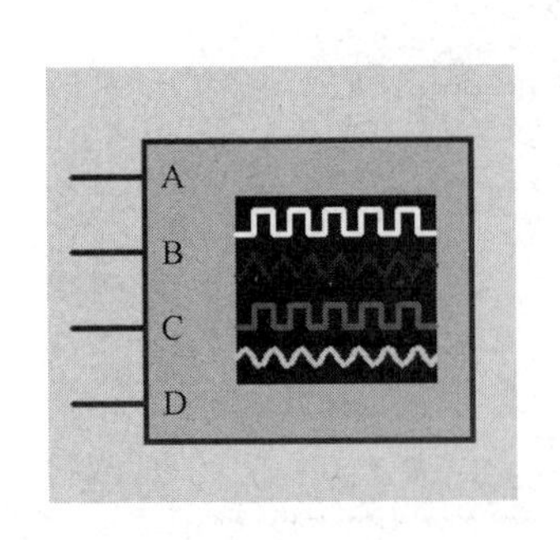

图 2-22　虚拟示波器

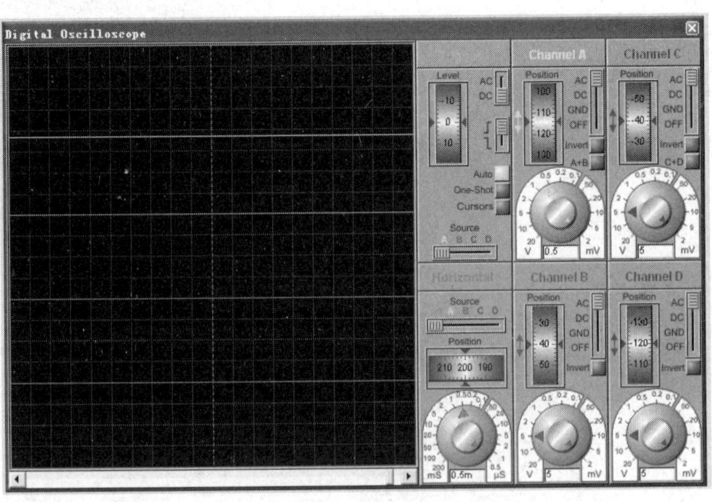

图 2-23　示波器窗口

Trigger（触发信号设置）：用于设置示波器触发信号的触发方式，其中 Level 为调节触发电平，为调节触发类型选择开关，为触发电平的触发方式选择开关。

Channel A、B、C、D：分别表示通道 A、B、C、D。

Position：调节示波器所选通道波形的垂直位置。

选择开关：用于显示所选通道波形类型。

旋钮：用于调节垂直刻度系数（灵敏度），旋转图中的箭头可以设置调节系数。此外，在文本框中输入数据，按回车键也可以设置调节系数。

Horizontal：示波器水平调节窗口。

Position：调节示波器波形的水平位置。

旋钮：用于调节水平刻度系统（灵敏度），其他用法和垂直灵敏度旋钮一样。

2.3.4　信号发生器

该软件提供的信号发生器和真实的信号发生器相同，选择模式工具栏中的“Virtual Instrument Mode”按钮，元件列表处列出了所有的虚拟仪器，选中“SIGNAL GENERATOR”，此时在预览窗口中可以看到信号发生器，如图 2-24 所示。

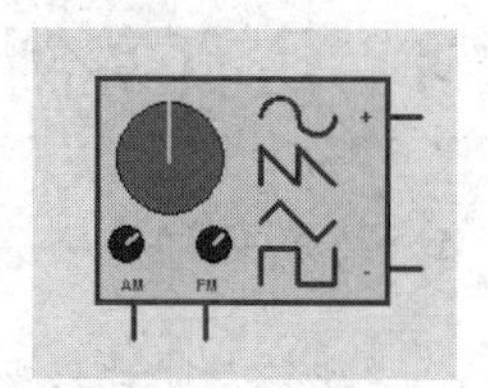

图 2-24　信号发生器

单击仿真工具栏中的开始仿真按钮，系统开始仿真，系统弹出如图 2-25 所示信号发生器窗口。下面介绍各部分的功能。

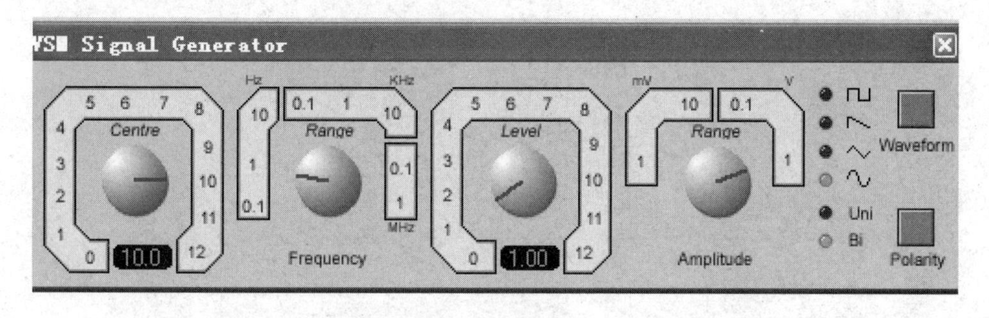

图 2-25　信号发生器窗口

Frequency 旋钮：用于调节信号的频率，包括左边两个旋钮，最左边的旋钮是频率细调旋钮，左边第二个为粗调旋钮，频率的具体值可以通过左边第一个旋钮下面的小显示屏获得。

Amplitude 旋钮：用于调节信号的幅度，包括右边两个旋钮，最右边的旋钮是幅度粗调旋钮，右边第二个为细调旋钮，幅度的具体值可以通过右边第二个旋钮下面的小显示屏获得。

Waveform 按钮：用于调节信号的波形，该信号发生器可以产生方波、锯齿波、三角波和正弦波 4 种波形，可以通过 Waveform 按钮进行切换。

2.3.5 电压表和电流表

该软件提供两种电压表和两种电流表，选择模式工具栏中的“Virtual Instrument Mode”按钮，元件列表列出了所有的虚拟仪器，最后 4 个就是电压表和电流表，如图 2-26 所示。

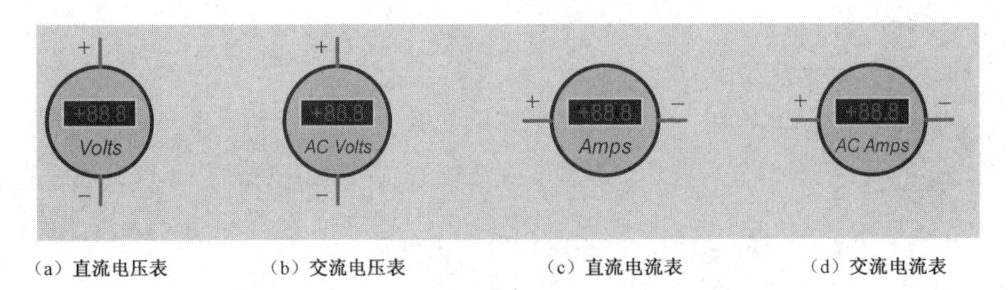

（a）直流电压表　（b）交流电压表　（c）直流电流表　（d）交流电流表

图 2-26　电压表和电流表

从左到右分别是 DC VOLTMETER（直流电压表）、AC VOLTMETER（交流电压表）、DC AMMETER（直流电流表）、AC AMMETER（交流电流表）。

注意：在使用时电压表并联在电路中，而电流表串联在电路中。

2.4 仿真实例

2.4.1 实例 1——三极管放大电路

三极管放大电路如图 2-27 所示。

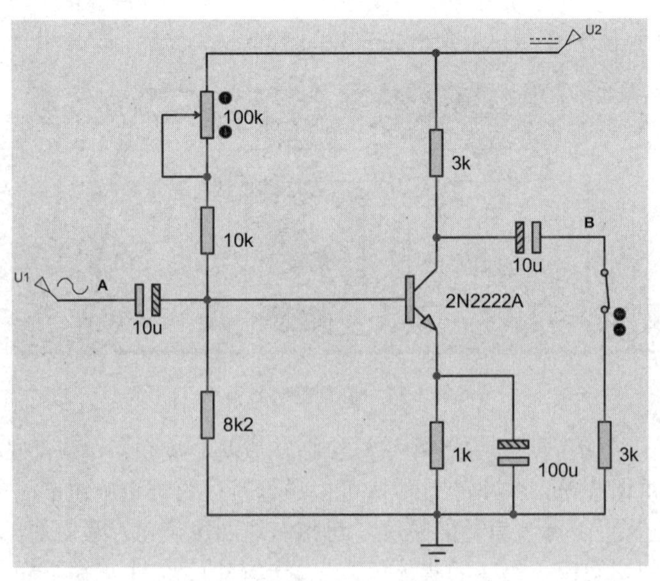

图 2-27　三极管放大电路

1. 查找元器件

Proteus ISIS 提供了多种查找元器件的方法。

（1）通过相关关键字选取元器件。

图 2-27 中所有元器件都可以通过此种方法查找。选择模式工具栏中的“Component Mode”按钮，单击“P”按钮，弹出“Pick Devices”对话框，如图 2-28 所示。

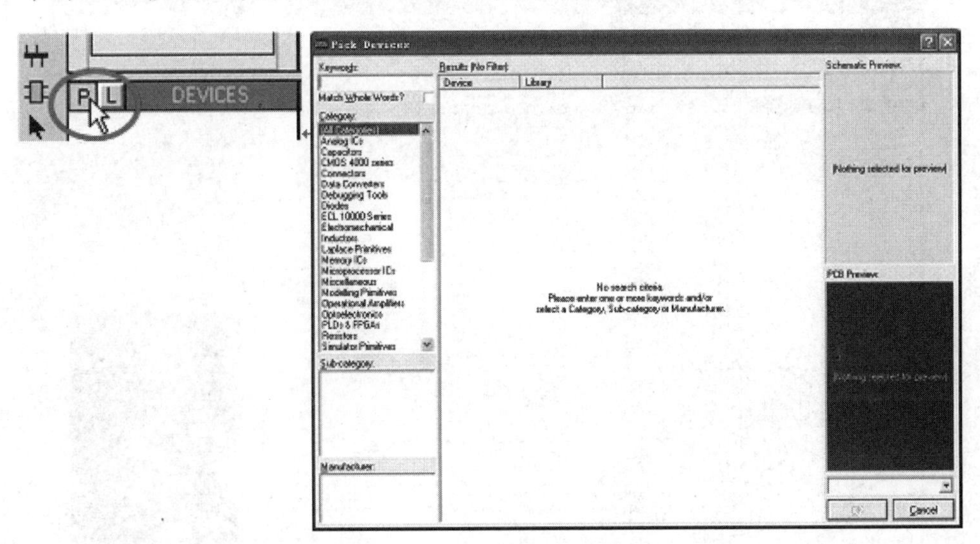

图 2-28 “Pick Devices”对话框

在对话框的 Keywords 栏中输入 2n2222a，得到如图 2-29 所示结果。

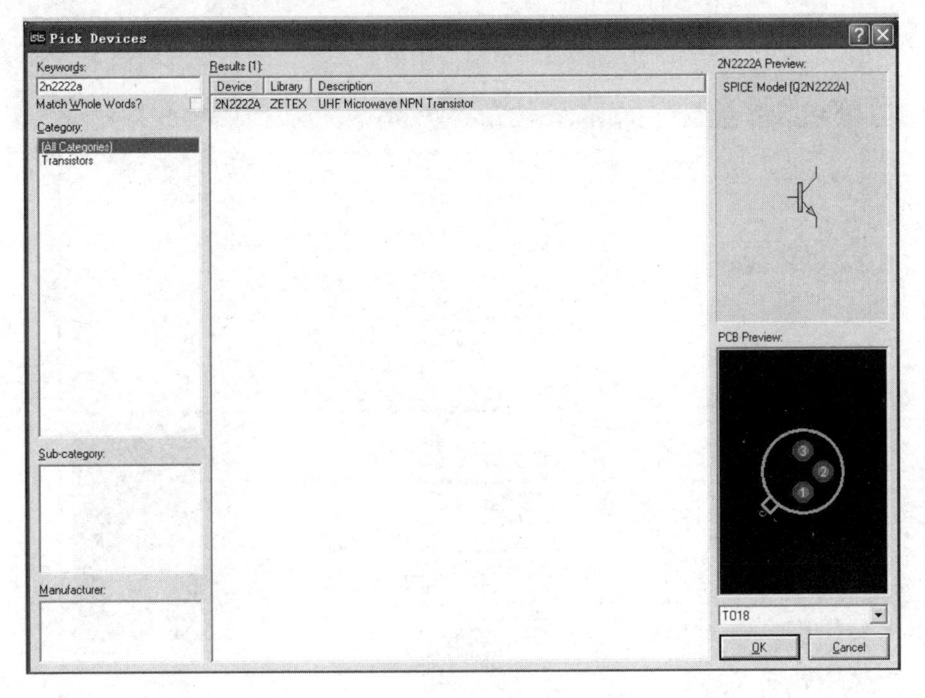

图 2-29 在 Keywords 栏中键入元件“2n2222a”后查找结果

在结果列表中单击元件“2N2222A”，然后单击“OK”按钮，关闭对话框，这时元件列表中列出 2N2222A。

采用同样的方法查找其他元器件，如 10k 的电阻，在对话框的 Keywords 栏中输入 10k，得到如图 2-30 所示的结果。

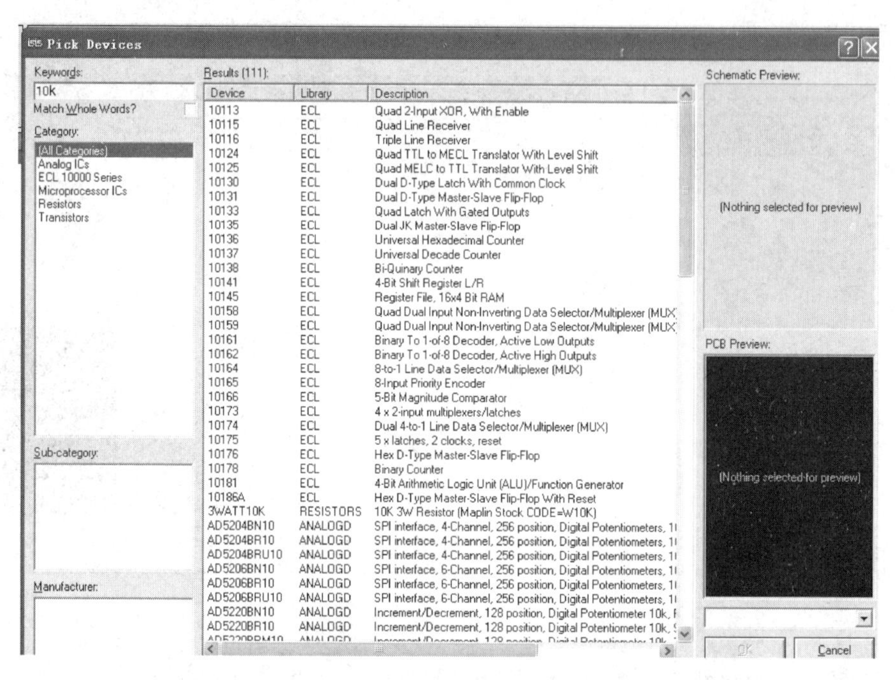

图 2-30　在 Keywords 栏中键入“10k”后查找结果

然后根据 10kΩ电阻所属“Resistors”类别，单击此类别，就会得到如图 2-31 所示结果。

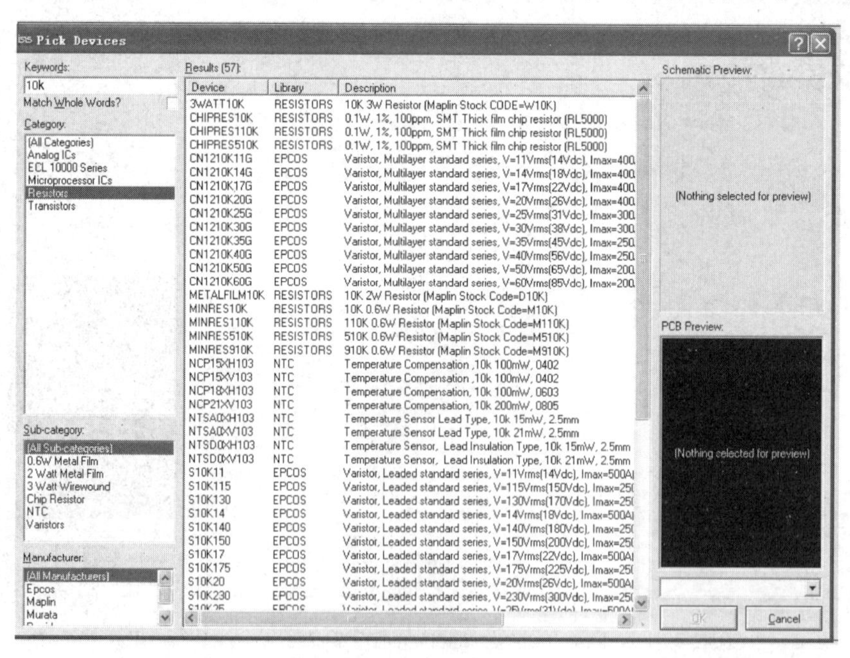

图 2-31　根据元件所属类别进一步查找所需元件

最后根据 10kΩ电阻所属子类别，如 10kΩ电阻属于“0.6W Metal Film”子类别，单击此子

类别，就会得到如图 2-32 所示结果。

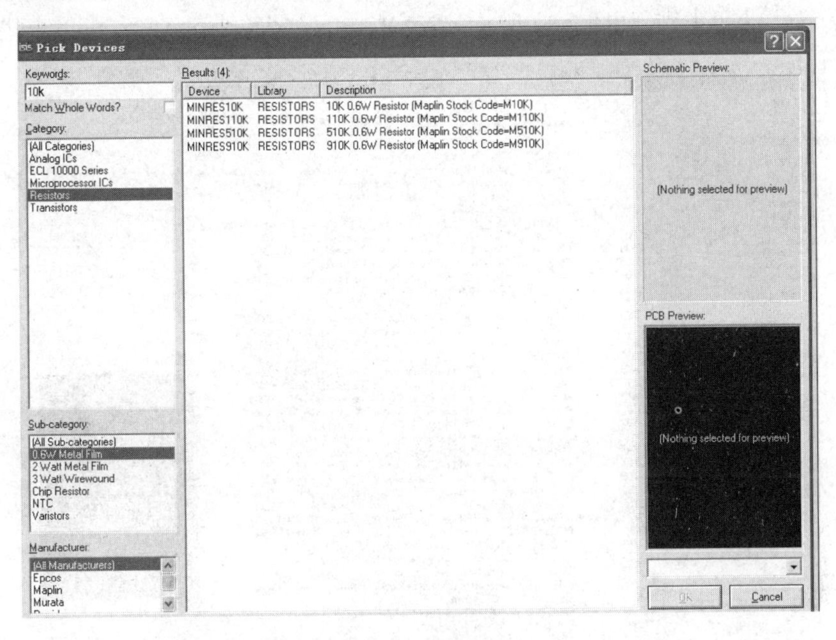

图 2-32　根据元件所属子类别进一步查找所需元件

在结果列表中单击元件“MINRES 10K”，然后单击“OK”按钮，关闭对话框，这时元件列表中列出 MINRE S10K。

（2）通过索引系统查找元器件。

当用户不确定元器件的名称或不清楚元器件的描述时，可采用这一方法。以 2N2222A 为例，首先清除 Keywords 栏中的内容，然后选择 Category 目录中的“Transistors”，如图 2-33 所示。

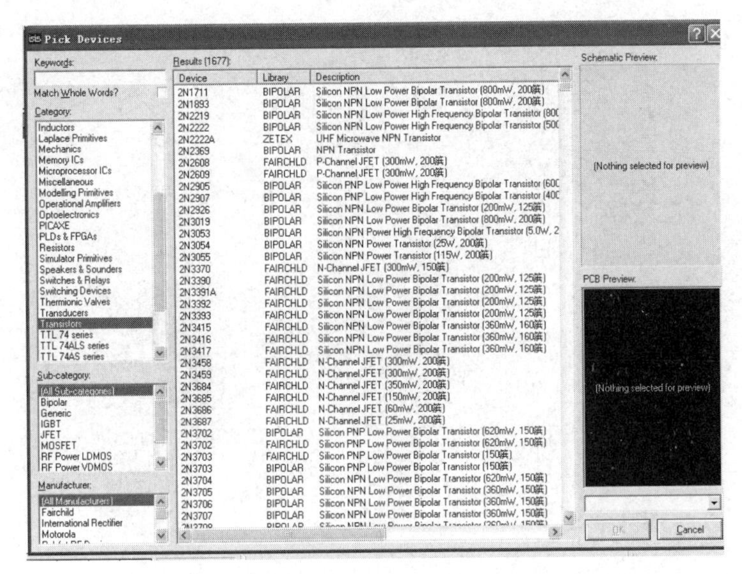

图 2-33　Category 目录中的 Transistors 类所属元件

此时，Results 列表区将出现三极管 Transistors 的所有信息。根据元件的子分类，如 2N2222A 属于 Bipolar，选中此子类别，如图 2-34 所示，拖动 Results 列表区域滚动条，可以查找 2N2222A。

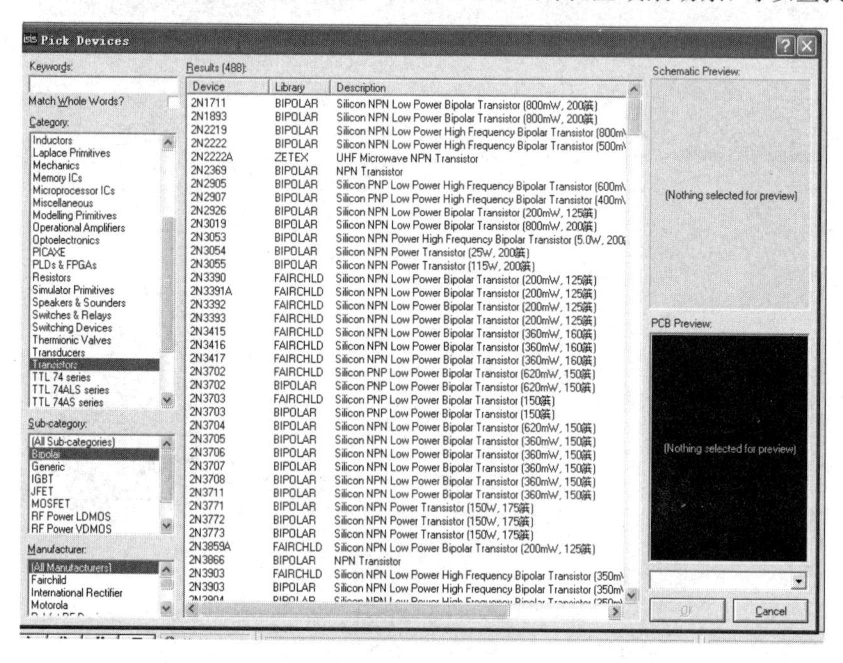

图 2-34　根据 2N2222A 所属子类别进一步查找所需元件

2. 放置元器件

在元件列表中用鼠标左键选取所需要的元器件（此时若需要调整元器件的方向，可以单击方向工具栏中对应的按钮），然后在原理图编辑窗口中单击，这样元器件就被放置到原理图编辑窗口了，再单击可以继续放置同样的元器件。采用同样的方法放置其他元器件，如图 2-35 所示。

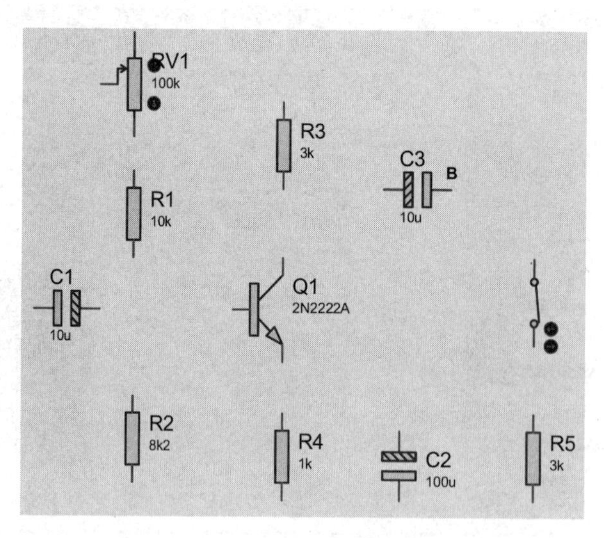

图 2-35　元器件放置电路图

3. 编辑元器件

在原理图编辑窗口中双击要编辑的元器件，可以打开该元器件的编辑对话框，如图 2-36 所示为电阻编辑对话框。

Edit Component
Component Reference: R1　Hidden:
Resistance: 0R1　Hidden:
Model Type: ANALOG　Hide All
PCB Package: RES180　Hide All
Stock Code: H0R1　Hide All
Other Properties:
Exclude from Simulation　Attach hierarchy module
Exclude from PCB Layout　Hide common pins
Edit all properties as text
OK　Help　Cancel

图 2-36　电阻编辑对话框

Component Reference 表示元器件在原理图中的标号，用户可以根据需要在编辑框中输入其标号，如电阻 R_1、R_2、R_3 等。

Resistance 表示电阻的阻值，用户可以根据需要修改阻值。

其他内容本书中没有涉及，在此不做介绍。

4. 添加“地”

每个电路在仿真时都需要一个参考地。用鼠标左键选择模式工具栏中的图标，即 Terminals Mode 按钮，出现：

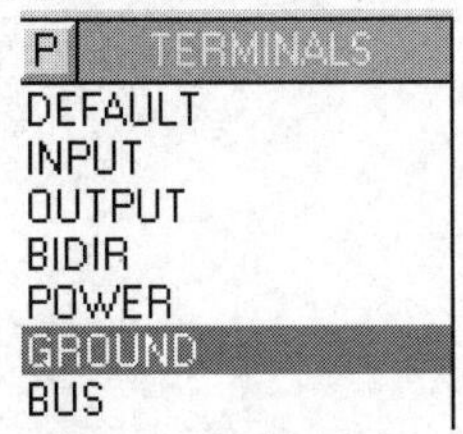

选择“GROUND”，并在原理图编辑窗口中单击，这样“地”就添加成功了。

5. 添加“电源”

用鼠标左键选择模式工具栏中的图标，即 Generator Mode 按钮，出现：

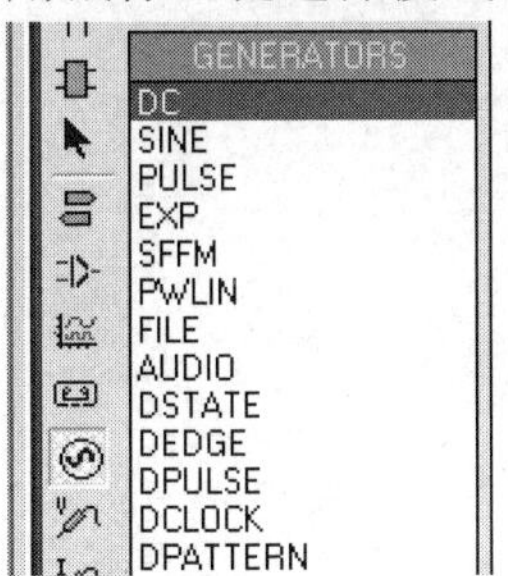

选择自己所需要的电源，电源的放置方法和其他元器件的放置方法一样，其编辑方法可以参考 2.3.2 节的内容。在此仿真实例中电源的设置如图 2-37 和图 2-38 所示。

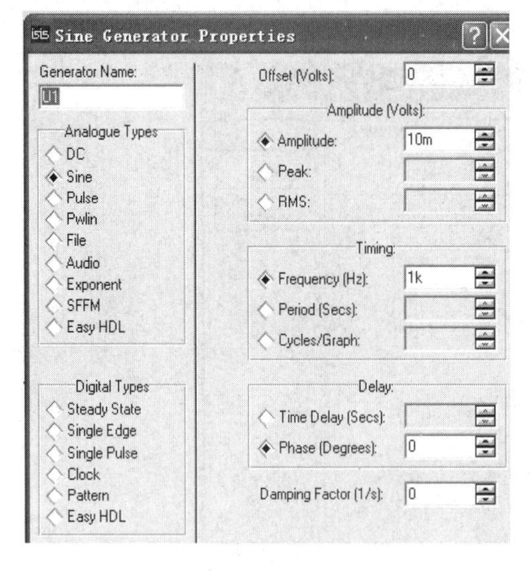

图 2-37　电源 U1 编辑对话框

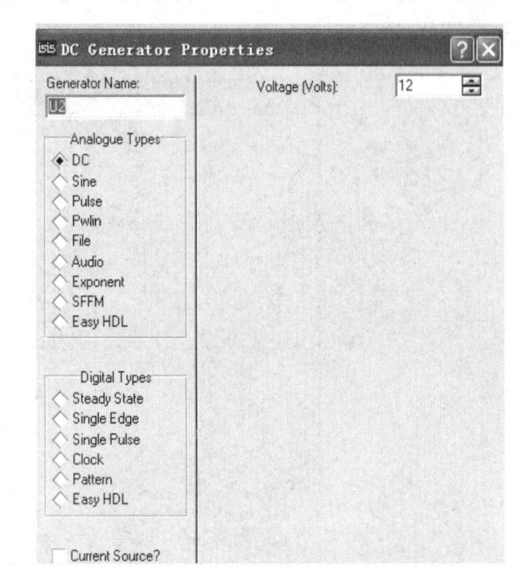

图 2-38　电源 U2 编辑对话框

6．连线

将鼠标移到要连接导线的起点处，此时光标中心出现一个“×”，在该处单击，导线起点被固定下来，再将鼠标移到下一个连接处，光标中心又出现一个“×”，再单击，导线止点在此处被固定下来。若连线需要拐弯，则在拐弯处单击。

7．添加虚拟仪器

本实例需要观察三极管放大电路的输入与输出波形，所以需要添加一个示波器，用鼠标左键选择模式工具栏中的图标，即 Virtual Instrument Mode，从中选择自己所需要的虚拟仪器 OSCILLOSCOPE（示波器），将其放置到原理图编辑窗口中。完整的三极管放大电路原理图如图 2-39 所示。

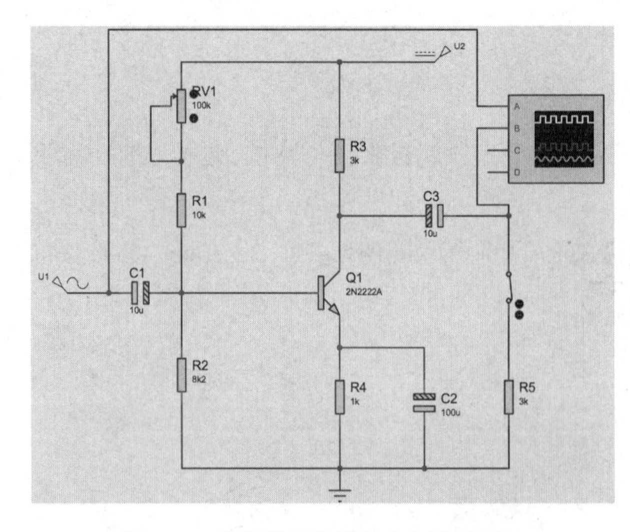

图 2-39　完整的三极管放大电路原理图

8．仿真

单击[▶]开始仿真，仿真结果如图 2-40 所示，由图 2-40 可以看出，输入信号的幅度为 10mV（A 正弦波），输出信号的波形幅度为 1V（B 正弦波），可以计算出该放大电路的放大倍数约为 100 倍，还可以看出输入与输出反相。

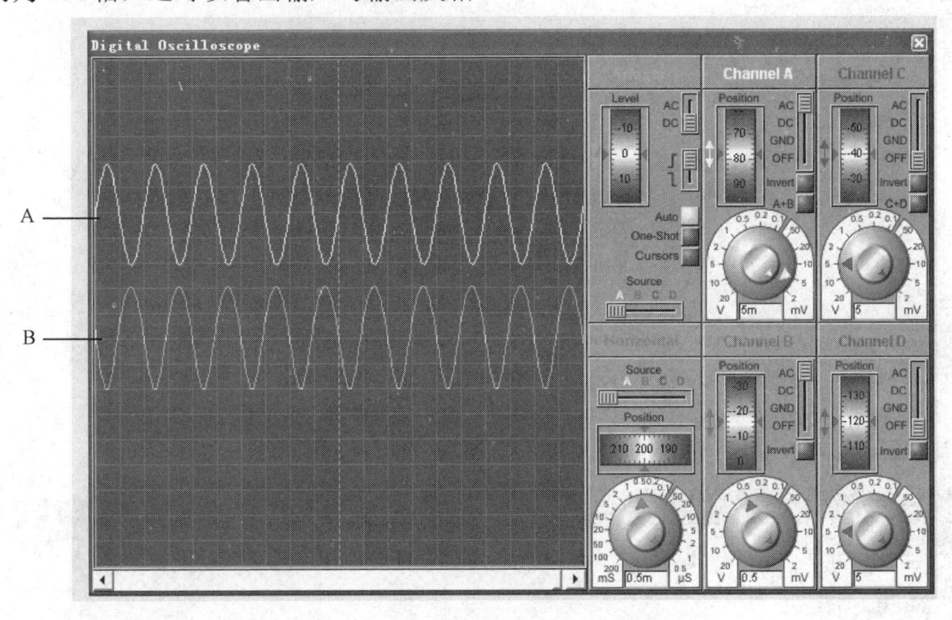

图 2-40　三极管放大电路仿真图

同样地，在输入端和输出端各添加一个交流电压表和电流表，可以测量该放大电路输入端和输出端的电压和电流的大小，如图 2-41 所示。

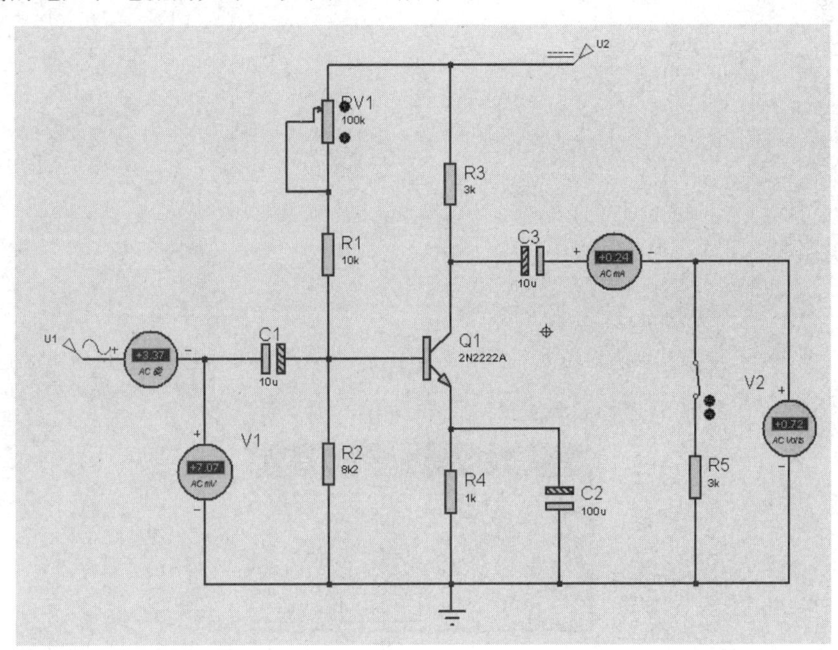

图 2-41　三极管放大电路输入端、输出端电压和电流的测量

2.4.2　实例 2——三极管输出特性曲线分析

三极管输出特性曲线分析电路如图 2-42 所示。

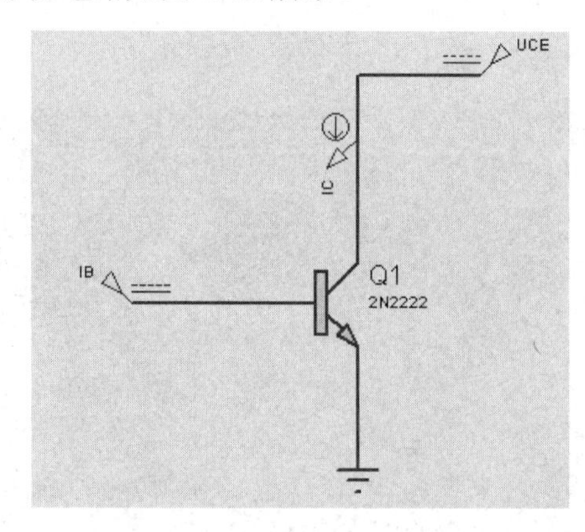

图 2-42　三极管输出特性曲线分析电路

双击电源，电源 I_B 和 U_{CE} 编辑对话框如图 2-43 和图 2-44 所示。

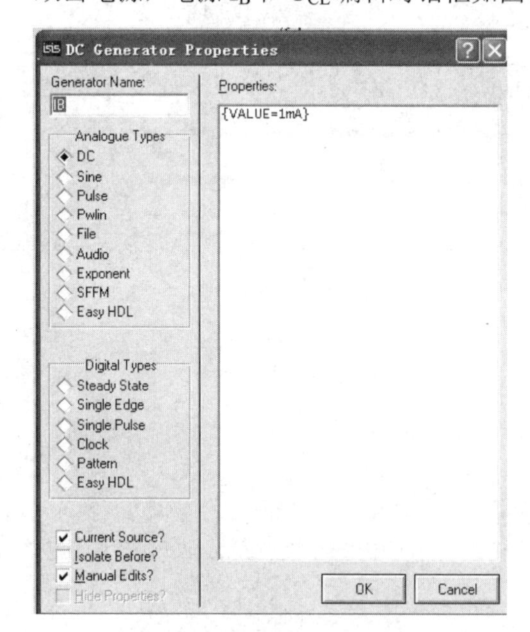

图 2-43　电源 I_B 编辑对话框

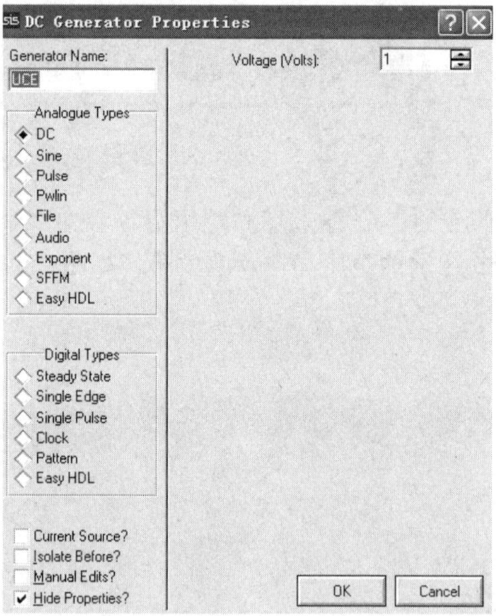

图 2-44　电源 U_{CE} 编辑对话框

双击电流探针，打开电流探针编辑对话框，如图 2-45 所示。

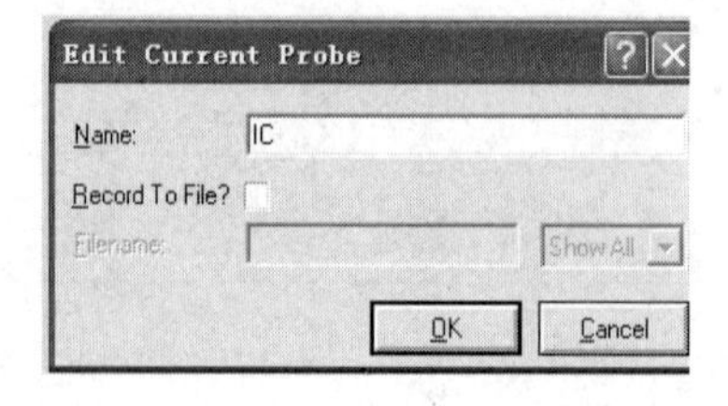

图 2-45　电流探针编辑对话框

选择模式工具栏中的“Graph Mode”，在元件列表中选择“TRANSFER”仿真图表，在编辑窗口期望放置图表的位置单击，并拖动鼠标，在期望的结束点单击，放置图标，如图 2-46 所示。

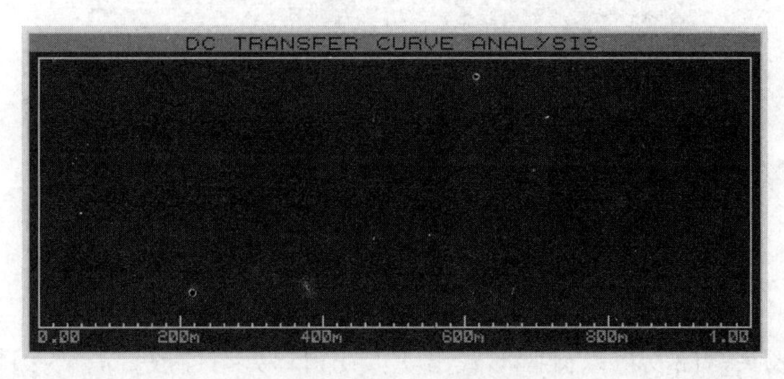

图 2-46　转移特性分析图表

选中电路中的电流探针，按下鼠标左键将其拖动到图表中，然后松开鼠标左键放置探针到图表中，如图 2-47 所示。

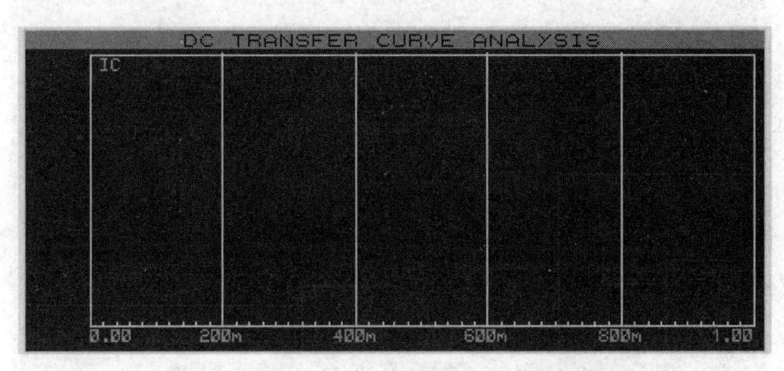

图 2-47　仿真电流探针的转移特性分析图表

双击转移特性分析图表，打开转移特性分析图表编辑对话框，如图 2-48 所示。编辑完成后，单击“OK”按钮完成设置。

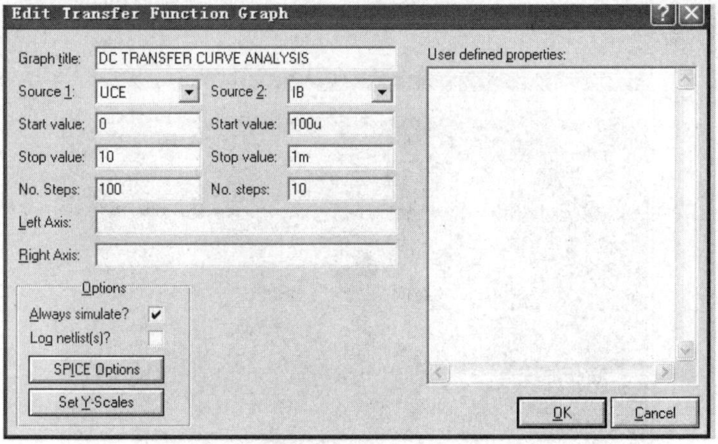

图 2-48　转移特性分析图表编辑对话框

在菜单 Graph 下单击 Simulate 命令，开始图表仿真，电路仿真结果如图 2-49 所示。

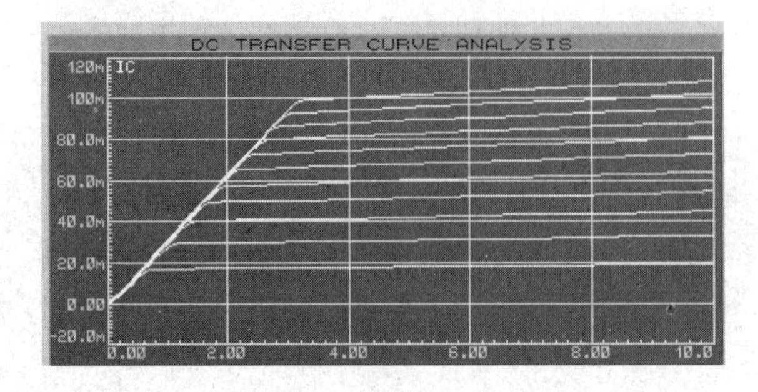

图 2-49　转移特性分析仿真结果

单击图表的表头，图表将以窗口形式出现。在窗口处单击放置测量探针，测量曲线上各点对应的集电极电流 I_C 和基极电流 I_B，如图 2-50 所示。

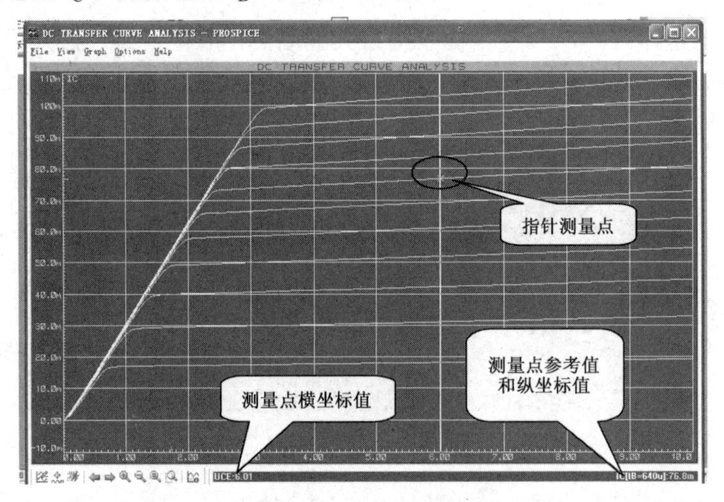

图 2-50　测量集电极电流 I_C 和基极电流 I_B

三极管电流放大系数$\beta=I_C/I_B$=76.8/0.64=120，测得上述测量点的直流放大系数为 120。改变测量点，如图 2-51 所示。

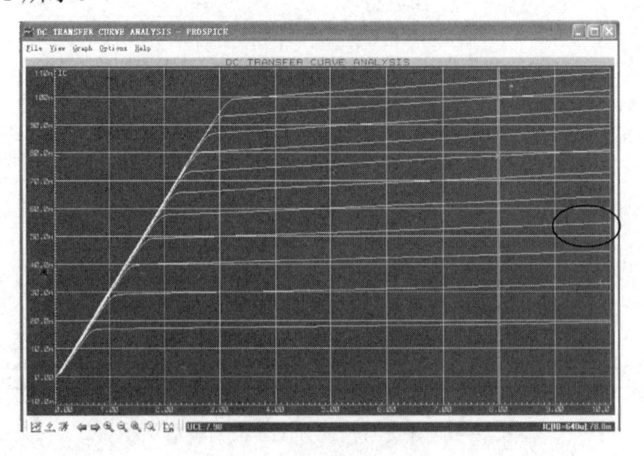

图 2-51　改变测量点

改变测量点后得到β=123，由此可以得出结论：三极管在放大区的电流放大系数与其两端的电压无关，体现了基极电流对集电极电流的控制作用。

任务实施

子任务一　正弦波电路的仿真

按图 1-4 所示在 Proteus 中绘制仿真电路，并在输出端接上示波器，如图 2-52（a）所示。调整电位器 W3，观察示波器显示的正弦波，当 W3 调到 9%时，波形失真最小，如图 2-52（b）所示。

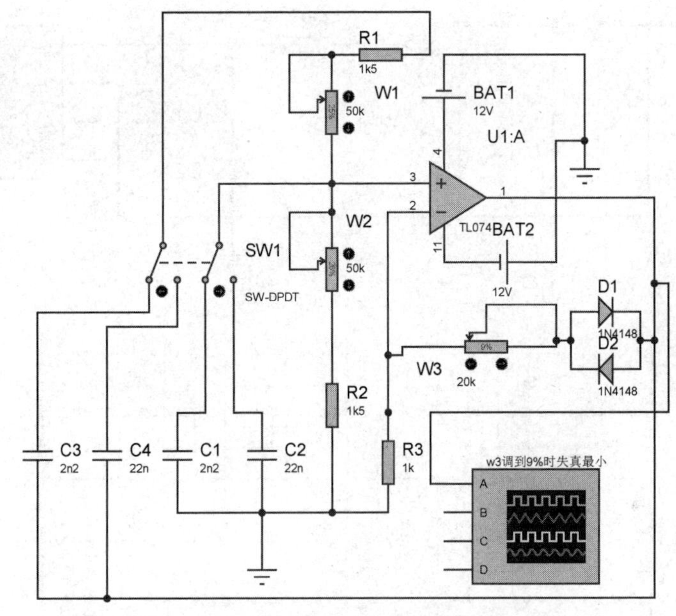

（a）仿真电路

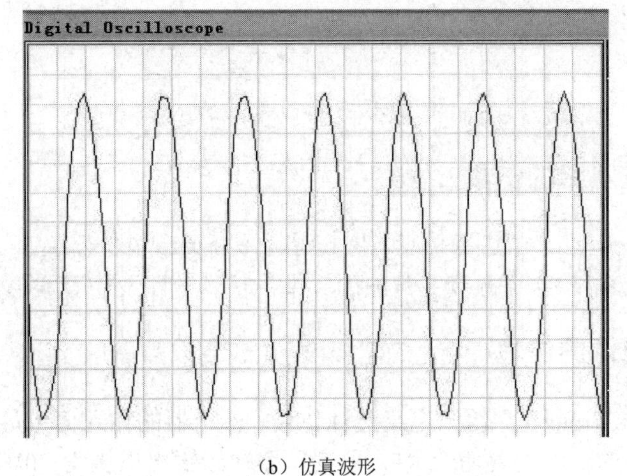

（b）仿真波形

图 2-52　正弦波电路仿真

切换双刀双掷开关 SW1，观察波形的变化；调整电位器 W1、W2，观察波形的变化。此仿真验证了电路设计的正确性。

子任务二　方波电路的仿真

按图 1-5 所示在 Proteus 中进行仿真，令输入的正弦信号频率为 1kHz，幅度为 1V，仿真电路及仿真波形如图 2-53 所示。

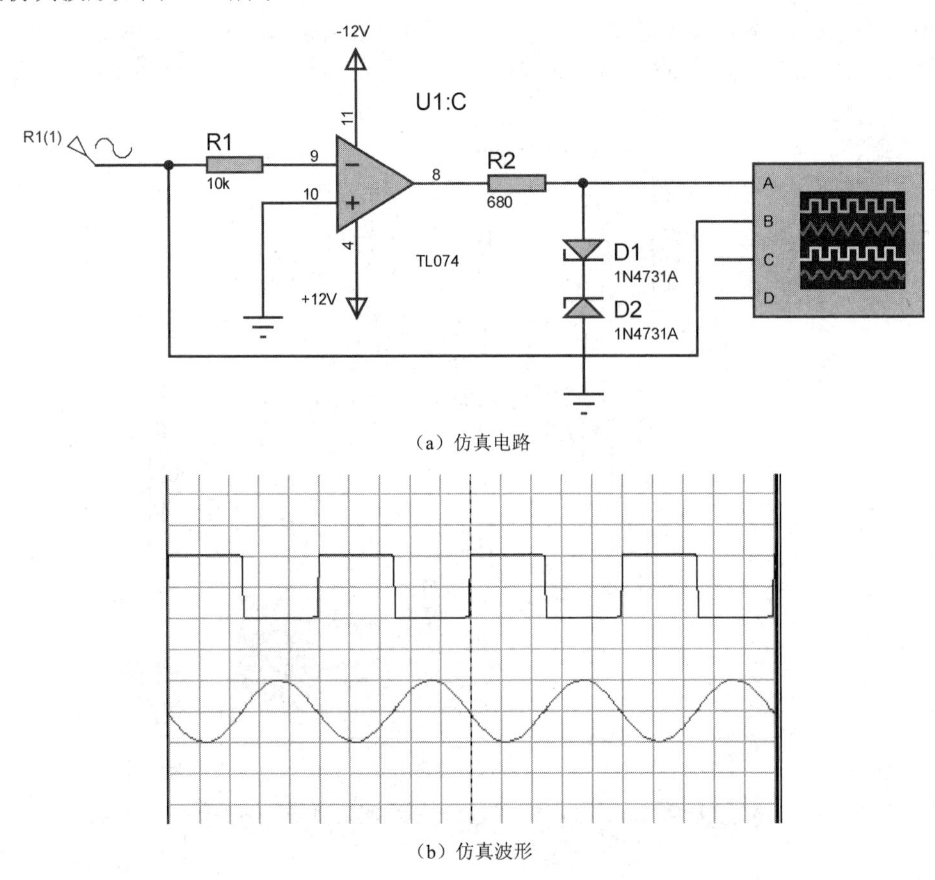

（a）仿真电路

（b）仿真波形

图 2-53　方波电路的仿真

子任务三　三角波电路的仿真

按图 1-8 所示在 Proteus 中进行仿真，仿真时需不断调节电位器 W5、W6，直至仿真通过，当出现波形后调节 W6 和 S4 可改变三角波的频率。仿真电路及仿真波形如图 2-54 所示。

子任务四　稳压电源的仿真

按图 1-10 所示在 Proteus 中绘制电路进行仿真。变压器的输入信号是 220V、50Hz 的正弦交流信号，将变压器的变比设置为 7.3:1，即变压器次级输出电压为 30V，每个绕组的输出电压为 15V。在 7812 和 7912 的输出端接上直流电压表进行测量，如图 2-55 所示。运行软件进行仿真，电压表的读数分别为+12V 和−12V，证明设计电路可行。

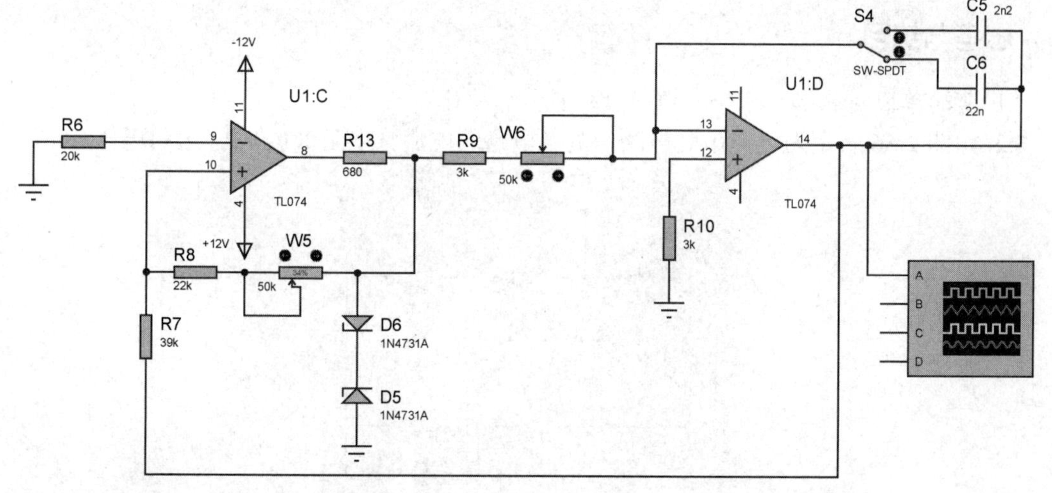

（a）仿真电路

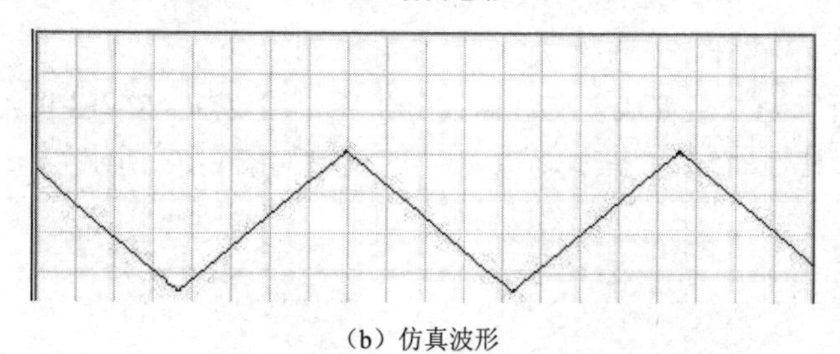

（b）仿真波形

图 2-54　三角波电路的仿真

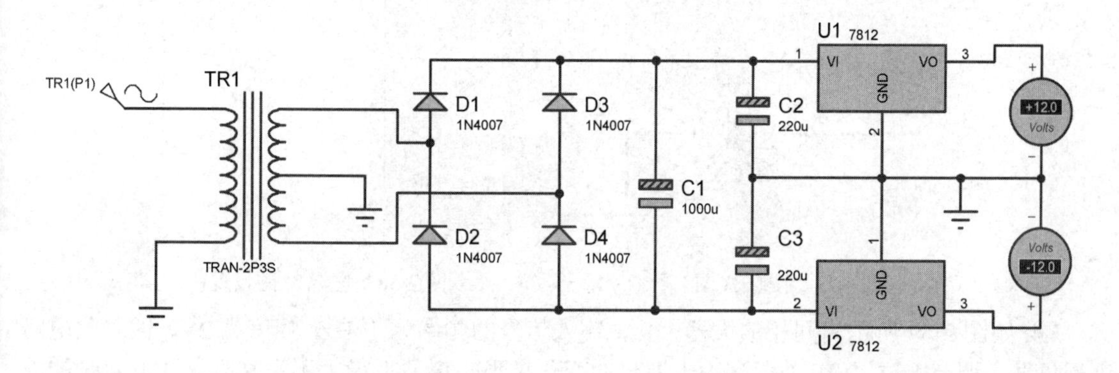

图 2-55　电源电路的仿真

任务总结

本任务以函数信号发生器为载体，学习电路仿真的方法。该任务涉及仿真软件的基本使用方法，包括原理图绘制、参数设置及电路的调整方法等。通过本任务的学习，读者可以使用仿真软件验证所设计电路的正确性和可行性。

思考与练习

2.1 请简单说明 Proteus ISIS 仿真软件的特点。

2.2 如图 2-56 所示为电阻串联电路，测量电路的电流、电阻 R1 和 R3 上的电压。

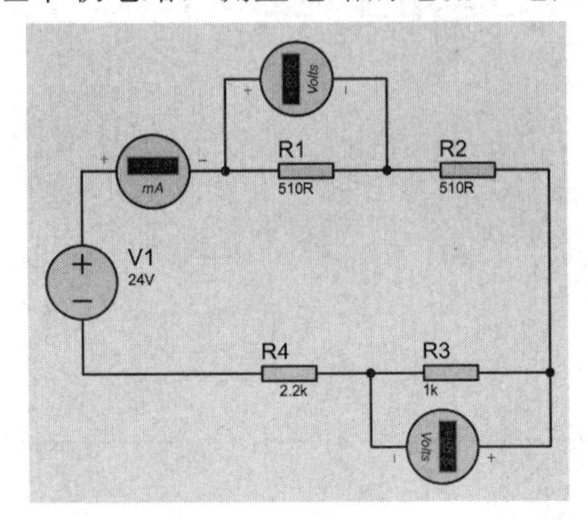

图 2-56　习题 2.2 图

2.3 如图 2-57 所示为二极管伏安特性曲线分析图，用“DC SWEEP ANALYSIS”仿真图表仿真出二极管伏安特性曲线。（提示：电源 V 的设置如图 2-58 所示）

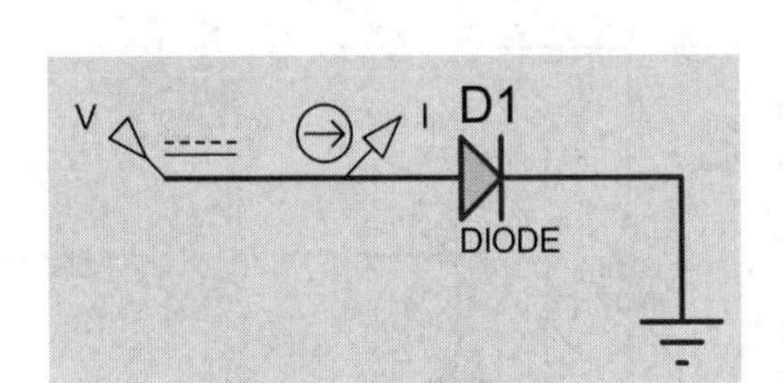

图 2-57　习题 2.3 图

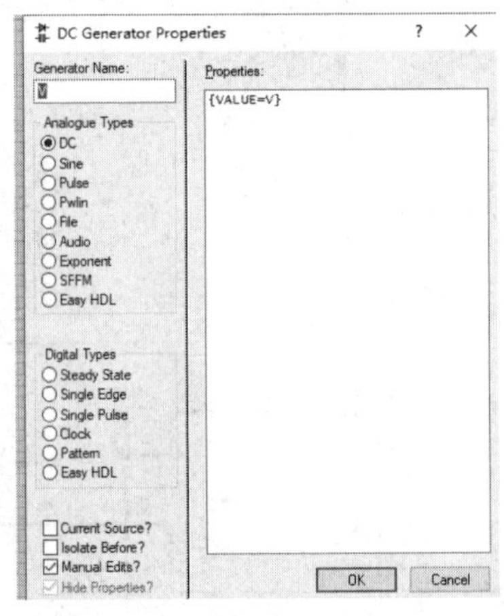

图 2-58　电源 V 的设置

2.4 如图 2-59 所示为同相放大器，其中输入信号的频率为 1kHz，幅度为 2V，试对此电路进行仿真。调节电位器 RW1 观察输出波形的变化，当输出波形最大不失真时，计算此时的放大倍数。

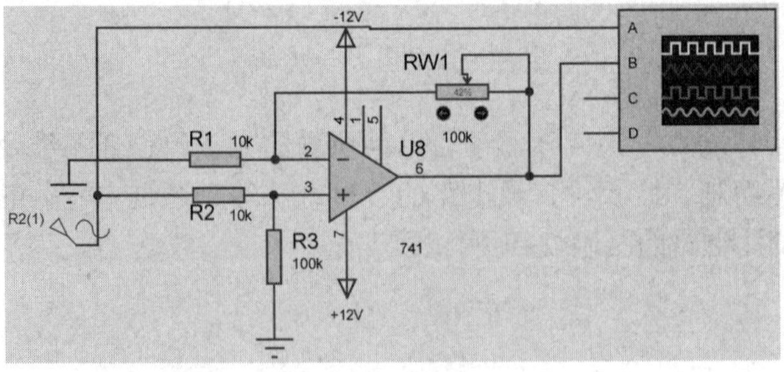

图 2-59　习题 2.4 图

2.5 如图 2-60 所示为模拟声响电路，试对此电路进行仿真，并调整电位器 RV1，听声音的变化。

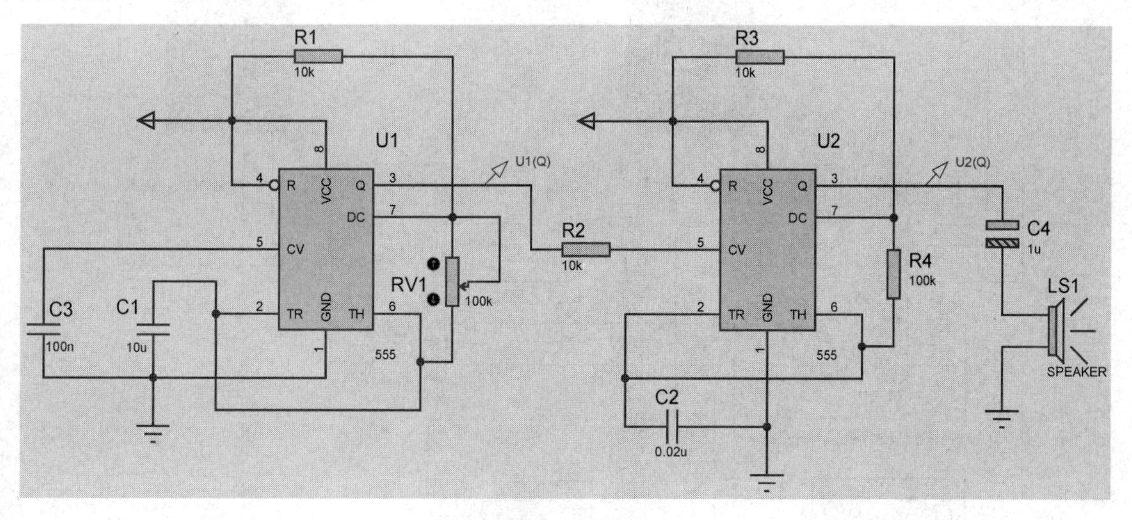

图 2-60　习题 2.5 图

2.6 如图 2-61 所示为监视交通信号灯工作状态电路，仿真电路实现下列功能：每一组信号灯都由红、黄、绿三盏灯组成，正常工作时，任何时刻必须有一盏灯点亮，且只允许有一盏灯点亮，否则电路产生故障信号，提醒维修人员及时进行修理。逻辑输入（LOGICSTAGE）状态 1 表示信号灯亮，状态 0 表示信号灯灭；逻辑输出探针（LOGICPROBE）状态 0 表示电路正常工作，状态 1 表示电路发生故障，需要维修。

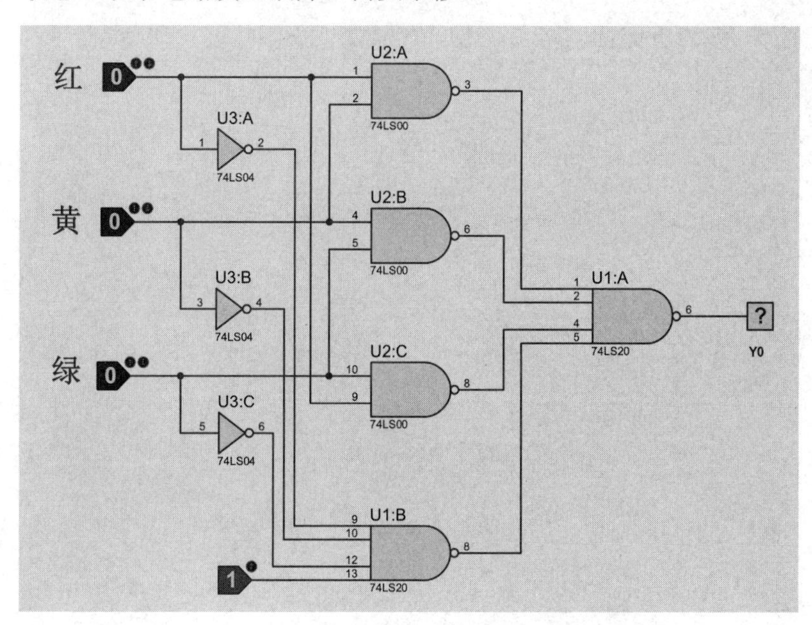

图 2-61　习题 2.6 图

2.7　对如图 2-62 所示二十四进制计数器电路进行仿真（注意：信号发生器产生的信号的幅度要大于 5V，否则计数器不工作，频率不要太高，否则计数过程看不清楚）。

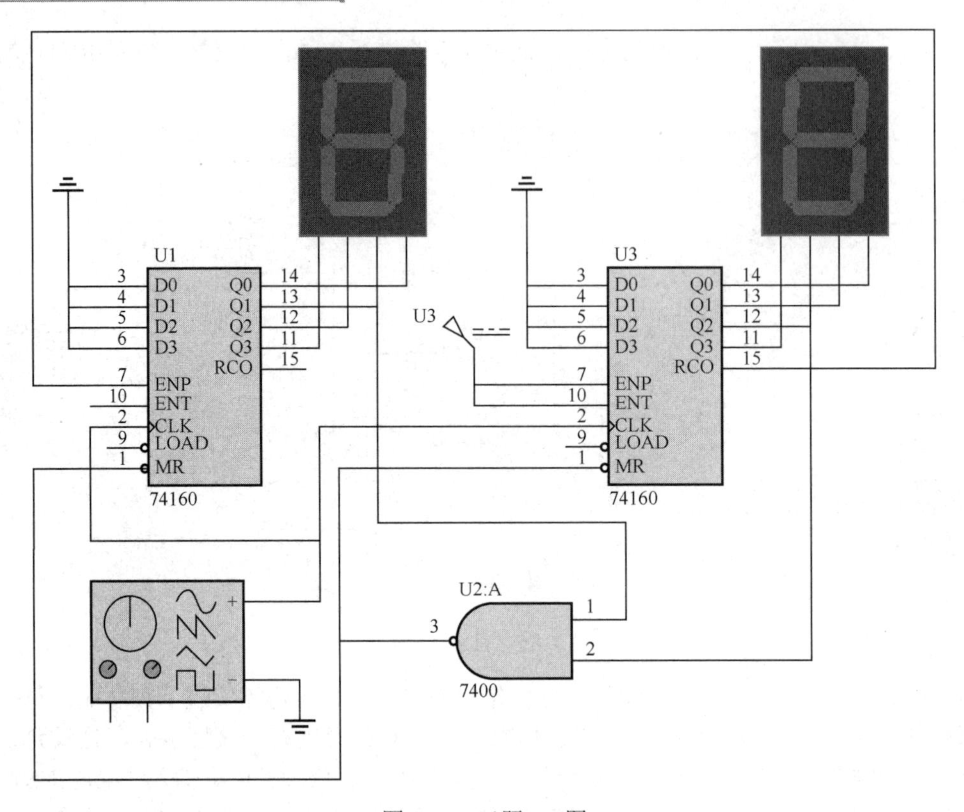
U1
D0
D1
D2
D3
ENP
ENT
CLK
LOAD
MR
Q0
Q1
Q2
Q3
RCO
74160
U3
74160
U2:A
7400

图 2-62　习题 2.7 图

第3章

电子产品的原理图绘制与PCB设计

电路仿真成功后，利用电路板设计软件按照规范的绘制流程进行原理图绘制、审核后再进行PCB设计。本章中使用国产首款DFM软件对PCB进行检查分析，找出设计缺陷、消除隐患风险，同时培养学生爱国情怀，增强创新意识。

任务三　函数信号发生器的PCB设计

任务目标

能够熟练地利用Altium Designer Summer 09软件完成电子产品的原理图绘制和PCB的设计，并理解DFM分析工具在PCB可制造性设计中的作用。

任务要求

① 掌握Altium Designer Summer 09软件的使用方法。
② 会使用Altium Designer Summer 09软件绘制函数信号发生器的原理图。
③ 会使用Altium Designer Summer 09软件设计函数信号发生器的PCB。
④ 会使用DFM分析工具对设计的PCB进行可制造性分析。

相关知识

电子设计自动化（EDA）在电子产品的设计过程中发挥着重要的作用。由于它能够大大简化设计流程、缩短设计时间、节约设计成本，因此得到众多电子设计爱好者及设计工程师的青睐。Altium Designer是目前国内普及率较高的EDA软件之一，借助该平台能够实现电路原理图的绘制及印制电路板的设计等功能。

3.1　Altium Designer Summer 09软件概述

3.1.1　Altium Designer Summer 09软件简介

Altium Designer Summer 09是Altium公司于2009年7月推出的新一代板卡级设计软件，其主要功能包括电路原理图设计、PCB 版图设计、电路仿真、信号完整性分析及可编程逻辑电路设计。该软件提供了一套完全集成的设计工具，帮助设计者轻松进行 PCB 设计。

3.1.2　Altium Designer Summer 09 软件的启动

用鼠标双击计算机桌面上的图标，启动 Altium Designer Summer 09 软件，其主界面如图 3-1 所示。该界面的风格与 Windows 的界面风格类似，主要包括菜单栏、工具栏、导航栏、面板标签、状态栏、工作面板控制及 Project 面板等。

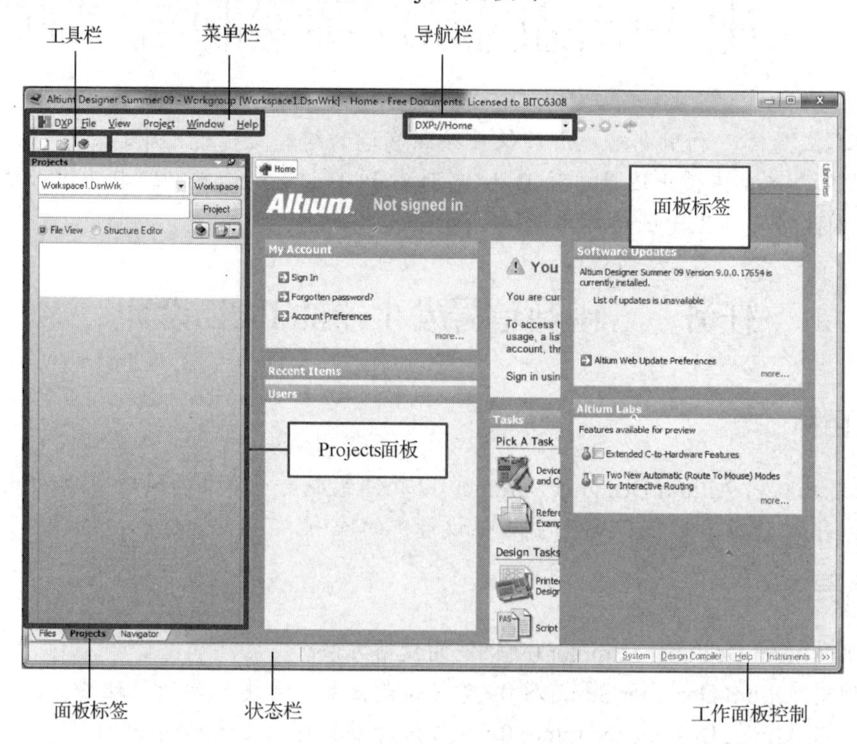

图 3-1　Altium Designer Summer 09 主界面

3.1.3　项目文件的创建

Altium Designer Summer 09 软件支持项目级别的文件管理，在一个项目文件里包括设计中生成的文件，这样非常便于文件管理。用该软件进行工程设计时，通常要先建立一个项目文件，具体操作步骤如下。

① 单击菜单栏中的“File”（文件）→“New”（新建）→“Project”（项目）→“PCB Project”（印制电路板项目），如图 3-2 所示。“PCB_Project1.PrjPCB”为新建文件的默认名称，用户可以对其进行重命名。

② 在新建的项目文件处单击鼠标右键，从弹出的快捷菜单中选择“Save Project”（保存项目），如图 3-3 所示。接着用户可以在弹出的对话框中键入新建项目的名称，如将其命名为“多谐振荡器”，并将其保存到自己创建的文件夹下，如“D:\电路设计”。保存后的项目文件如图 3-4 所示。

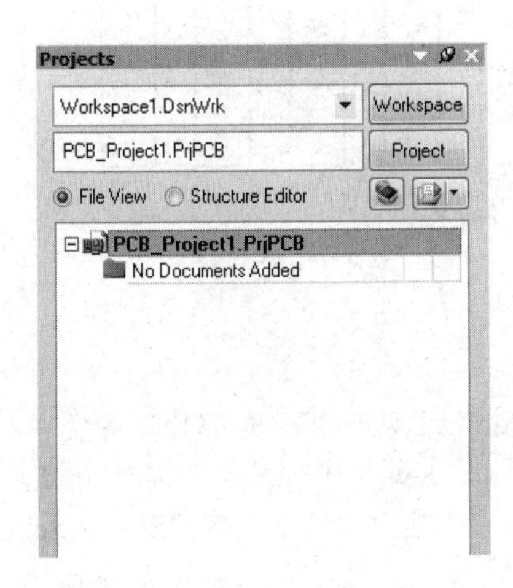

图 3-2 新建一个项目文件

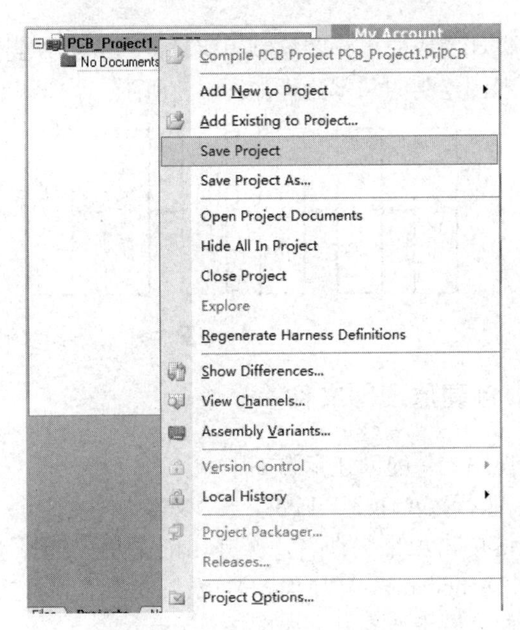

图 3-3 保存项目文件

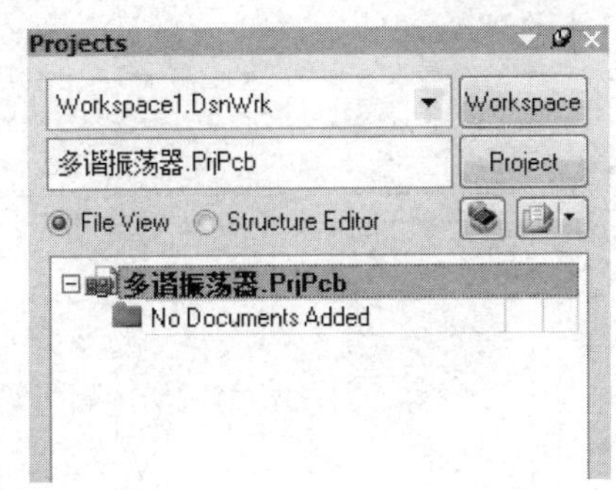

图 3-4 保存后的项目文件

3.1.4 项目文件的打开与关闭

1. 打开项目文件

方法 1：直接双击需要打开的项目文件图标。

方法 2：执行菜单命令“File”→“Open”（打开），在存放项目的文件夹下双击需要打开的项目文件。

2. 关闭项目文件

用鼠标左键选中待关闭项目文件，然后在此项目文件上单击鼠标右键，在弹出的菜单中选择“Close Project”，即可关闭项目文件。

3.2 原理图绘制

电路板设计主要包括两个阶段：原理图绘制和 PCB 设计。原理图绘制就是在原理图编辑器中将设计完成的电路图绘制出来，通过元器件封装和创建网络表为电路板的设计奠定基础。

原理图绘制的基本流程如图 3-5 所示。

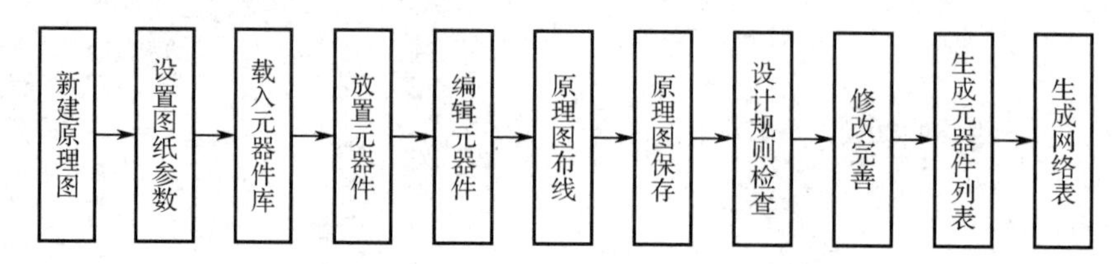

图 3-5　原理图绘制基本流程

3.2.1　创建原理图文件

原理图文件的创建步骤如下。

① 执行菜单命令“File”→“New”→“Schematic”（原理图），创建原理图文件，或用鼠标右键单击项目文件名，在弹出的菜单中选择“Add New to Project”（添加新文件到项目）→“Schematic”（原理图），系统在当前项目文件夹下建立原理图文件“Sheet1.SchDoc”并进入原理图设计界面，如图 3-6 所示。

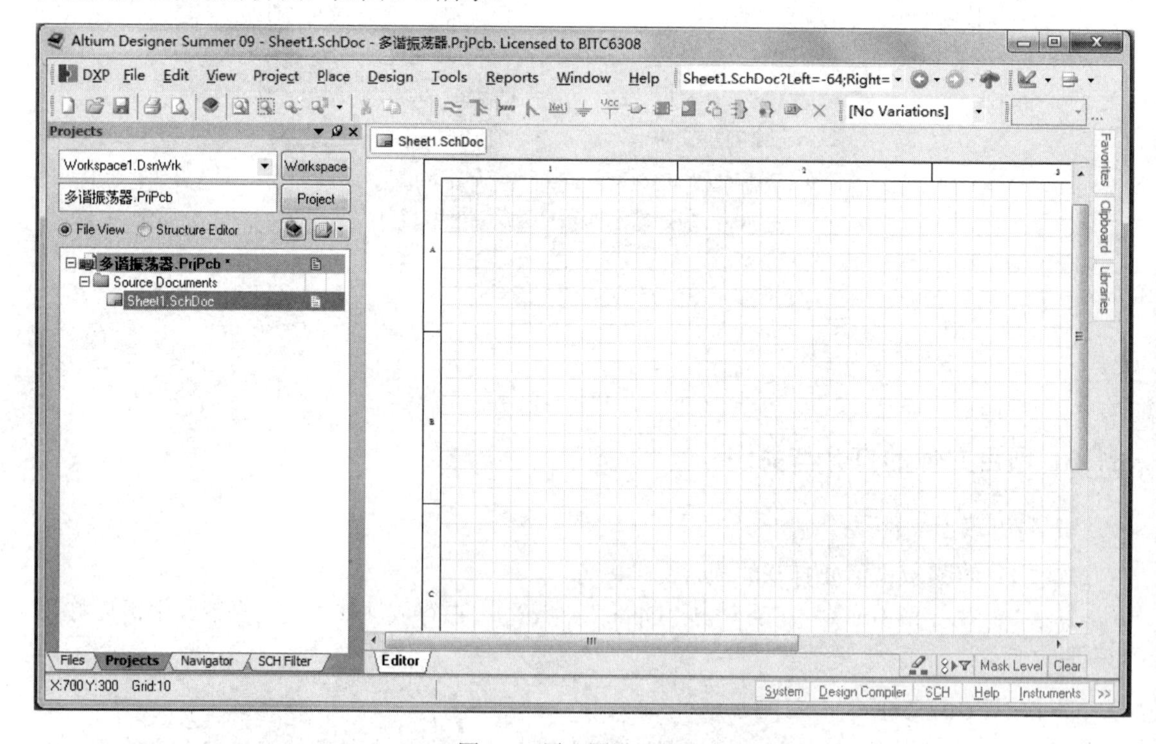

图 3-6　原理图设计界面

② 用鼠标右键单击原理图文件“Sheet1.SchDoc”，在弹出的菜单中选择“Save”（保存）命令，此时屏幕弹出一个对话框，将文件命名为“多谐振荡器”并保存。

原理图设计界面由主菜单、标准工具栏、连线工具栏、工作区、工作区面板、元器件库标签等部分组成，如图 3-7 所示。

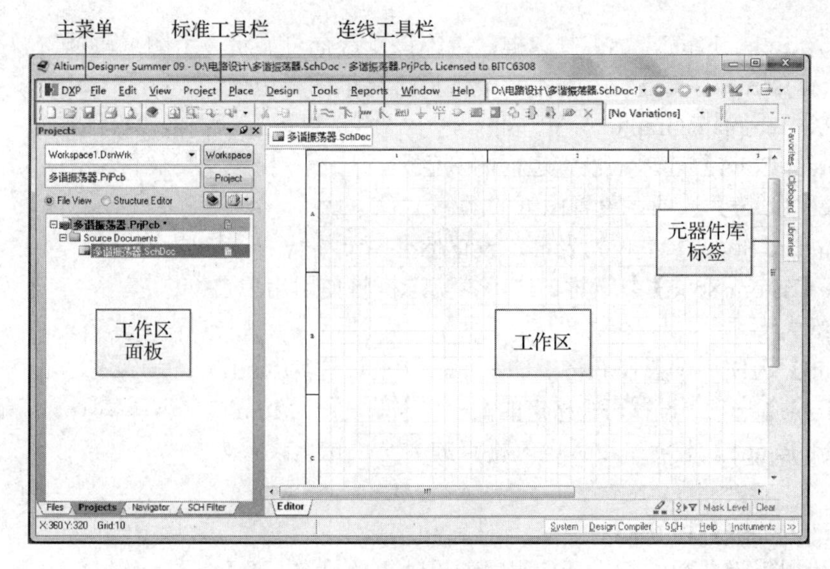

图 3-7 原理图设计界面的组成

3.2.2 设置图纸参数

创建好原理图文件后，一般要先进行图纸设置。图纸尺寸的大小应根据电路图的规模和复杂程度而定，设置合适的图纸参数是设计原理图的第一步。图纸参数的设置方法如下。

双击图纸边框或执行菜单命令“Design”（设计）→“Document Option”（文档选项），弹出如图 3-8 所示的“Document Option”（文档选项）对话框，在该对话框中对图纸的各种参数进行设置。

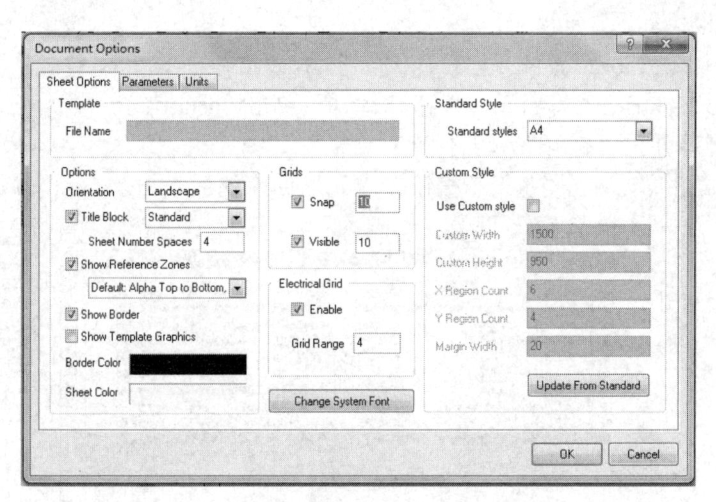

图 3-8 “Document Option”（文档选项）对话框

（1）【Sheet Options】标签栏。

①【Orientation】下拉列表框：该下拉列表框中有【Landscape】（水平横向放置）和【Portrait】（垂直纵向放置）两个选项。一般选择水平横向放置方式。

②【Title Block】选项：图纸标题栏有【Standard】（标准型）和【ANSI】（美国国家标准化组织）两种选择。一般选择标准型标题栏，选中前面的复选框可以在图纸中显示出来。

③【Show Reference Zones】复选框：选中该复选框可显示参考图纸边框。

④【Show Border】复选框：选中该复选框可显示图纸边框。

⑤【Show Template Graphic】复选框：选中该复选框可显示图纸模板图形。

⑥【Border Color】选项：设置边框的颜色。

⑦【Sheet Color】选项：设置图纸的颜色。

⑧【Standard Styles】下拉列表框：设置标准图纸格式，一般选 A4。

⑨【Use Custom Style】复选框：选中该复选框将使用用户自己设置的图纸大小。

⑩【Snap】选项：设置捕获格点的大小，这里设置为 5mil。

⑪【Visible】选项：设置可视格点的大小，这里设置为 10mil。

⑫【Grid Range】选项：设置电气格点的大小，这里设置为 8mil。

（2）【Parameters】标签栏。

此标签栏用于设置图纸的设计信息，如设计人的姓名、公司或单位地址、文件名、绘制日期、绘图人姓名、文件的保存路径等，在此就不一一说明了。

完成图纸的设置后，单击“OK”按钮即可。

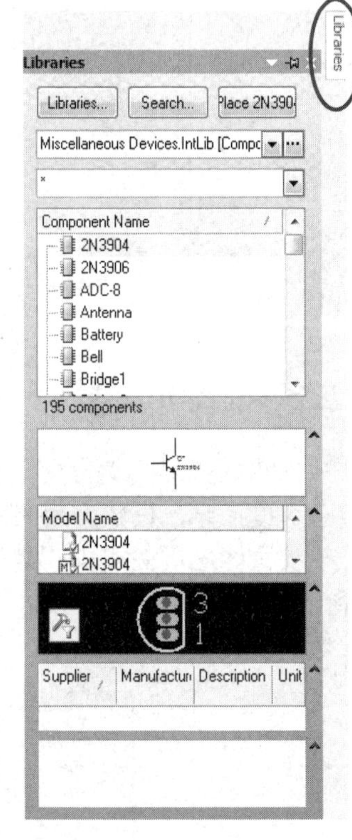

图 3-9　元器件库面板

3.2.3　加载和卸载元器件库

设置好电路图纸的尺寸后，接下来就要加载元器件库了。单击图 3-7 原理图设计界面右侧的“Libraries”（元器件库）标签，弹出元器件库面板，如图 3-9 所示。

单击图 3-9 中的“Libraries”（元器件库）按钮，弹出如图 3-10 所示的“Available Libraries”（可用元器件库）对话框。单击“Install”（安装）按钮，屏幕弹出“打开”元器件库对话框，如图 3-11 所示，选中某个元器件库，单击“打开”按钮完成元器件库的加载。

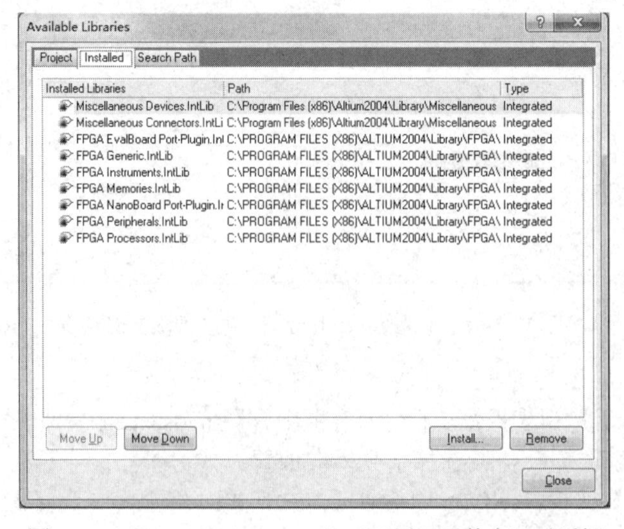

图 3-10　“Available Libraries”（可用元器件库）对话框

图 3-11 “打开”元器件库对话框

若要卸载元器件库文件，则用鼠标左键选中要删除的库文件名后，单击 Remove 按钮。元器件库文件添加或卸载完成后，单击 Close 按钮结束。

3.2.4 放置元器件

1. 元器件放置

元器件库文件加载完成后，就可以从对应库中选择元器件添加到图纸上了。本例以放置三极管 2N3904 为例，它在 Miscellaneous Device.IntLib 库中，放置前先安装该库。放置的方法有以下两种。

（1）通过元器件库控制面板放置元器件。

打开“Libraries”面板，加载 Miscellaneous Device.IntLib 库。在元器件列表中找到 2N3904，控制面板中将显示它的元件符号和封装图，如图 3-9 所示。单击“Place 2N3904”按钮，将光标移动到工作区中，此时元件以虚框的形式粘在光标上，将此元件移动到合适的位置，再次单击鼠标，元件就放置到图纸上了，如图 3-12 所示，此时系统仍处于放置元件状态，可继续放置该元件，单击鼠标右键可退出放置状态。

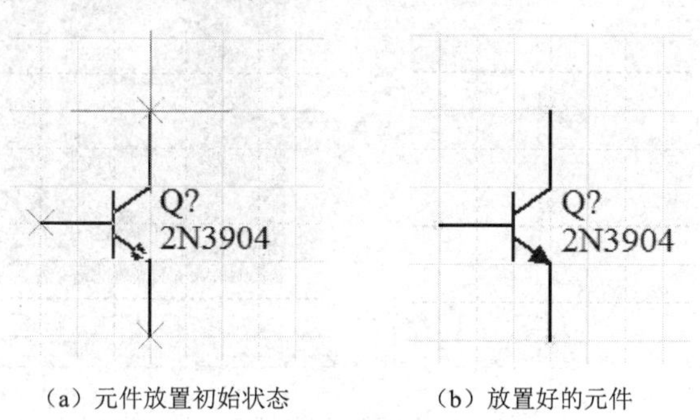

（a）元件放置初始状态　　（b）放置好的元件

图 3-12 放置元件

当元件处于虚框状态时，按键盘上的 Tab 键，或元件放置好后双击元件，系统将弹出元件属性对话框，此时可以修改元件的属性。

（2）通过菜单放置元器件。

执行菜单命令“Place”（放置）→“Part”（元件）或单击工具栏上的 按钮，系统弹出如图 3-13 所示的“Place Part”对话框，在该对话框中，若放置 2N3904，则单击“OK”按钮。

图 3-13 “Place Part”对话框

如果放置其他元器件，则单击图 3-13 对话框中“Lib Ref”（参考库）栏后面的 图标，系统将弹出如图 3-14 所示的“Browse Libraries”对话框，可以选择库中的其他元器件。

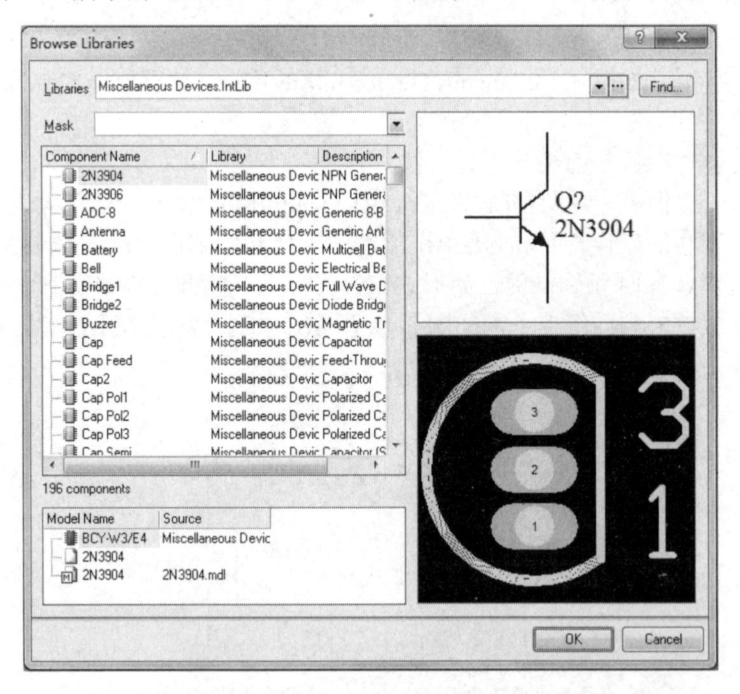

图 3-14 “Browse Libraries”对话框

为了便于连线，在放置结束后，仍有可能调整图中部分元器件的位置和方向，可以通过

以下方式调整：将鼠标移到待调整的元器件上，按住鼠标左键不放，拖动鼠标，当元器件调整到合适位置后，松开鼠标左键。在元器件上按住鼠标左键不放，同时按下键盘上的“空格”键，可以使元器件按顺时针方向旋转，按“X”键可以使元器件水平翻转，按“Y”键可以使元器件垂直翻转。

2．元器件属性编辑

当元器件处于虚框状态时，按键盘上的 Tab 键，或元器件放置好后双击元器件，系统将弹出“Component Properties”对话框，如图 3-15 所示，此时可以修改元器件的属性。

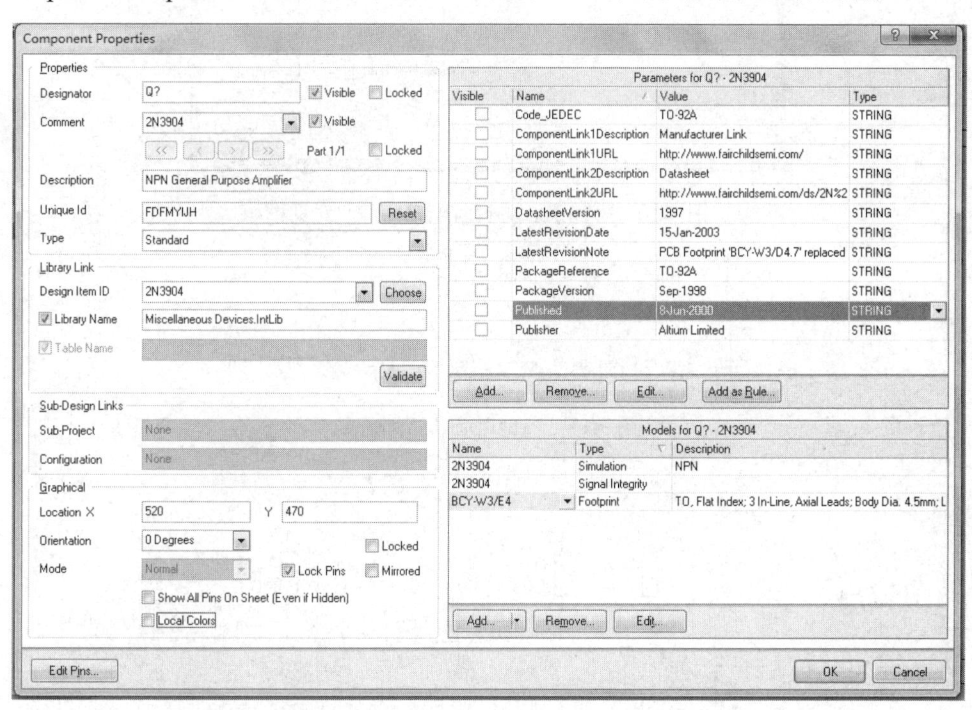

图 3-15　“Component Properties”对话框

“Designator”（标识符）指元器件的编号，如 R1、C1、…；“Comment”（注释）一般指元器件的型号，可根据情况确定其是否显示，若不想显示注释部分的内容，则将其右侧“Visible”（可视）前的“√”去掉。对于元器件标称值的大小，可通过更改右侧参数区域中“Value”（参数）的内容实现。

3.2.5　放置电源和地符号

执行菜单命令“Place”（放置）→“Power Port”（电源端口），或单击连线工具栏上的第 6 个按钮 或第 7 个按钮 ，然后按 Tab 键打开“Power Port”（电源端口）对话框，如图 3-16 所示。

其中，“Net”（网络）栏可以设置电源端口的网络名。通常，将电源符号设置为 VCC，将接地符号设置为 GND；将光标移动到“Orientation”（方向）栏后的 90 Degree 处，可以选择电源符号的旋转角度；将光标移动到“Style”（风格）栏处，可以选择电源和接地符号的形状，共 7 种，如图 3-17 所示。放置完元器件、电源和地符号的原理图如图 3-18 所示。

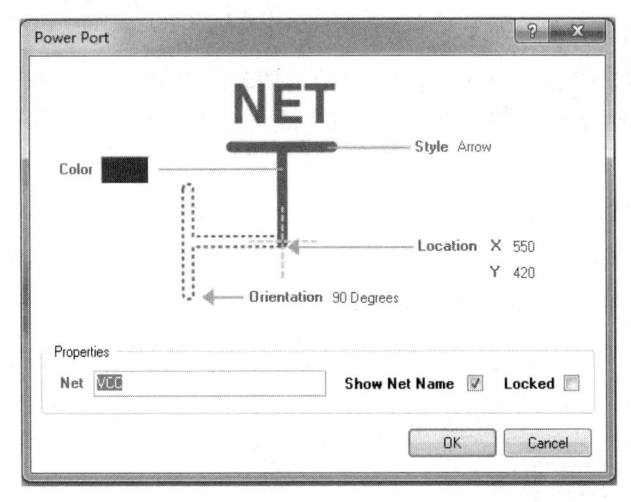

图 3-16　“Power Port”（电源端口）对话框

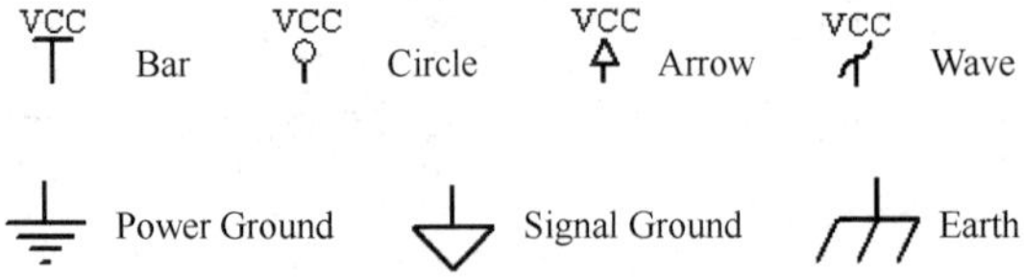

VCC Bar　VCC Circle　VCC Arrow　VCC Wave

Power Ground　Signal Ground　Earth

图 3-17　各种电源和接地符号

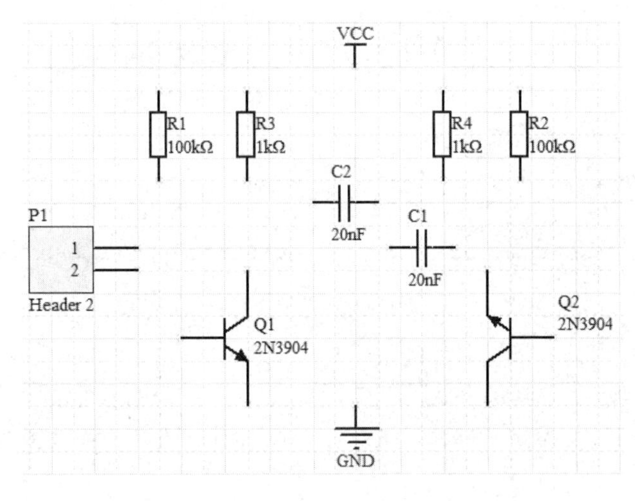

图 3-18　放置完元器件、电源和地后的原理图

3.2.6　连线

执行菜单命令“Place”（放置）→“Wire”（导线），或单击连线工具栏上的按钮，此时光标变为“×”形，系统处于绘制导线状态。若此时按下 Tab 键，系统会弹出导线属性对话框，可以修改导线的颜色和粗细。

将光标移至所需位置，单击鼠标左键，定义导线起点，将光标移至下一位置，再次单击鼠标左键，完成两点连接，如图 3-19 所示。单击鼠标右键，退出画线状态。

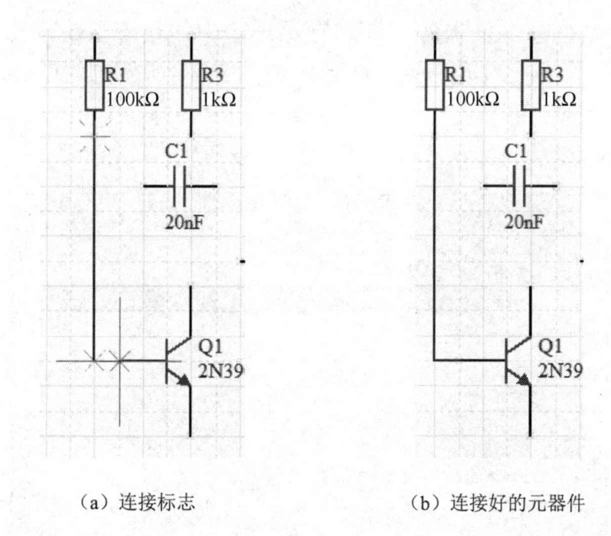

（a）连接标志　　（b）连接好的元器件

图 3-19　连接导线

将图 3-19 中的元器件连接完成的电路原理图如图 3-20 所示。

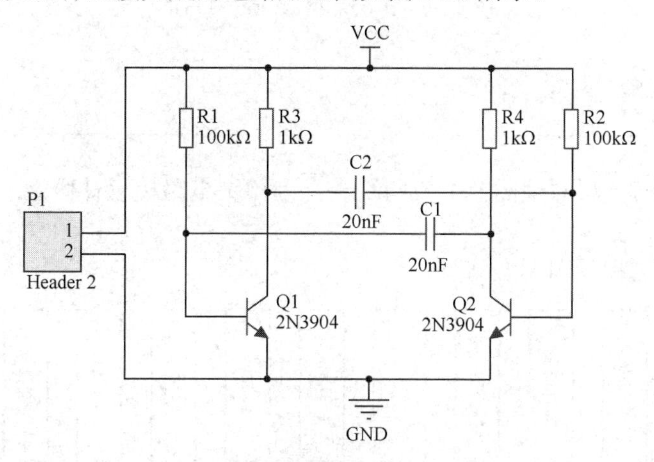

图 3-20　绘制完成的电路原理图

3.2.7　编译及错误检查

对于简单电路，通过自查就能看出电路中存在的错误，但对于复杂的电路原理图，则不易查找出电路编辑过程中的所有错误。为此，Altium Designer Summer 09 软件提供了编译和检错功能，执行编译后，系统会自动在原理图中有错误的地方加以标记，从而方便用户检查错误，提高设计质量。

对原理图进行编译，也叫 ERC（Electrical Rule Check）。在进行 ERC 之前，可以根据需要对 ERC 规则进行设置。具体步骤为：执行菜单命令“Project”（项目）→“Project Options...”（项目选项），打开“Options for PCB Project”对话框，可以在该对话框中进行规则设置，一般采用默认值。

设置检查规则后，执行菜单命令“Project”（项目）→“Compile PCB Project 多谐振荡器.PrjPCB”（编译多谐振荡器.PrjPCB 项目），编译 PCB 项目。编译后，系统的自动检错结果将显示在“Message”（信息）面板中，同时在原理图中的相应出错位置放置红色波浪线作为标记。双击信息面板中的某行错误，系统会弹出如图 3-21 所示的“Compile Error”（编译错误）对话框，在该对话框中单击出错元件，原理图相应对象会高亮显示，这样可以方便快捷地定位错误。图 3-21 中提示的错误表示元件“P?”没有编号。

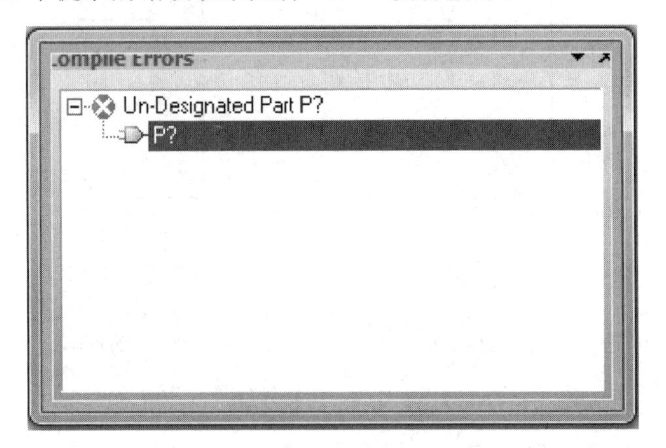

图 3-21 “Compile Error”对话框

3.3 PCB 设计

前面介绍了如何绘制原理图及生成网络表，为印制电路板设计做好了准备，下面开始进入 PCB 设计阶段。

PCB 设计基本流程如图 3-22 所示。

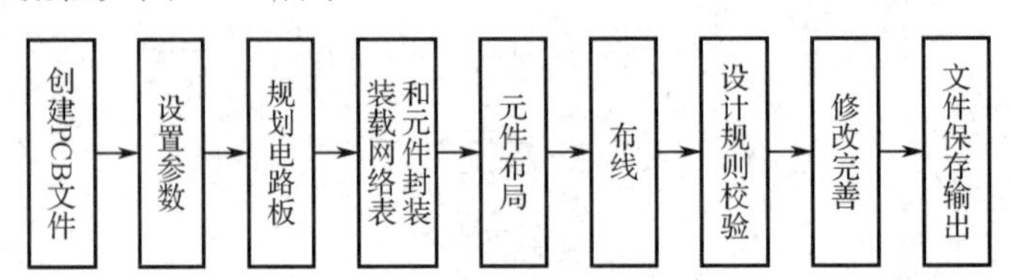

图 3-22 PCB 设计基本流程

3.3.1 创建 PCB 文件

执行菜单命令“File”→“New”→“PCB”，创建 PCB 文件，或用鼠标右键单击项目文件名，在弹出的菜单中选择“Add New to Project”（添加新文件到项目）→“PCB”，新建 PCB 文件。系统在当前项目文件夹下建立 PCB 文件“PCB1.PcbDoc”并进入 PCB 设计界面。

用鼠标右键单击 PCB 文件“PCB1.PcbDoc”，在弹出的菜单中选择“Save”（保存）命令，屏幕弹出一个对话框，将文件命名为“多谐振荡器”并保存，PCB 编辑器的各部分功能如图 3-23 所示。

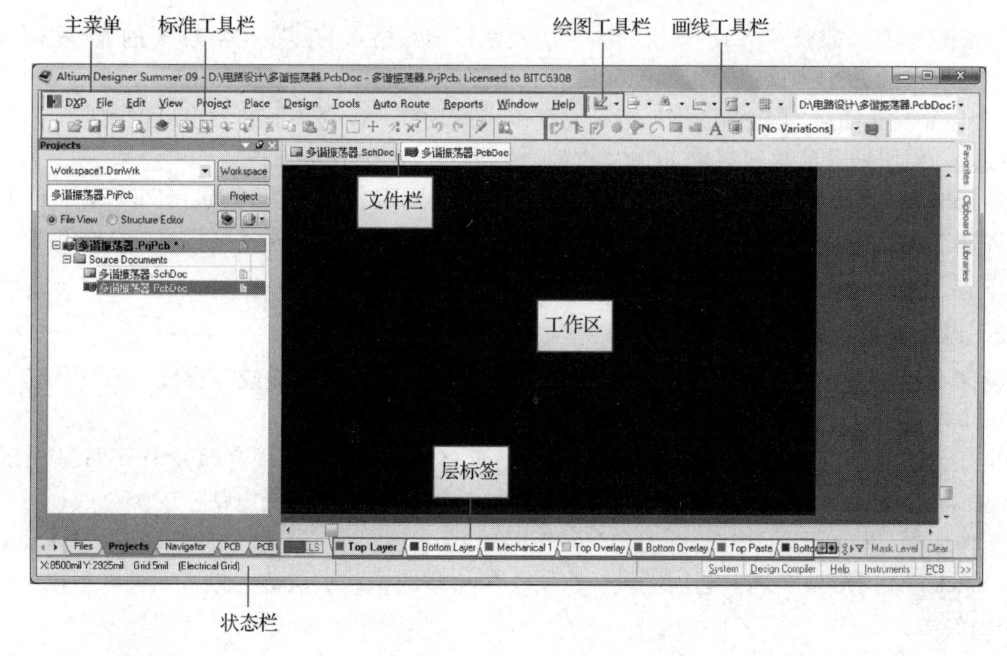

图 3-23 创建“多谐振荡器”PCB 文件

3.3.2 规划电路板

1. PCB 环境参数设置

对 PCB 进行环境参数设置可使操作更加灵活方便，其方法是：执行菜单命令“Design”（设计）→“Board Option”（板选项），打开“Board Options”对话框，如图 3-24 所示。

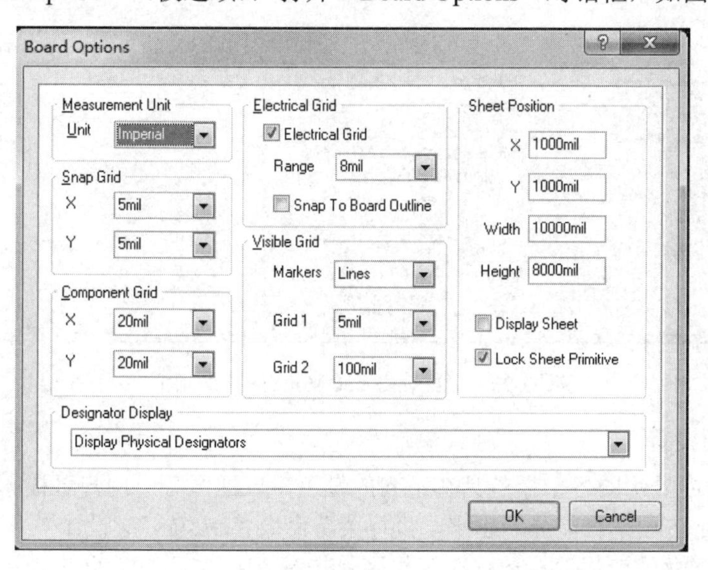

图 3-24 “Board Option”对话框

“Measurement Unit”（测量单位）栏用于 PCB 中单位的设置，Metric 表示公制单位，单位是 mm；Imperial 表示英制单位，单位是 mil（读作密耳）。这里选择英制单位。

“Snap Grid”（捕获网格），该值的大小决定鼠标捕获格点的间距。X与Y的值可以不同。对于通孔较多的PCB，该值设置为50mil或100mil。

“Component Grid”（元件网格）用于元件格点的设置，改变该值的大小可以实现元器件的精确放置。对于通孔元件较多的PCB，该值设置为50mil或100mil。

“Visible Grid”（可见网格），决定了图纸上格点的间距。通常在“Maker”（标记）下拉列表中选择“Line”（线）。可视格点分为可视格点1和可视格点2，通常可视格点1的值小于可视格点2。

2．电路板类型设置

设计者要根据实际需要设置电路板的层数，如单面板、双面板或多层板。下面给出具体的操作步骤。

执行菜单命令“Design”（设计）→“Layer Stack Manager...”（层栈管理），打开“Layer Stack Manager”对话框，如图3-25所示。在该对话框中，设计者可以选择电路板的类型或设置电路板的工作层面。单击Menu按钮，弹出“Menu”（菜单）菜单，如图3-25所示。此菜单中的“Example Layer Stacks”（层堆叠样例）选项提供了常用不同层数的电路板层数的设置，可以直接快速进行板层设置。

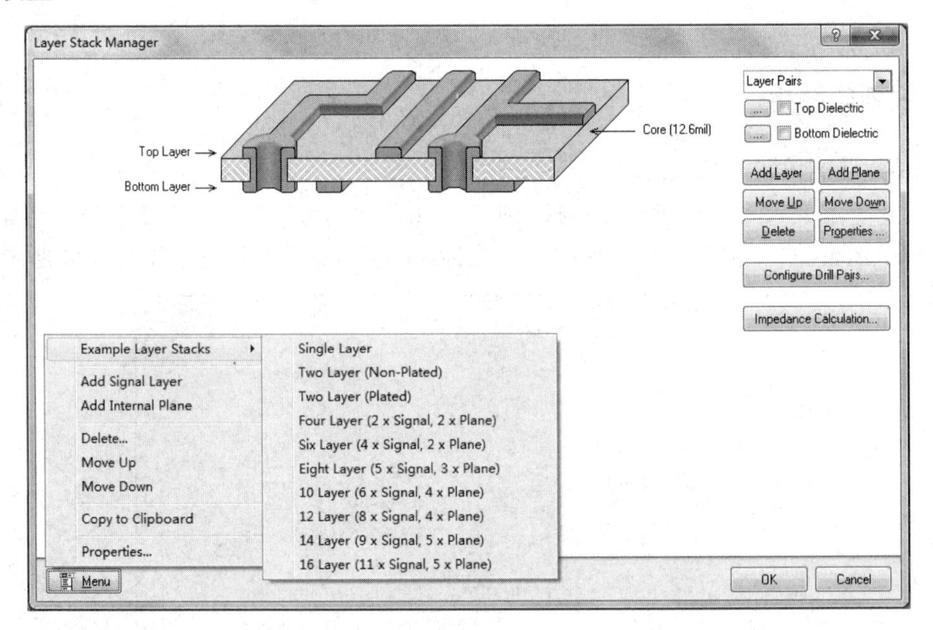

图3-25 “Layer Stack Manager”对话框

3．工作层面设置

PCB编辑器内显示的各个板层具有不同的颜色，以便区分。用户可根据个人习惯进行设置，并且可以决定该层是否能显示出来。执行菜单命令“Design”（设计）→“Board Layers & Colors...”（板层颜色）或将鼠标放置在工作区单击键盘上“L”键，弹出板层与颜色设置对话框，对于层面颜色采用默认设置，并单击所有设置下方的“Use On”（使用打开）按钮。

4．电路板外形设置

电路板的外形主要包括物理边界和电气边界的确定。理论上，物理边界定义在机械层

（Mechanical Layer），电气边界定义在禁止布线层（Keep Out Layer），但在实际操作中，通常认为物理边界与电气边界是重合的，所以在规划边界时只规划电路板的电气边界即可。在规划电路板外形时，应该综合考虑布线的可行性，不应一味追求小型化。具体操作步骤如下。

① 在图 3-23 中单击窗口下方的“Keep Out Layer”（禁止布线层）标签，将当前工作层面切换到禁止布线层。

② 设置原点。执行菜单命令“Edit”（编辑）→“Origin”（原点）→“Set”（设置），用鼠标单击工作区的最下方，即可实现原点设置。

③ 在英文输入法下，按键盘上的 Q 键将单位由 mil 切换成 mm。

④ 执行菜单命令“Place”→“Line”（线），或单击绘图工具栏的第 1 个按钮，当鼠标指针变成“十”字形状时，可根据电路板形状要求绘制长方形（长为 45mm，宽为 35mm）的电气边界。

⑤ 单击鼠标右键退出当前状态。画出电气边界的电路板如图 3-26 所示。

注意事项如下。

① 在设置电气边界时，一定要选择禁止布线层。

② 电气边界要密闭美观，否则影响后面的自动布局布线。

③ 双击边界线，打开线属性对话框进行线宽设置。

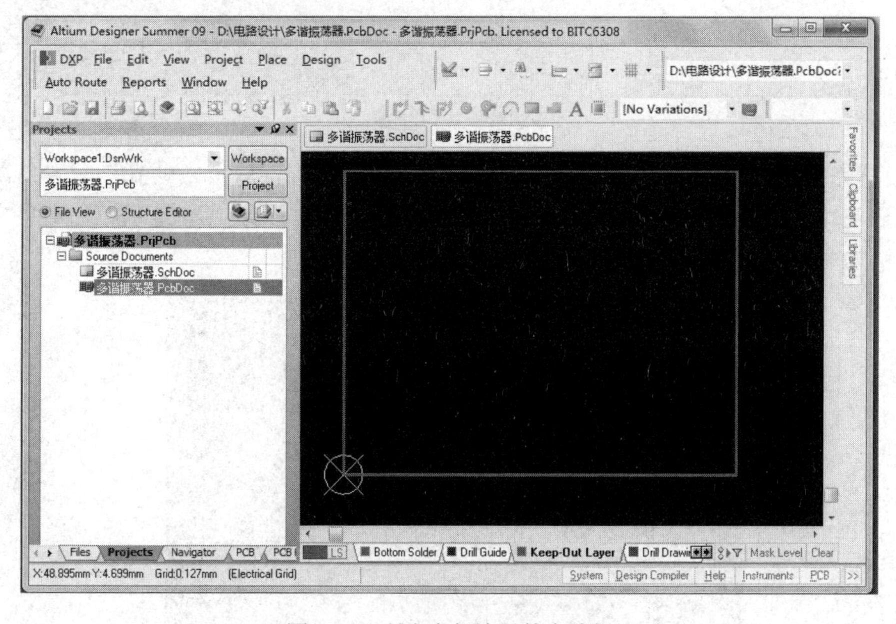

图 3-26　画出电气边界的电路板

5. 放置安装孔

电路板的安装孔即用来固定电路板的螺钉安装孔，其大小要根据实际需要及螺钉的大小确定。一般情况下，安装孔的直径比螺钉的直径大 3mm 左右。放置安装孔的操作步骤如下。

① 执行菜单命令“Place”（放置）→“Pad”（焊盘），或单击放置工具栏上的第 4 个按钮，此时鼠标指针变成“十”字形状，且粘有一个焊盘。

② 按 Tab 键打开焊盘属性设置窗口，作为安装孔，此时只需设置焊盘的内、外径尺寸和形状。X-Size 和 Y-Size 用于设置焊盘的外径尺寸；Shape 用于设置焊盘的形状，通常为 Round

（圆形）；Hole Size 用于设置焊盘的内径尺寸。一般情况下，安装孔的内、外径尺寸几乎一致。安装孔的设置如图 3-27 所示。

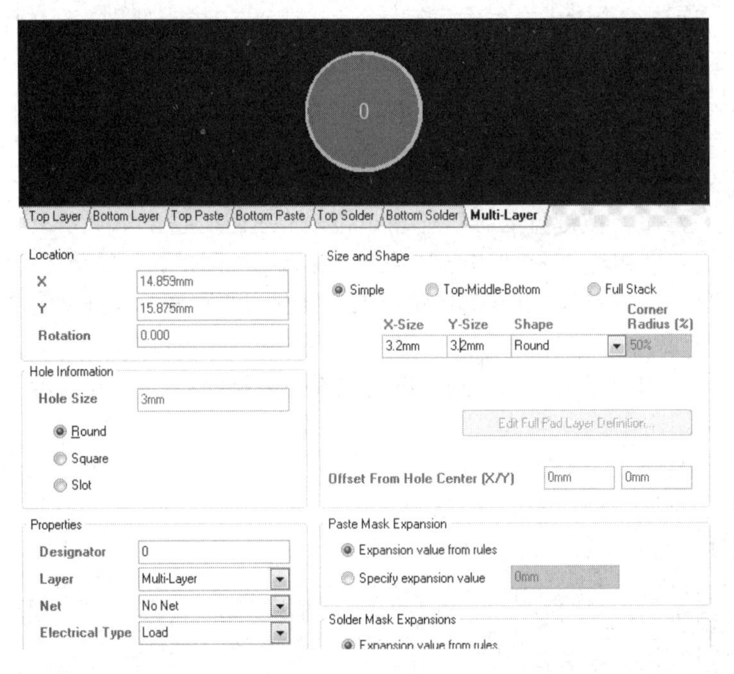

图 3-27　安装孔的设置

③ 设置完成后，返回放置焊盘状态，在电路板的合适位置放置安装孔。一般情况下，安装孔放置在电路板的四个角，放置时应注意安装孔与边界的距离，本例中每个安装孔的中心距相邻边均为 3mm，如图 3-28 所示。

图 3-28　放置好安装孔的电路板

3.3.3　装载网络表

规划好电路板之后，就可以装载网络表了。网络表是原理图与 PCB 图之间联系的纽带，原理图的信息可以通过导入网络表的形式完成与 PCB 之间的同步。这里以多谐振荡器原理图

“多谐振荡器.SchDoc”为例介绍装载网络表的方法。

① 打开“多谐振荡器.SchDoc”文件，使之处于当前窗口中，同时应保证“多谐振荡器.PcbDoc”文件已处于打开状态。

② 执行“Design”（设计）→“Update PCB 多谐振荡器.PcbDoc”（更新 PCB 文件“多谐振荡器.PcbDoc”）菜单命令，系统将对原理图和 PCB 图的网络报表进行比较并弹出一个“Engineering Change Order”（工程变更单）对话框，如图 3-29 所示。

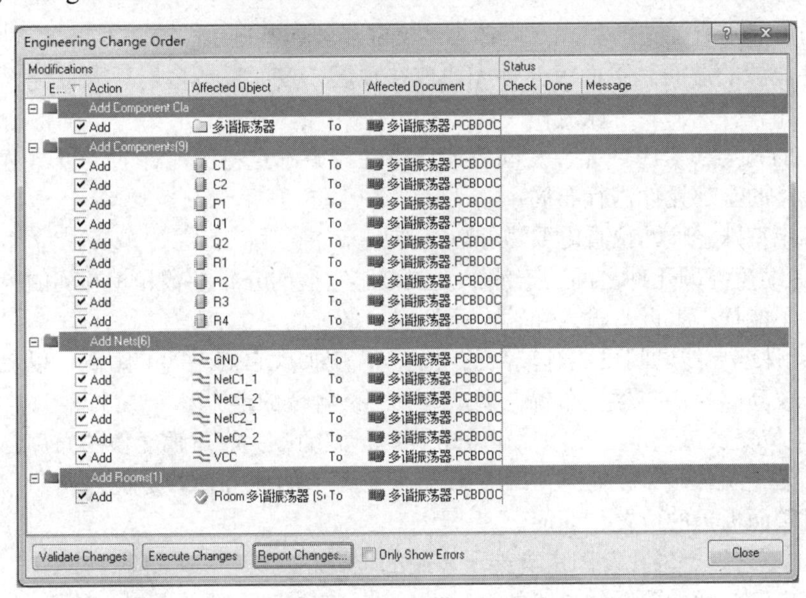

图 3-29　“Engineering Change Order”对话框

③ 单击 Validate Changes 按钮，系统将扫描所有的改变，看能否在 PCB 上执行所有的改变。随后在对应的“Check”（检查）栏中显示✅标记。✅标记说明改变是合法的；❎标记说明改变不可执行，需要回到之前的步骤中进行修改，然后重新进行更新。

④ 进行合法性校验后，单击 Execute Changes 按钮，系统将完成网络表的导入，同时在每一项的“Done”（完成）栏显示✅标记。

⑤ 单击 Close 按钮，关闭该对话框，这时在 PCB 图布线框的右侧出现了导入的所有元件的封装模型，如图 3-30 所示。

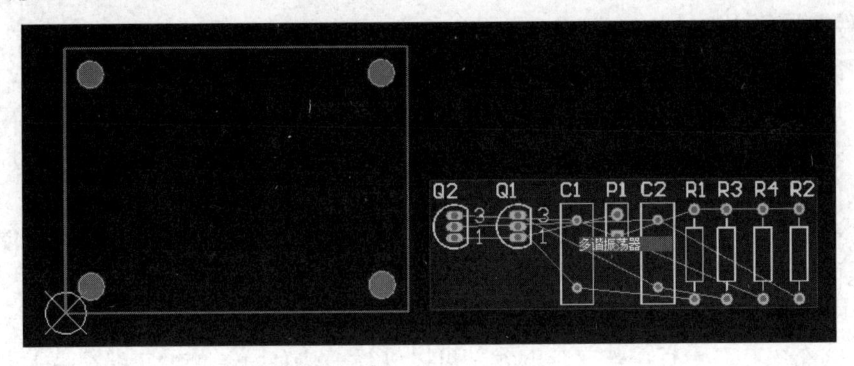

图 3-30　导入网络表后的 PCB

3.3.4 元件布局

元件布局即确定元件在电路板上的安装位置。元件布局是否合理不仅关系到后期布线的难易，也关系到电路板实际工作情况的好坏，因此，在布局时应综合考虑各种因素，尽可能使布局规范合理。

1．元件布局的基本原则

元件布局虽然没有固定的程式，但在总结实践经验的基础上，有一些基本原则值得借鉴。

（1）元件放置的层面。单面板元件一律放在顶层；双面板或多层板元件绝大多数放在顶层；个别元件如有特殊需要可以放在底层。

（2）元件的布局应考虑到元件之间的连接特性，先确定特殊元件的位置，再根据电路的功能单元对电路的全部元件进行布局。

（3）在确定特殊元件的位置时要遵守以下原则。

① 尽可能缩短高频元件之间的连线，设法减小它们的分布参数和相互间的电磁干扰。易受干扰的元件不能挨得太近，输入和输出元件应尽量远离。

② 某些元件或导线之间可能有较高的电位差，应加大它们之间的距离，以免放电引起意外短路。电压较高的元件应尽量布置在调试时手不易触及的地方。

③ 对于电位器、可调电感线圈、可变电容器、微动开关等可调元件的布局，应考虑整机的结构要求。若是机内调节，应放在印制板上便于调节的地方；若是机外调节，其位置要与调节旋钮在机箱面板上的位置相适应。

④ 应留出电路板定位孔及固定支架所占用的位置。

（4）根据电路的功能单元对电路的全部元件进行布局时，要符合以下原则。

① 按照电路的流程安排各个功能电路单元的位置，使布局便于信号流通，并使信号尽可能保持一致的方向。

② 以每个功能电路的核心元件为中心，围绕它来进行布局。元件应均匀、整齐、紧凑地排列在 PCB 上，尽量减少和缩短各元件之间的引线和连接。

③ 位于电路板边缘的元件，离电路板边缘一般不小于 2mm。

（5）电路板上发热较多的元件应考虑加散热片或风扇等散热装置。

（6）注意 IC 座定位槽的放置方向，应保证其方向与 IC 座的方向一致。

（7）尽量做到元件排列、分布合理均匀，布局整齐、美观。

2．元件布局的方法

元件布局的方法主要有自动布局、手动布局和交互式布局 3 种。

手动布局指设计者根据实际电路设计要求手工完成元件布局。相比于自动布局，手动布局速度慢，耗费大量的时间和精力，对设计者的设计经验要求较高。但是手动布局往往更能符合实际工作需要，实用性较强，而且有利于后期的布线操作。

自动布局的结果不是唯一的，即使是相同的布局方法，得到的布局结果也可能不同，设计者可以根据需要优选最佳布局结果。

综合自动布局和手动布局的优缺点，从全局角度出发，设计者可以将二者结合起来使用，这就是交互式布局。对于有特殊要求的元件可以进行手动布局，对于要求不是很高的元件可以进行自动布局，之后还可以进行手动调整。交互式布局能够在加快布局速度的同时实现布

局结果最优。交互式布局主要包括以下几个步骤。

① 关键元件布局。对于有特殊要求的关键元件，可以遵守设计原则进行手动布局，然后锁定这些元件的位置，再进行自动布局。

② 自动布局。设置自动布局设计规则，然后执行自动布局命令，完成元件自动布局。

③ 手动调整。在自动布局完成之后，对位置不理想的元件进行手动调整，使布局达到最优。

④ 元件标注调整。所有的元件布局完成之后，元件的标注往往杂乱无章，需要将元件标注放置到易于辨识的位置，以便后期的装配和调试。

多谐振荡器的布局结果如图3-31所示。

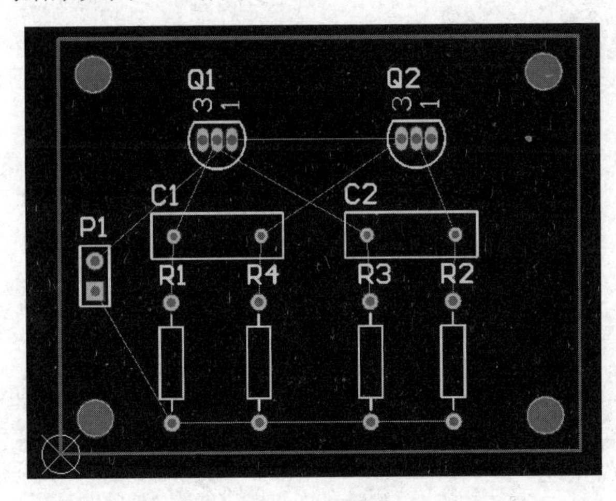

图3-31　多谐振荡器的布局结果

3.3.5　布线

1. 布线的基本原则

① 输入、输出端用的导线应尽量避免相邻平行，最好加线间地线，以免发生反馈耦合。

② 印制导线的最小宽度主要由导线与绝缘基板间的黏附强度和流过它们的电流决定。当然，只要允许，还是尽可能用宽线，尤其是电源线和地线，一般情况下要比其他导线宽。

③ 导线的最小间距主要由最坏情况下的线间绝缘电阻和击穿电压决定。

④ 导线拐弯处一般取圆弧形或135°左右的夹角，因为直角或锐角在高频电路中会影响电气性能。

⑤ 尽量避免使用大面积铜箔，否则长时间受热时易发生铜箔膨胀和脱落现象。必须用大面积铜箔时，最好用栅格状，这样有利于散热，防止产生铜箔膨胀和脱落现象。

2. 布线规则设置

Altium Designer Summer 09软件在PCB编辑器中为用户提供了10大类58种设计法则，覆盖了元器件的电气特性、走向宽度、走线拓扑结构、表面安装焊盘、阻焊层、电源层、测试点、电路板制作、元件布局和信号完整性。

（1）“Clearance”（安全间距规则）设置。

执行菜单命令“Design”（设计）→“Rule”（规则），打开“PCB Rules and Constraints Editor”

（印制电路板的规则和约束编辑器）对话框，单击“Electrical”（电气）选项下的“Clearance”（安全间距规则），对话框右侧列出该项规则的详细信息，如图 3-32 所示。

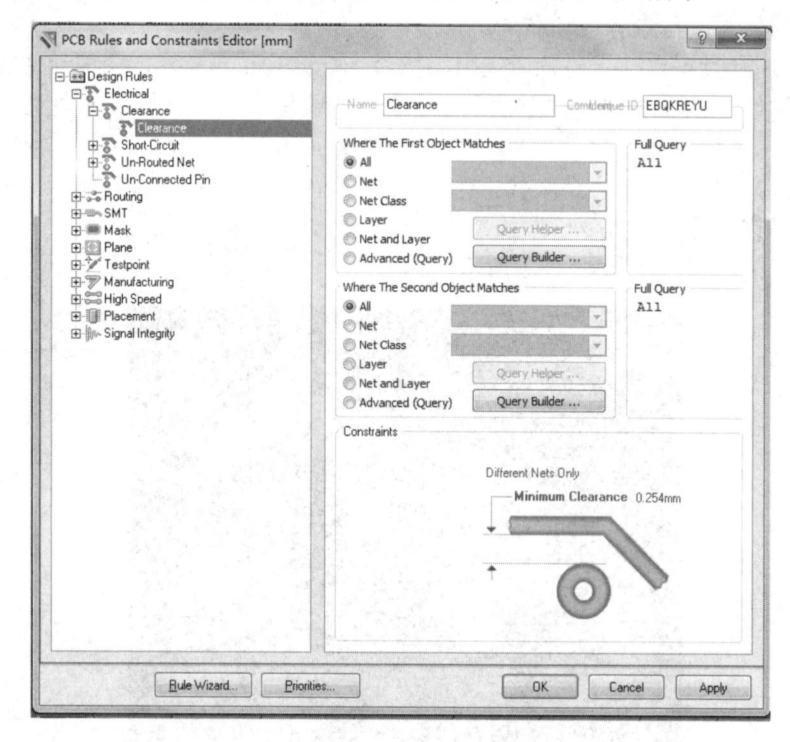

图 3-32 “Clearance”规则设置窗口

此规则用于设置具有电气特性的对象之间的间距，在 PCB 上具有电气特性的对象包括导线、焊盘、过孔等。在间距设置中可以设置导线与导线之间、导线与焊盘之间、焊盘与焊盘之间的间距规则。通常情况下，安全间距越大越好，但是太大的间距会造成电路不够紧凑，因此，安全间距通常设置为 0.254～0.5mm。

（2）“Width”（线宽）设置。

“Width”用于设置走线宽度。走线宽度指 PCB 导线的实际宽度，分为最大允许值、最小允许值和优选值 3 种。线宽的设置规则是：地线宽度>电源线宽度>信号线宽度。这里以设置电源线宽度为 0.8mm、地线宽度为 1mm、信号线宽度为 0.254mm 为例进行讲解。

用鼠标右键单击“Routing”（走线）下方的“Width”选项，系统弹出线宽规则添加与删除菜单，选择“New Rule”，新建布线规则“Width_1”。在“Where The First Object Matches”（第一匹配对象的位置）区域的“Net”（网络）下拉列表中选择 “GND”网络。在“Constraints”（约束）区域内将最大线宽“Max Width”、优选线宽“Preferred Width”和最小线宽“Min Width”均设为 1mm，如图 3-33 所示。用同样的方法新建布线规则“Width_2”，将“VCC”网络设置为 1mm。

3. 手动布线

选择绘制导线的层次，如“Bottom Layer”（底层），然后单击画线工具栏上的第一个按钮，开始手动布线。导线的拐角一般为 135° 或者是圆弧，导线要绘制到焊盘的中心，如图 3-34 所示。

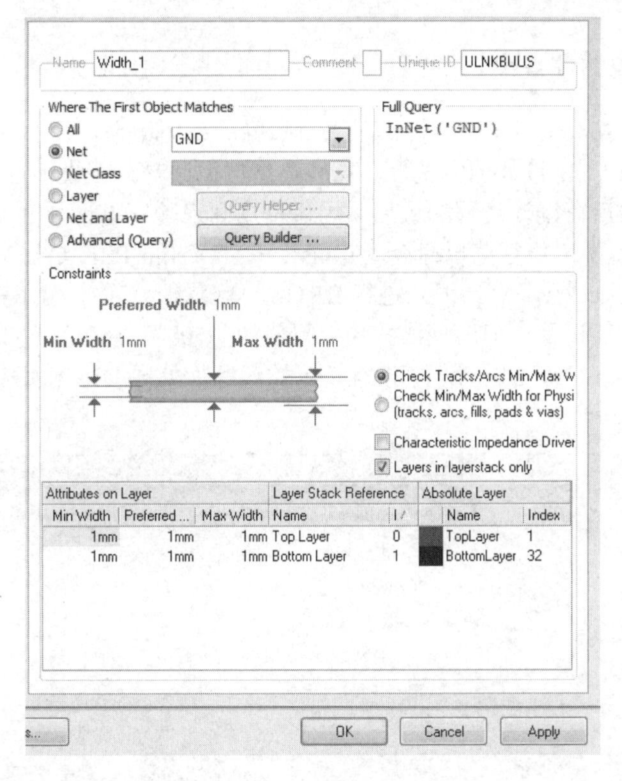

图 3-33　线宽规则设置

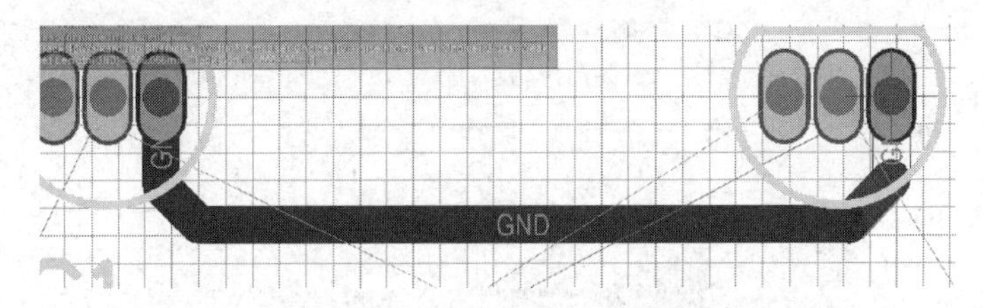

图 3-34　导线绘制示意图

多谐振荡器手动布线结果如图 3-35 所示。

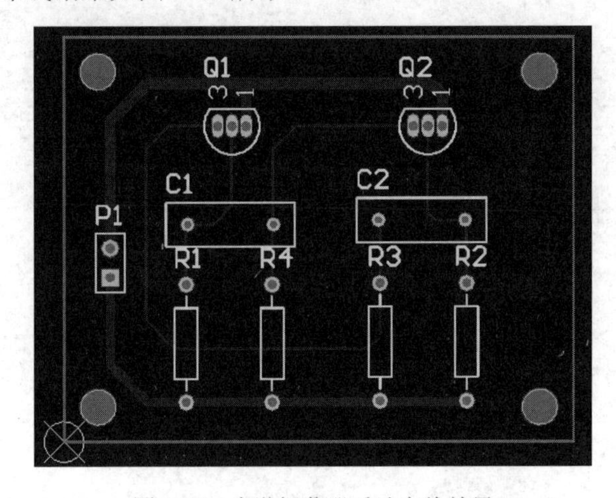

图 3-35　多谐振荡器手动布线结果

3.3.6 设计规则校验（DRC）

Altium Designer Summer 09 软件提供了一个规则驱动环境来设计 PCB，并允许设计者定义各种设计规则来保证 PCB 设计的完整性。比较典型的做法是，在设计过程的开始，设计者就设置好设计规则，然后在设计过程的最后，用这些规则来验证设计。

在 PCB 编辑环境中，执行菜单命令“Tools”→“Design Rule Check”，打开如图 3-36 所示的“Design Rule Checker”对话框，进行 DRC 校验设置。其中，“DRC Report Options”中的各选项采用系统默认设置，但违规次数的上限值为“500”，以便加速 DRC 校验的进程。

单击“Run Design Rule Check...”按钮，开始运行批处理 DRC。运行结束后，给出 DRC 检验报告。

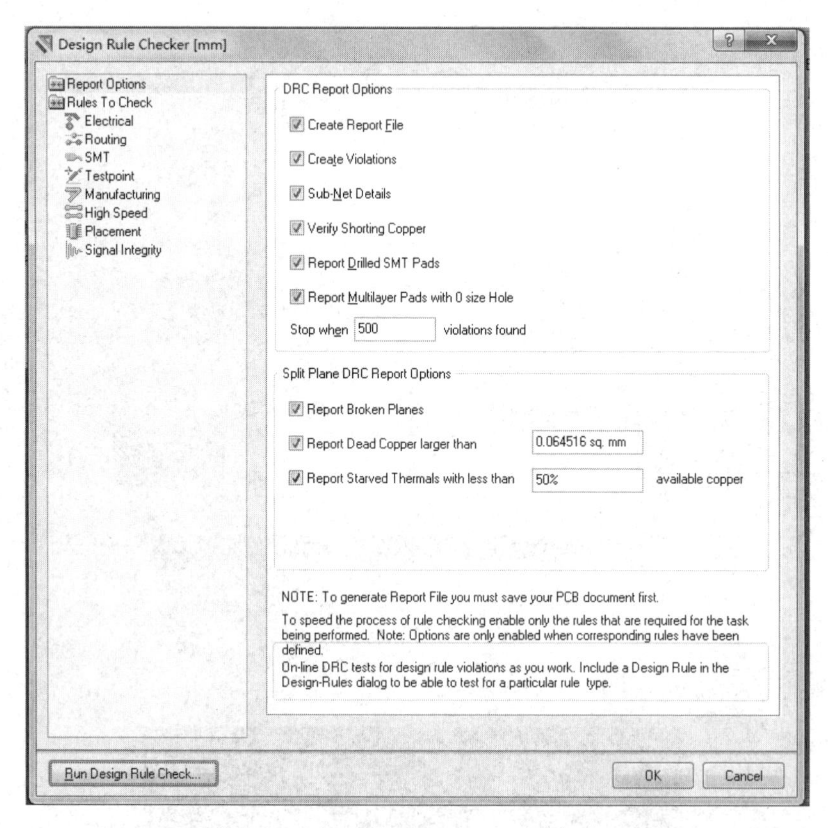

图 3-36 “Design Rule Check”对话框

3.3.7 文件保存输出

执行菜单命令“File”→“Save”，或单击主工具栏上的“保存”按钮，即可完成文件的保存。执行菜单命令“File”→“Print Preview...”或“Print...”，完成文件的预览和打印输出。

3.4　设计实例

3.4.1　实例 1

直流稳压电源电路原理图的绘制与 PCB 设计。

1．直流稳压电源电路原理图的绘制

直流稳压电源电路通常由变压器、整流电路、滤波电路和稳压电路组成。在进行 PCB 设计时，由于变压器体积大且较重，一般不放在电路板上，所以本例在进行原理图绘制时没有绘制变压器。能够输出±5V 直流电压的电路原理图如图 3-37 所示。

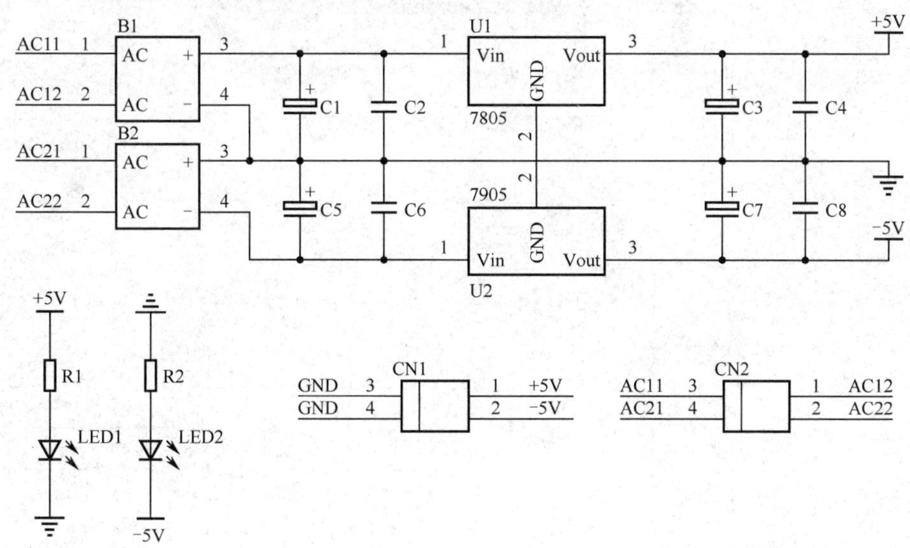

图 3-37　直流稳压电源电路原理图

在绘制原理图时，应注意以下几点。

① 在绘制原理图的过程中，有些原理图库中提供的原理图符号并不符合设计需要，设计者可以在库中已有符号的基础上进行修改，创建自己的原理图符号，如整流桥和三端稳压器等。

② 在放置元件的过程中，可以为元件添加元件封装，以便创建网络表。

③ 原理图布线时，可以恰当使用网络标号，避免交错连线。

2．直流稳压电源 PCB 设计

按照 PCB 设计流程，绘制完成的直流稳压电源 PCB 图如图 3-38 所示。本例采用单面板手动布线，顶层放置元件，底层走线，为了便于后期制作，有意加宽了导线的宽度。

3.4.2　实例 2

产生波形电路原理图的绘制与 PCB 设计。

1．产生波形电路原理图的绘制

绘制完成的产生波形电路原理图如图 3-39 所示。图 3-39 中所有元件符号在原理图库中均

能找到，所以该原理图的绘制没有难度，只需按绘制流程一步步操作即可。

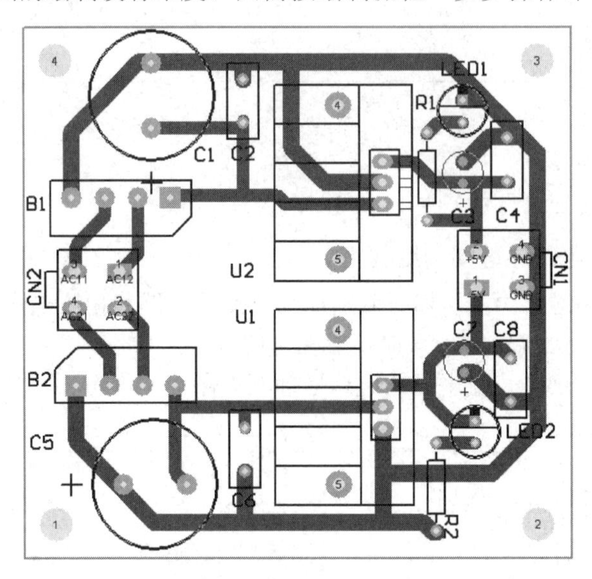

图 3-38　直流稳压电源 PCB 图

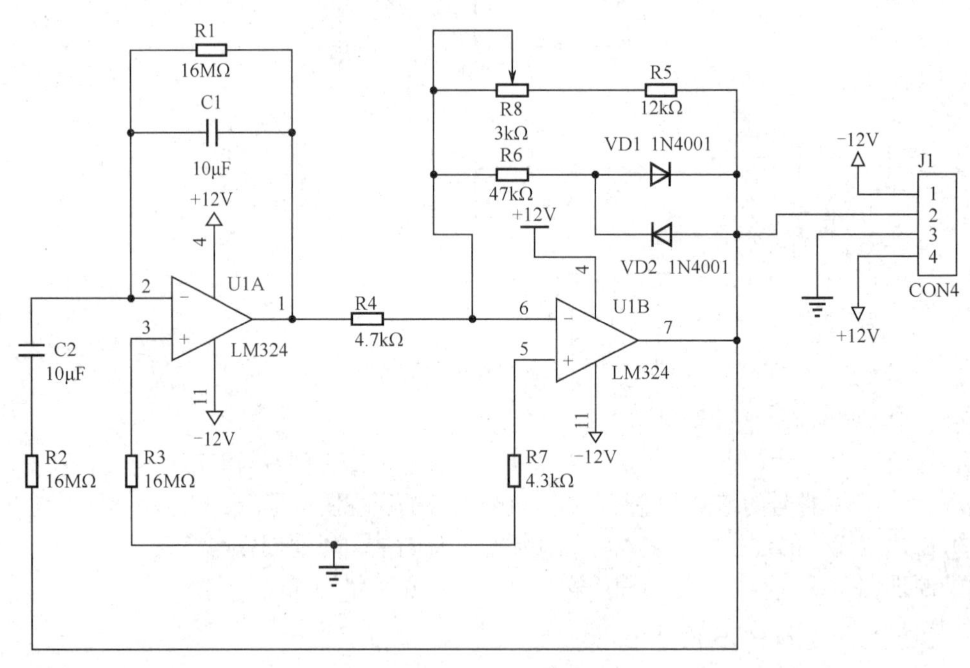

图 3-39　产生波形电路原理图

2．产生波形电路 PCB 图的设计

本例采用双面板自动布线实现，得到的 PCB 图如图 3-40 所示。如前文所述，自动布线的结果并不是唯一的，设计者可根据自己的布局、布线要求进行设计。

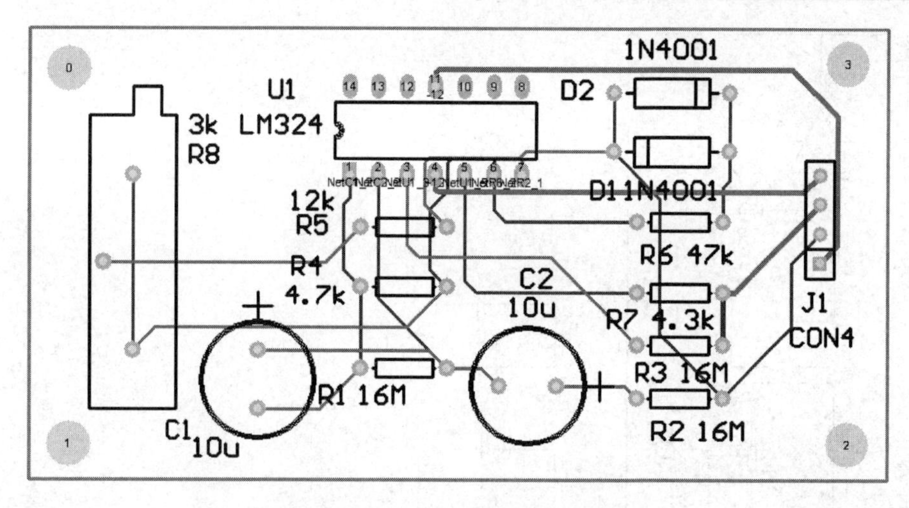

图 3-40 产生波形电路的 PCB 图

任务实施

子任务一 绘制函数信号发生器的原理图

第一步：打开 Altium Designer Summer 09 软件，创建一个项目文件，并命名为“函数信号发生器.PrjPCB”，保存在一个文件夹下。

第二步：用鼠标右键单击项目文件名，在弹出的菜单中选择“Add New to Project”（添加新文件到项目）→“Schematic”（原理图），新建原理图文件，并保存命名为“函数信号发生器.SchDoc”。

第三步：添加元器件库，然后摆放元器件，并且对每个元器件进行属性设置（包括名称、封装、标注）。如果库中找不到元器件的符号，可根据图 3-41 所示进行创建。

第四步：对摆放好的元器件进行连线。

第五步：对绘制好的原理图进行电气规则检查。

绘制好的参考原理图如图 3-41 所示。

子任务二 函数信号发生器的 PCB 设计

第一步：用鼠标右键单击项目文件名，在弹出的菜单中选择“Add New to Project”→“PCB”，新建 PCB 文件，将其命名为“函数信号发生器.PcbDoc”并保存。

第二步：设置参数，然后在禁止布线层绘制电路板的边框。

第三步：装载网络表和元器件的封装库。若网络表不能正确装载，应检查原理图的连线问题，检查原理图中元件的引脚和封装中定义的引脚是否对应，检查 PCB 中添加的封装库是否完整。

第四步：对导入的元器件封装按照相关的原则进行布局，布局参考图如图 3-42 所示。

第五步：布局结束后，在 PCB 底层进行手工布线，布线参考图如图 3-43 所示。

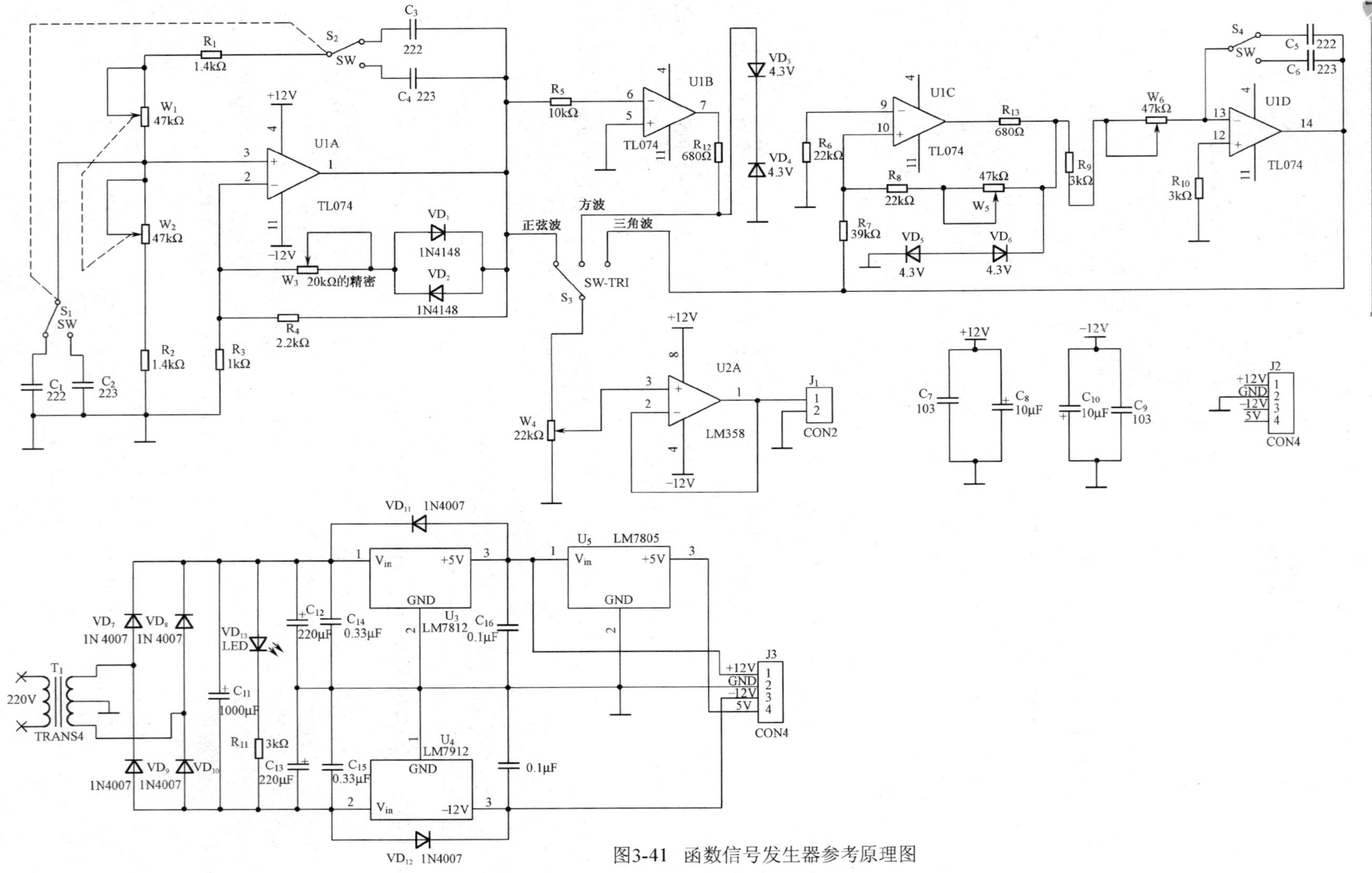

图3-41 函数信号发生器参考原理图

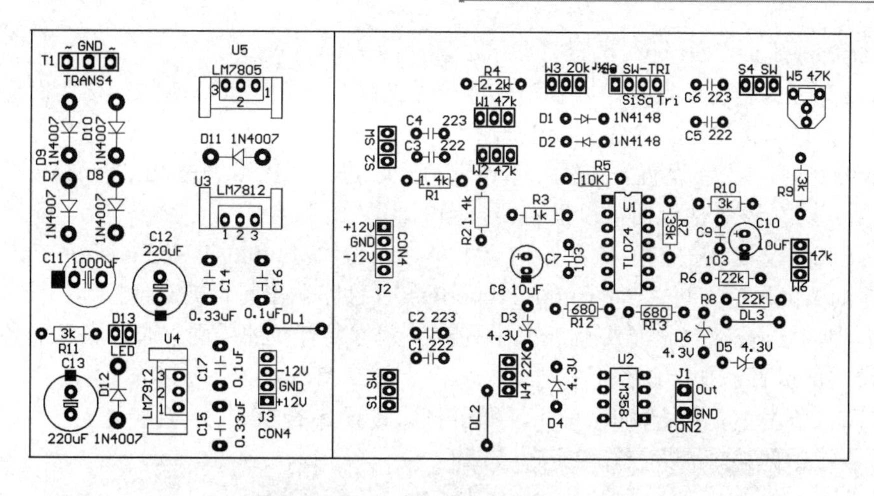

图 3-42　函数信号发生器布局参考图

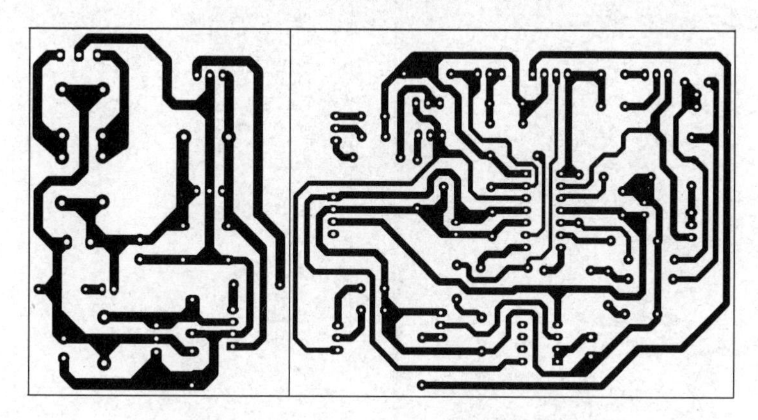

图 3-43　函数信号发生器布线参考图

第六步：使用 Altium Designer Summer 09 软件输出 PCB 图。

① PCB 文件在打印之前，要根据需要进行页面设定。在主菜单中执行“File”→“Page Setup”（页面设置）菜单，弹出“Composite Properties”（综合性能）对话框，如图 3-44 所示。

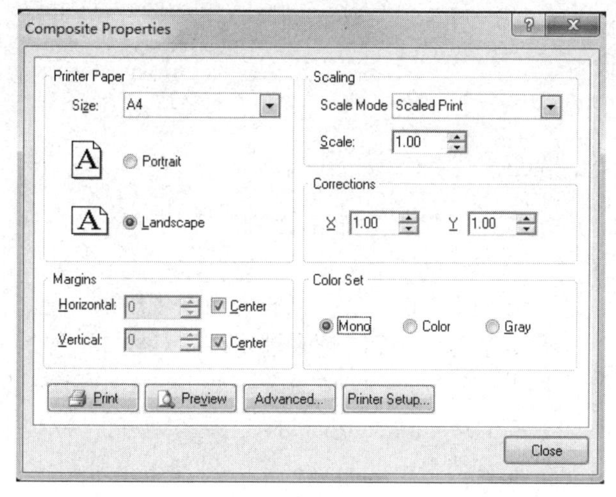

图 3-44　“Composite Properties”对话框

"Printer Paper"（打印纸）：选择打印纸的大小及方向。

"Scaling"（比例）：设定打印内容与实际尺寸的大小比例。Scale Model（比例模式）栏选择 Scaled Print（打印比例），Scale 栏选择输入 1。

"Advanced..."（高级设置）按钮：单击该按钮，进入"PCB Printout Properties"对话框，如图 3-45 所示。在该对话框内可以设置要打印的图层属性。

② 打印属性设置。在图 3-45 所示对话框中，双击"Multilayer Composite Print"（多层复合打印）前的页面图标，进入"Printout Properties"（打印输出特性）对话框，如图 3-46 所示。在该对话框中，"Layers"（图层）列表框中列出的为将要打印的层面。通过底部的各编辑按钮可以对打印层面进行添加、删除等操作。

③ 打印。单击工具栏上的 按钮，即可打印设置好的 PCB 文件。

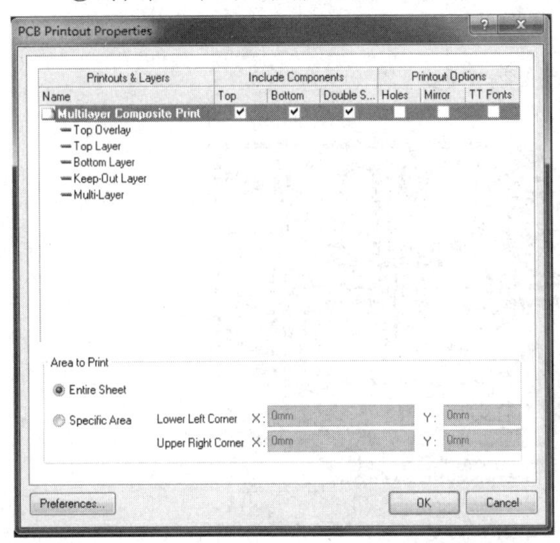

图 3-45 "PCB Printout Properties"对话框

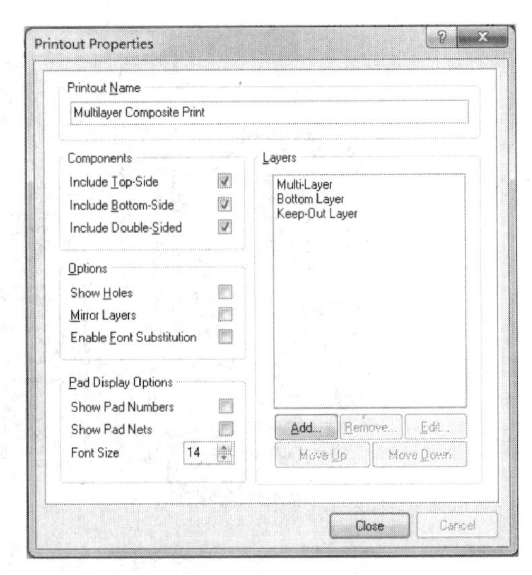

图 3-46 "Printout Properties"（打印输出特性）对话框

3.5 可制造性设计（DFM）

3.5.1 DFM 的概念

1. DFM 的定义

电子产品的设计正在趋向小型化、多功能化、定制化，从而使电子工艺技术逐渐向元件微型化、设计密集化、产品多样化转变。在这个过程中，提高效率、模拟仿真、协同设计将成为趋势。

随着产品设计的高速发展，PCB 设计的复杂程度也大大增加，随之而来的 PCB 设计和制造工艺能力匹配问题及质量隐患风险也变得越来越复杂，对成本的控制要求也更加严格。

在制造中出现的设计和工艺问题，如何在制造前发现、在设计时避免呢？可制造性设计或面向制造的设计（Design For Manufacture，DFM）主要研究产品本身的物理设计及制造系统各部分之间的相互关系，并将其用于产品设计中，以便将整个制造系统融合在一起进行总体优化。电子产品围绕 PCB、元器件和电子装联，在开发阶段即考虑产品的可制造性。以产

品更短开发周期、更高质量、更低成本交付为目的的设计活动，使设计和制造之间紧密联系，从而实现从设计到制造的一次成功。

DFM 诞生于 20 世纪 70 年代初，旨在简化产品结构、减少加工成本。当前，DFM 技术在汽车、国防、航空、计算机、通信、消费类电子、医疗设备等领域被广泛采用。DFM 是并行工程的核心，如图 3-47 所示，在设计阶段要对元器件封装进行评审、对元器件布局进行装配分析、对印制板布线进行裸板分析、对光绘图进行网络表分析、对试产电路板进行设计疏漏和工艺难点检查。并行工程是对产品及其相关过程（包括制造过程和支持过程）进行并行、集成化处理的系统方法和综合技术。

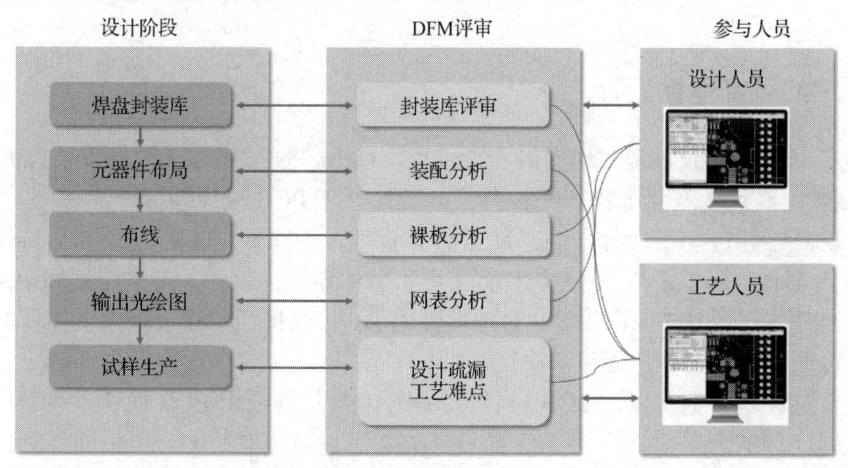

图 3-47 DFM 在并行工程中处于核心位置

DFM（DFx）主要包括以下几项内容。

① DFF：Design For Fabrication，裸板可制造性分析。

② DFA：Design For Assembly，PCB 可组装性分析。

③ DFT：Design For Test，PCB 可测试性分析（电性）。

④ DFI：Design For Inspection，PCB 可测试性分析（外观）。

⑤ DFR：Design For Repair，PCB 可维护性分析。

⑥ Design For Cost，成本分析。

在实际设计过程中，若不考虑 DFM，可能会造成的危害如下。

① 造成大量焊接缺陷。

② 增加返修工作量，浪费工时，延误工期。

③ 增加工艺流程，浪费材料。

④ 返修可能会损坏元器件和印制板。

⑤ 返修后影响产品的可靠性。

⑥ 造成可制造性差，增加工艺难度，影响设备利用率，降低生产效率。

⑦ 最严重时由于无法实施生产需要重新设计，导致整个产品的实际开发时间延长，失去市场竞争的机会。

2．DFM 执行的意义

作为设备的电子部分，在设计试产阶段、工艺评审阶段，以及正式投产的准备阶段，都需要在保证产品功能的前提下，考虑生产的可制造性、产品的可维修性和成品的可装配性；

还要考虑产品制造过程的质量要求和最终的可靠性，使设计生产的产品具有完备的功能、可控的成本和可靠的质量。

DFM 工作贯穿整个研发试制阶段，通过 DFM 审查可以：

① 提前发现设计疏漏并完善优化。

② 发现设计风险及制造隐患，提升产品品质及可靠性。

③ 缩短设计试制验证次数及周期，大幅提升设计效率。

④ 为工艺设计、工艺路线做好必要的准备，有针对性地编制工艺方案和工艺文件。

⑤ 从设计源头开始保障产品质量，使设计与制造工艺能力一致，缩短开发周期，降低开发成本，提高产品质量。

3.5.2 PCB 的可制造性设计

PCB 设计是从逻辑到物理实现的最重要过程，DFM 是 PCB 设计中的重要方面。在 PCB 设计上，DFM 主要包括器件选择、PCB 物理参数选择和 PCB 设计细节等。

一般来说，器件选择指选择采购、加工、维修等方面综合起来比较有利的器件。例如，尽量采用 SOP 器件，而不采用 BGA 器件；采用引脚间距大的器件，不采用细间距的器件；尽量采用常规器件，而不用特殊器件等。对于器件的 DFM 选择，PCB 设计人员需要和采购工程师、硬件工程师、工艺工程师等协商决定。

PCB 设计的物理参数主要由 PCB 设计人员来确定，这就要求 PCB 设计人员必须深入了解 PCB 的制造工艺和制造方法，了解大多数板厂的加工参数，然后结合单板的实际情况来进行物理参数的设定，尽量增加 PCB 生产的工艺窗口，采用最成熟的加工工艺和参数，降低加工难度，提高成品率，减少后期 PCB 制作的成本和周期。

PCB 的设计细节和设计工程师的水平、经验有很大的关系，如器件的摆放位置、间距、走线的处理、铜皮的处理等。这些参数需要时间和经验的积累才能得到。一般来说，由于专业的设计工程师能够接触到更多的 PCB 板厂和焊接加工厂，所以他们的设计参数大多能符合绝大多数板厂的要求，而不是仅符合某个厂的特定要求。

DFM 从狭义上说就是使设计更加适合生产的要求，即在设计的时候要充分地考虑生产的情况，让设计出来的东西能够生产出来。从广义上讲，就是设计要符合绝大多数的生产要求，使设计的东西在生产上有更多的选择，从而降低成本。

1．布局要求

（1）通孔插装元件在布局时应使其轴线和波峰焊（将在第 5 章介绍）方向垂直，如图 3-48 所示。这样能防止过波峰焊时产生短路或因一端先焊接凝固而使器件产生浮高现象。

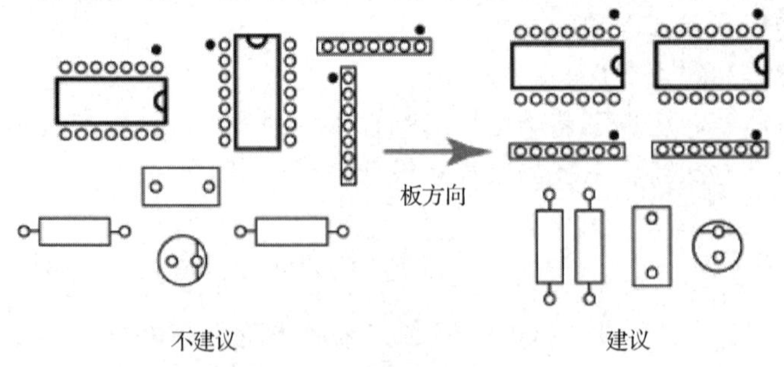

图 3-48　元器件布局方向

（2）需要安装散热器的表面安装器件应注意散热器的安装位置，布局时要求有足够大的空间，确保不与其他器件相碰，确保最小距离不低于0.5mm，满足安装空间要求。对于热敏器件（如电容器、晶振等），应尽量远离高热器件，且应尽量放置在上风口，高大元件应排布在低矮元件后面，并且沿风阻最小的方向排布，防止风道受阻，如图3-49所示。

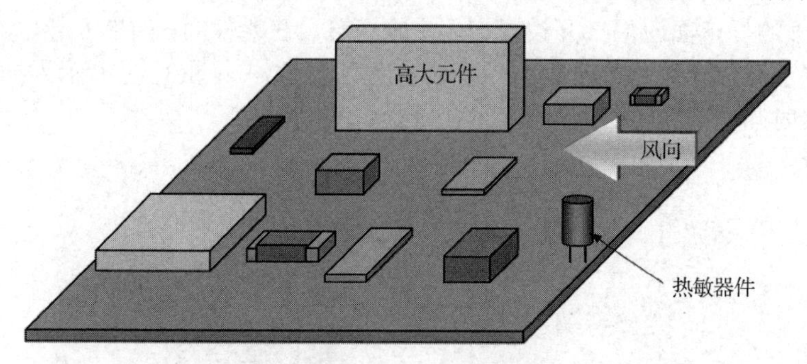

图3-49　确保散热布局

（3）经常插拔的器件或板边连接器周围3mm范围内尽量不布置表面贴装元器件，如图3-50所示，防止插拔器件时产生的应力损坏器件。

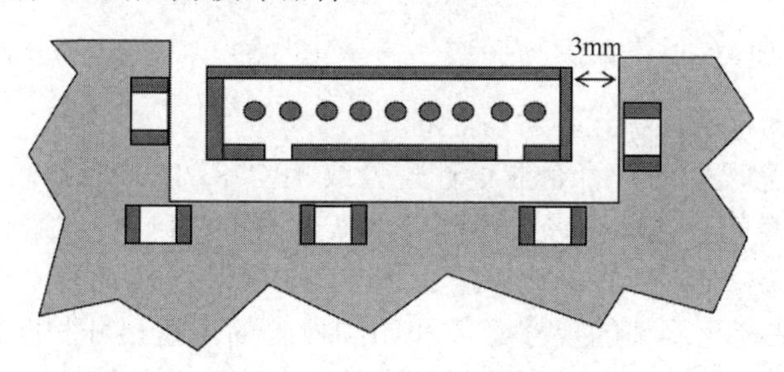

图3-50　3mm范围内不布置表面贴装元器件

（4）大型器件的四周要留有一定的维修空隙（留出表面贴装元器件返修设备加热头能够进行操作的空间）。

2．焊盘设计

（1）插装器件焊盘设计。

如图3-51所示，插装器件焊盘设计应符合规范，以便能形成良好的弯月形焊点；焊盘过小，则无法形成弯月形焊点，焊点强度低，影响可靠性。具体要求如下。

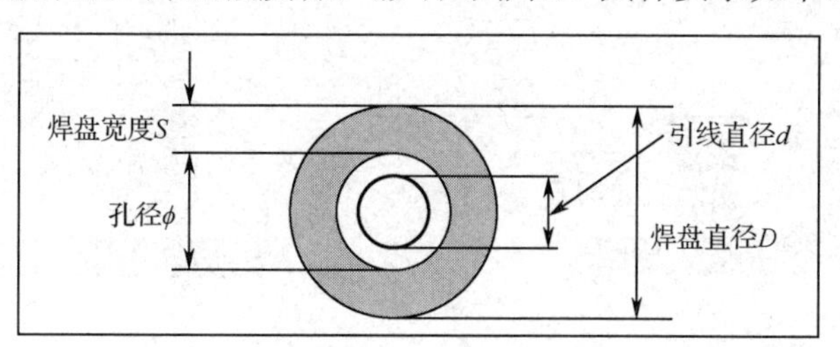

图3-51　圆形焊盘

① 焊盘单边长度最小不小于0.25mm，整个焊盘直径最大不大于孔径的3倍。

② 一般情况下，通孔元件采用圆形焊盘，如图3-51所示。焊盘直径为插孔孔径的1.8倍

以上；单面板焊盘直径不小于 2mm；双面板焊盘尺寸与通孔直径最佳比为 2.5 : 1。

③ 当焊盘连接的走线较细时，应将焊盘与走线之间的连接设计成泪滴形，如图 3-52 所示，以使焊盘不容易起皮，走线与焊盘不易断开。

④ 焊盘边缘距印制电路板边缘应大于 1mm，以避免加工时产生焊盘缺损。

⑤ 多层板外的导电面应局部开设窗口，并最好布设在元件面；如果大导电面上有焊接点，则焊接点应在保证导体连续性的基础上做出隔离刻蚀区域，如图 3-53 所示为插装器件散热焊盘，可防止焊接时热应力集中。

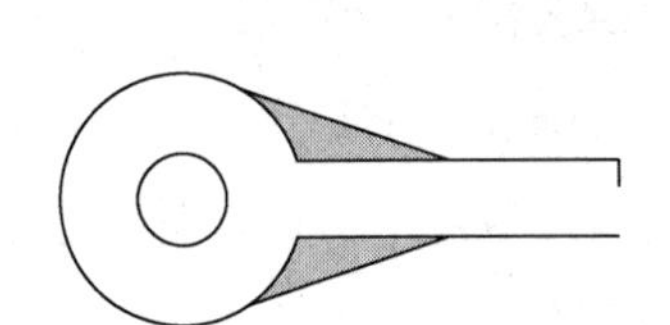

图 3-52　泪滴形焊盘

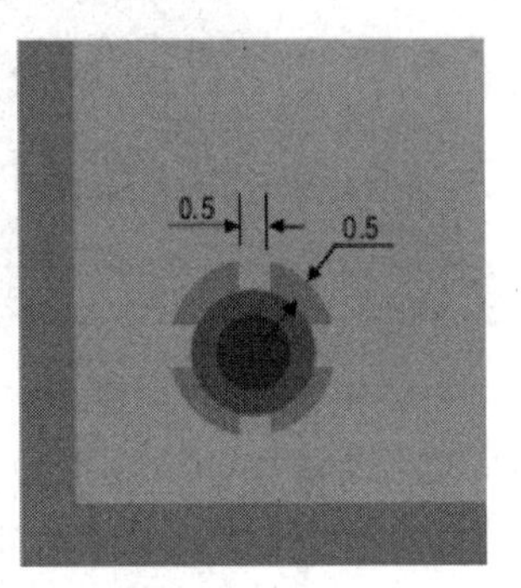

图 3-53　插装器件散热焊盘

（2）表面贴装元器件的焊盘设计。

表面贴装用的焊盘尺寸应符合企业设计规范或 IPC782/IPC7351 标准等，还要参考器件厂家推荐的尺寸和自身的工艺能力，一旦制订方案，不可擅自更改封装尺寸，以免造成焊接缺陷。

① 每一种表面贴装元器件的尺寸必须和印制板上的焊盘尺寸相匹配，不可过大或者过小，否则焊接时由于元件焊端不能与焊盘搭接交叠，会产生移位等缺陷。

② 当焊盘尺寸大小不对称或表面贴装元器件之间、表面贴装元器件和通孔插装元器件之间、表面贴装元器件和引线之间共用同一个焊盘时，由于表面张力不对称，也会产生移位缺陷。

③ 不允许将过孔设计在焊盘上，并应避免在片式阻容元件上打导通孔，如图 3-54 所示。

④ 元器件的丝印图形，如丝印符号、元器件位号、极性和标志等，不能设计在焊盘上。

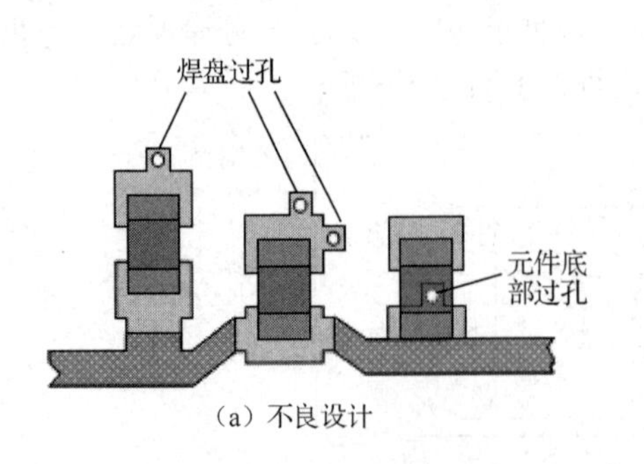

（a）不良设计

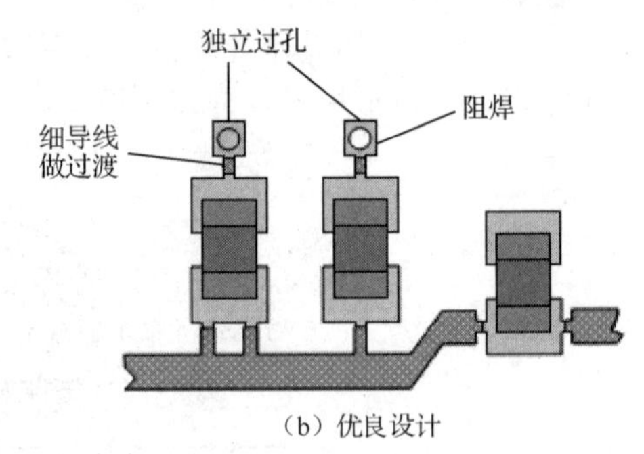

（b）优良设计

图 3-54　表面贴装元器件过孔设计

3．布线

（1）在布线时尽量做到均匀布线，如图 3-55 所示，以减小电路板翘曲的程度。

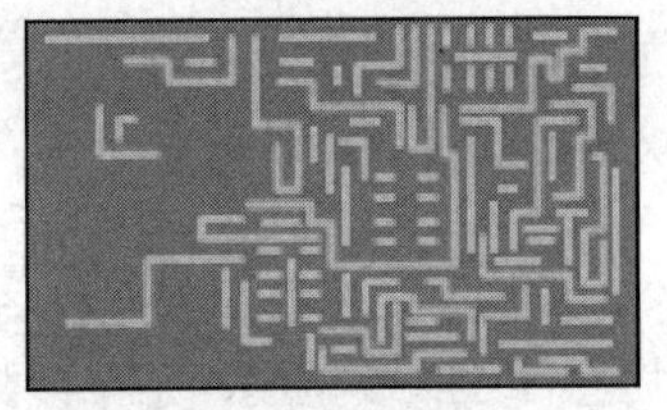

非均匀的布线

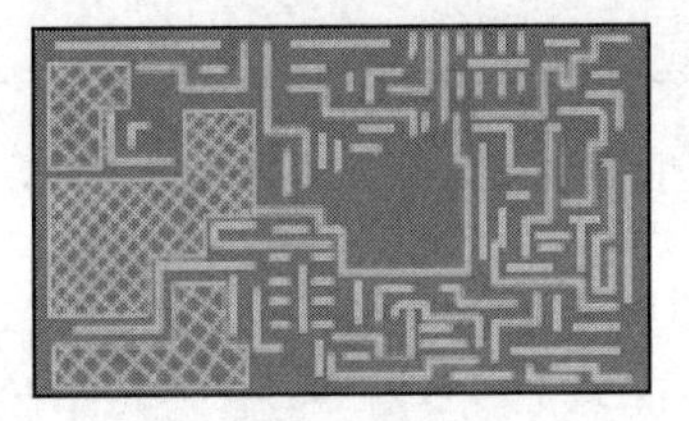

均匀的布线

图 3-55　布线的均匀程度对电路板的影响

（2）集成电路走线应从焊盘端面中心位置连接，如图 3-56 所示。

（3）集成电路走线不允许突出焊盘，如图 3-57 所示。

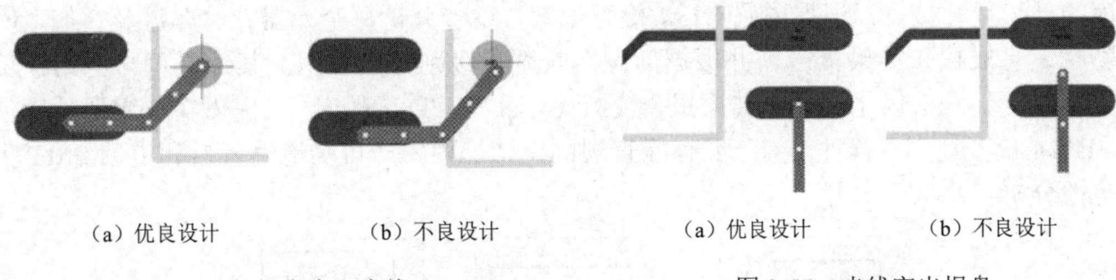

图 3-56　从焊盘中心走线　　　　图 3-57　走线突出焊盘

（4）集成电路走线宽度不应超过集成电路引脚焊盘的宽度，如图 3-58 所示。

（5）相邻的密间距（小于 50mil）表面贴装焊盘引脚需要连接时，应从焊盘外部连接，不允许在焊盘中间直接连接，如图 3-59 所示。

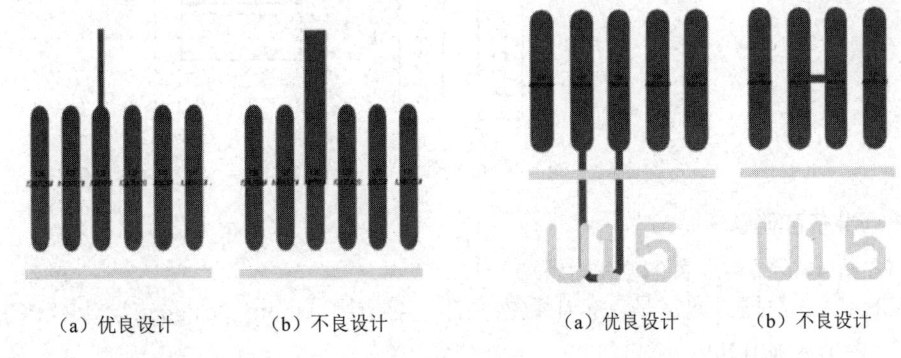

图 3-58　集成电路走线宽度不应超过焊盘宽度　　　　图 3-59　相邻引脚连接

3.5.3　DFM 分析工具

传统的可制造性审查通过人工经验的积累形成少量检查项目，然后进行人工比对审查。由于人工的局限性，分析项目有限且分析周期长，已经不适应电路板设计发展需求，不能满足高品质、高可靠性设计的要求。

目前，虽然 EDA 设计软件也带有可制造性检查项目，但其包含的检查内容较少，仅能覆盖可制造性要求审查的 5%～10%。此外，设计人员对电子产品的生产制造工艺了解较少，常导致生产制造过程中问题频繁出现，严重影响产品质量，增加研发和生产周期，成本也随之增加。正是在这种背景下，专业的 DFM Expert 可制造性审查软件方案逐渐成为国内外电子企业必备的工具。DFM Expert 软件工具可以将经验化的分析转变为数字化的信息，通过 3D 虚拟仿真、装配、制造及智能工艺，全面、系统、高效地进行可制造性设计分析，进而提高设计能力。

VayoPro-DFM Expert 软件是一款国产工业软件，具有独立自主的知识产权。基于 PCB 设计数据（ECAD 或光绘文件等）、物料清单数据、实物元件 3D 模型库、工艺参数等全面检查和分析规则数据。通过软件智能算法进行三维虚拟仿真装配分析，从而发现电路板设计中存在的缺陷、工艺不匹配因素，以及工艺制造难点等。

如图 3-60 所示为 DFM 分析软件工作过程示意图，软件系统直接读入 ECAD 数据源及生产 BOM（材料清单）数据源，自动校验 BOM 内容错误，直观显示电路板视图（2D 及 3D 视图）。在输入或扫描元件编码时，在 PCB 上高亮标识元件位置。利用制造料号信息调用元器件实体库的外形尺寸数据，根据内置 DFM 检查规则，逐一分析每个元器件、焊盘及它们之间的相互影响，生成检查结果报告，并根据问题影响严重级别分类标识。其结果可与电路板位置互动显示，便于分析优化，检查结果报告支持 Excel 及 PDF 输出。可提供实体元器件库创建工具，DFM 检查规则可修改调整。现有检查规则支持裸板生产可制造性分析和电装 SMT 生产可制造性分析。

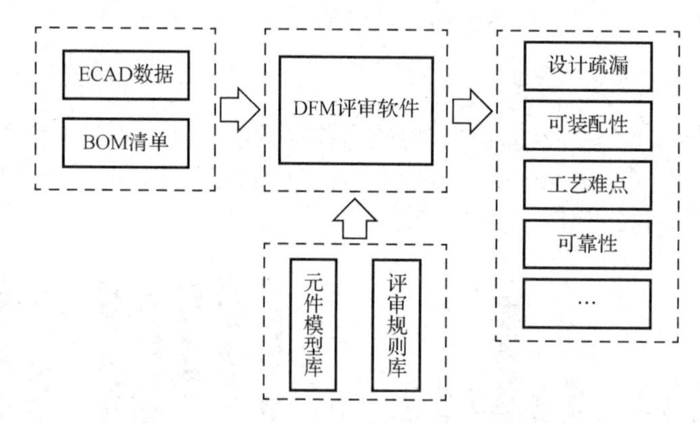

图 3-60　DFM 分析软件工作过程示意图

1．数据准备和确认

进行 DFM 分析需要准备的数据如下。

① PCB CAD 数据。通常是 ASCII 数据文件，对于用 Altium Designer 设计的 PCB，将保存类型改为 PCB ASCII File。

② BOM 数据。制造商料号数据，用于关联精确匹配元件库。

③ 元件实物模型库。

2．操作流程

VayoPro-DFM Expert 软件的操作流程包括读入 CAD、读入 BOM、获取元件、元件参数设置、贴装校验、PCB 流向设置、DFM 分析、DFM 报告 8 个步骤。该软件的主界面如图 3-61 所示。

（1）建立 DFM 工程。

VayoPro-DFM Expert 的第一步是建立一个 DFM 工程。

（2）读入 CAD。

将近 20 多种 EDA 设计系统生成的各种 PCB CAD 及 Gerber（光绘文件）数据准确快速

地分析并将真实的 PCB 图形还原，对所涉及的 PCB 中层、孔、网络、元件、引脚、焊盘等复杂信息数据进行可视化快速编辑及快速图形显示应用。

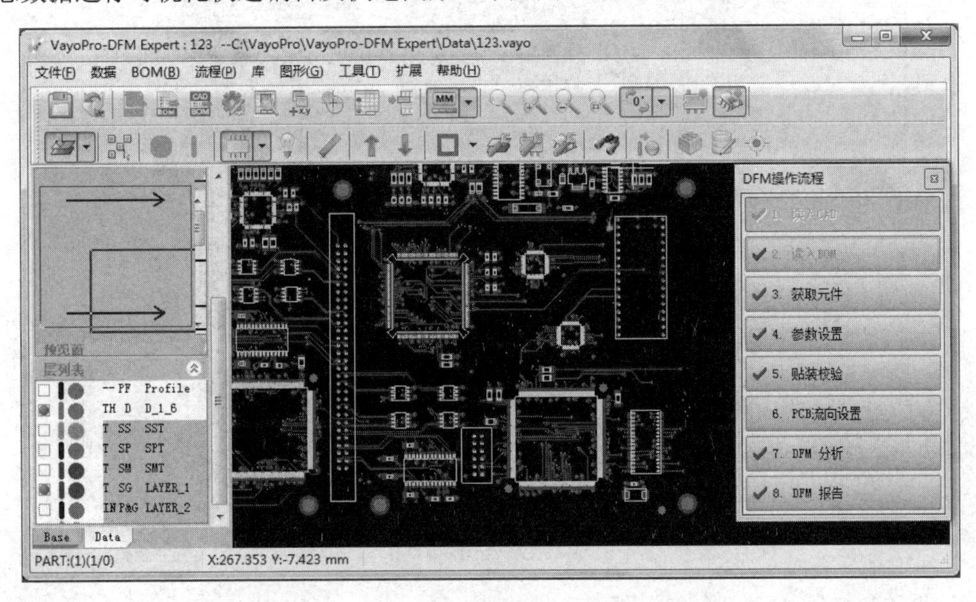

图 3-61　VayoPro-DFM Expert 软件主界面

（3）读入 BOM。

如图 3-62 所示，此步骤用于解析不同形式的物料 BOM 数据，并根据表达式算法智能提取与分析相关的数据，核对并校验 BOM 与 CAD 及 Gerber 数据的一致性及准确性，尤其是物料编号及制造商信息，以实现设计与制造物料信息无缝关联，同时也支持替代料设计。

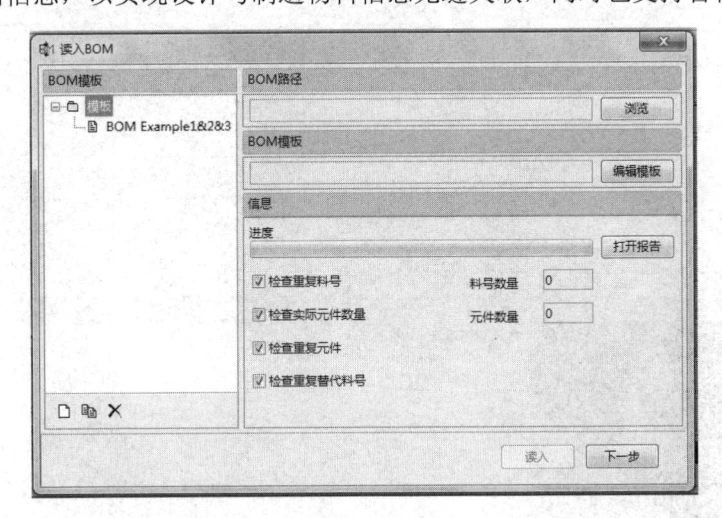

图 3-62　读入 BOM

（4）获取元件。

如图 3-63 所示，通过 BOM 中的制造商和制造商料号数据从元件库中获取对应的实物元件模型和相关元件参数，该软件将这些实物元件分配到 PCB 对应的元件位置，为后续 PCB 装配分析提供元件实物模型支持。

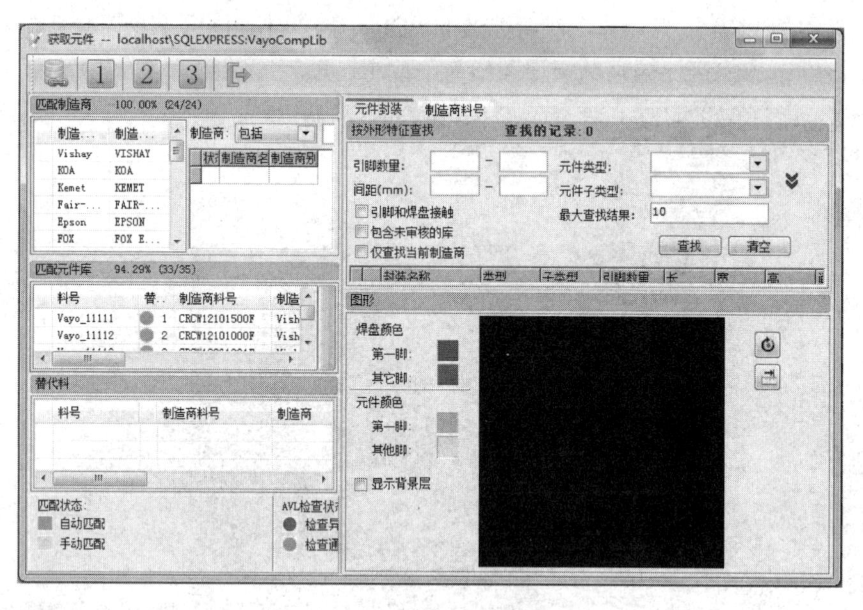

图 3-63 获取元件

（5）元件参数设置。

如图 3-64 所示，由于在后面的相关 DFM 分析中会用到元件的封装类型参数，所以需要对元件参数进行设置。不同封装类型参数 DFM 检查的要求和项目不同，以达到精确分析的目的。在元件库中，每一个元件都有对应的封装类型参数，当元件库被匹配到 DFM 工程后，对应的元器件也就具备了该参数。

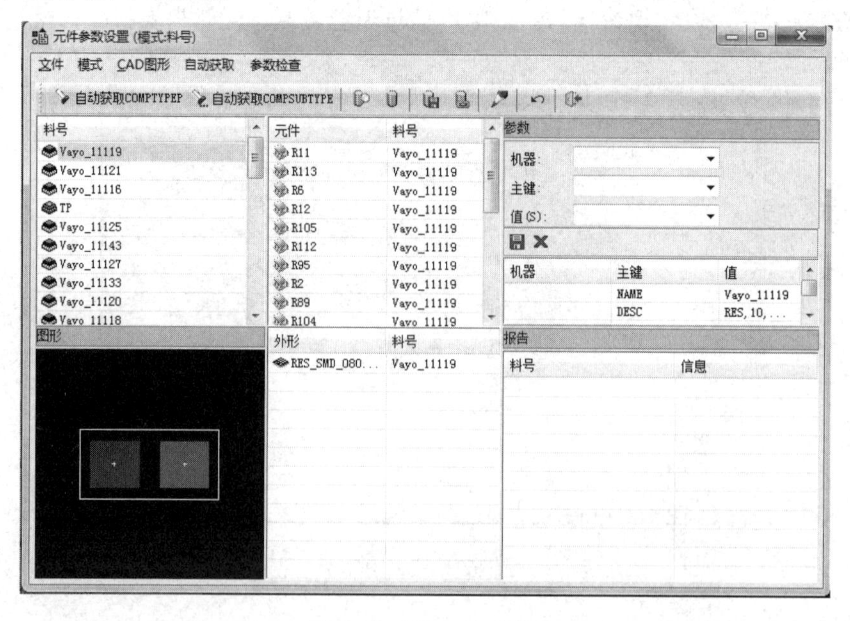

图 3-64 元件参数设置

（6）贴装校验。

如图 3-65 所示，由于 PCB 设计人员使用的元件库（焊盘库）和 DFM 元件库（实物元件

库）在建库时定义角度不同，因此可能出现默认元件实物模型分配到 PCB 对应的元件位置对不上的情况，这样会给后面的 DFM 分析带来错误的结果，因此需要进行贴装校正，让软件把每一个元件都贴装到正确的位置（虚拟贴装），这样后面的 DFM 分析结果才准确。

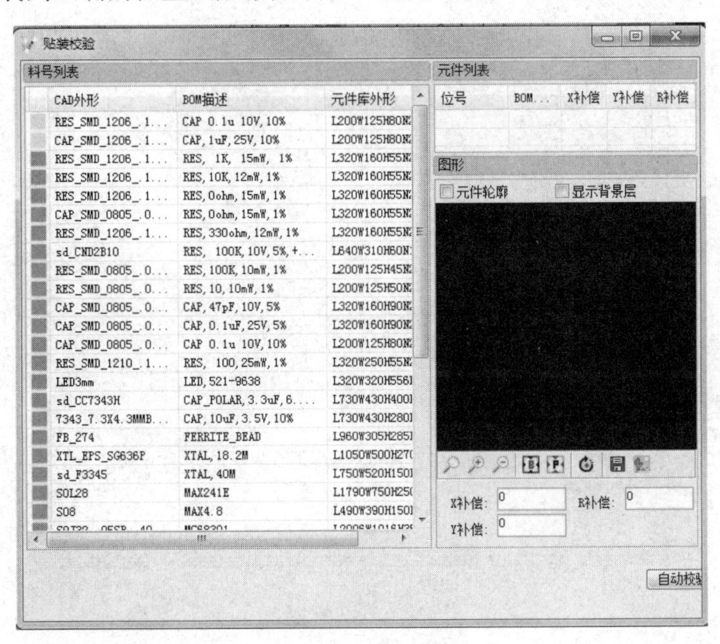

图 3-65　贴装校验

（7）PCB 流向设置。

如图 3-66 所示，PCB CAD 数据中并没有关于 PCB 流向和厚度的定义，而 DFM 分析规则中有部分检查项目是和 PCB 流向和 PCB 板厚相关的，因此在 DFM 分析前需要对此进行确认。

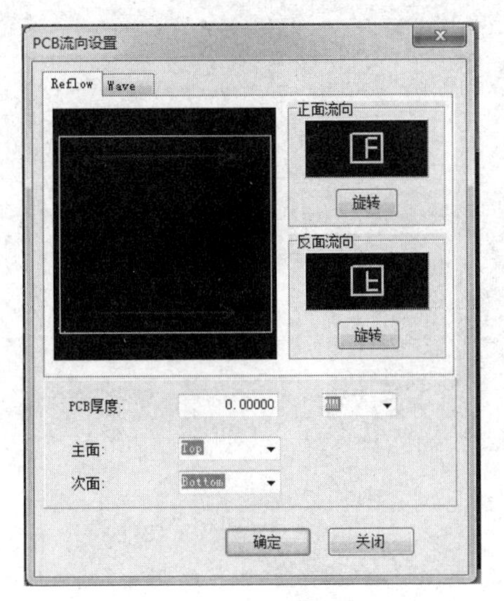

图 3-66　PCB 流向设置

（8）DFM 分析。

如图 3-67 所示，软件通过从规则管理器下载的 DFM 分析规则，逐项执行 DFM 规则检查，报告违反 DFM 规则的项目结果。

图 3-67　DFM 分析

（9）DFM 报告。

如图 3-68 所示，软件按照预设的分析规则，将所有不符合规则要求的项目报告出来，在 DFM 报告工具界面可以通过交互式的确认方式（报告、图形），选择需要改善、采取预防措施，或者需要相关部门及人员确认的问题点，添加 DFM 工程师的建议，最终汇总成一份 DFM 分析报告。

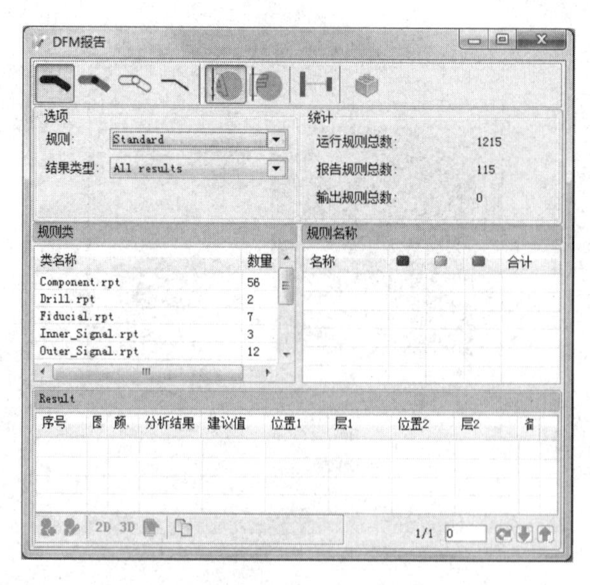

图 3-68　DFM 报告

任务总结

本任务以函数信号发生器的 PCB 设计为载体，介绍了应用 Altium Designer Summer 09 软件进行原理图绘制和 PCB 设计的方法和详细步骤。在介绍过程中辅以一系列的图片，使读者更加清楚每一步的操作和具体设置，以便初学者能较快掌握软件的使用方法、电子产品的原理图绘制方法及 PCB 设计方法。

思考与练习

3.1 Altium Designer Summer 09 软件的文件管理方式是什么？

3.2 熟悉原理图编辑器和 PCB 设计编辑器。

3.3 原理图设计的基本流程是什么？

3.4 请写出各种打开元件属性对话框的方法。

3.5 在绘制原理图时，元件的翻转有几种情况？如何实现？

3.6 PCB 设计的基本流程是什么？

3.7 进一步熟悉布局、布线设计规则设置方法。

3.8 采用单面板手动布线方法完成图 3-40 所示电路的 PCB 设计。

3.9 绘制如图 3-69 所示原理图，并根据此原理图设计单面 PCB，原理图中元器件的封装采用默认封装。试在此原理图的基础上设计双面 PCB。

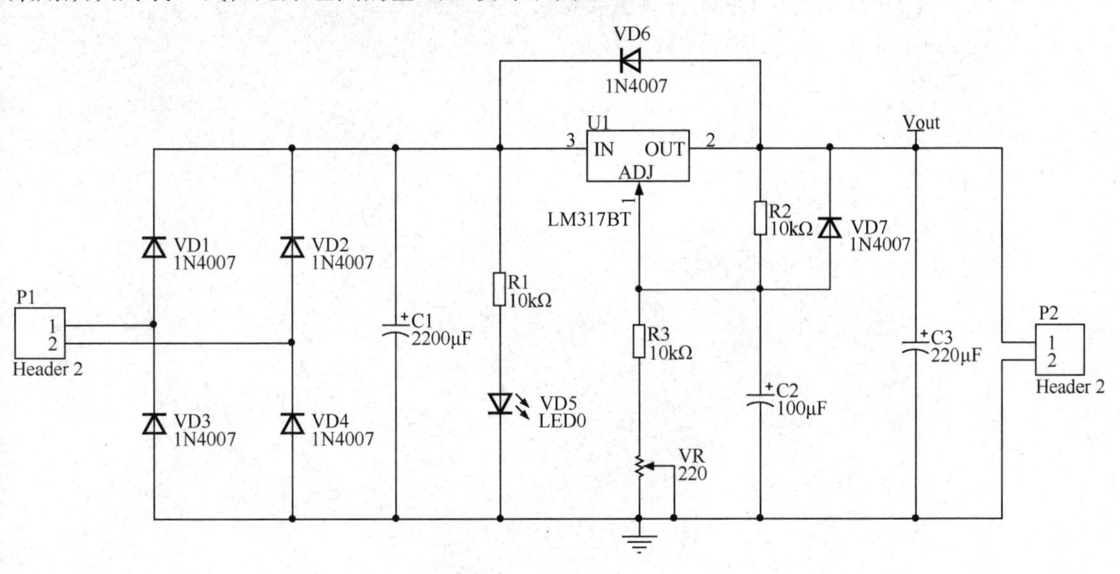

图 3-69 习题 3.9 图

3.10 绘制如图 3-70 所示的原理图，并根据此原理图设计单面 PCB，建议电路板的外形是长方形，尺寸为 50mm×40mm，原理图中元器件的封装采用默认封装。

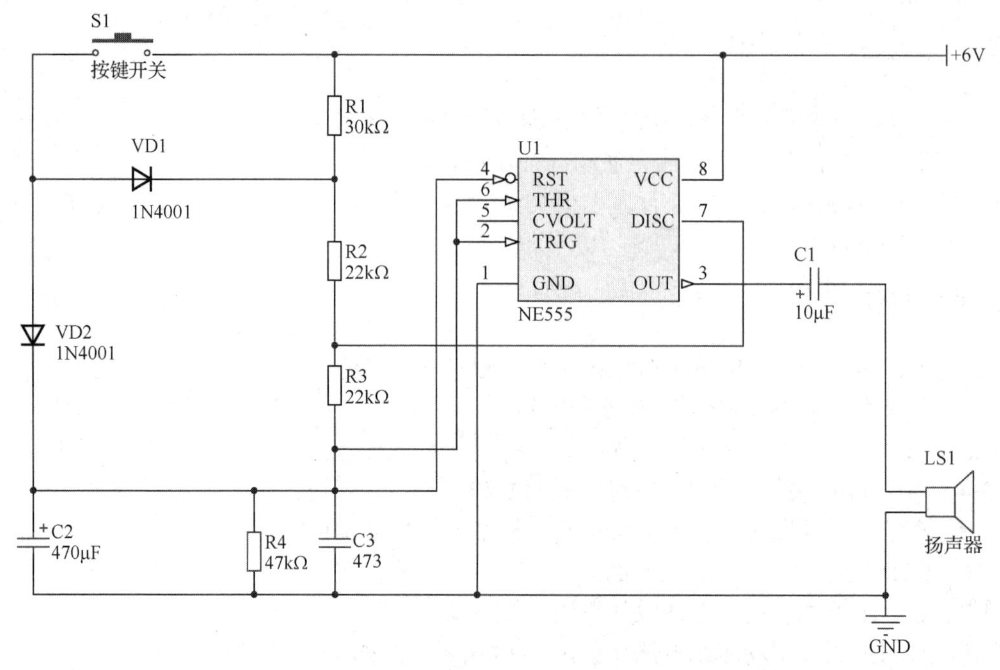

图 3-70　习题 3.10 图

3.11 什么是 DFM？实施 DFM 有何重要意义？

3.12 简述 DFM Expert 的操作流程及作用。

第4章

电子产品的PCB制作

本章主要介绍了PCB的功能、种类、制作工艺流程，详细介绍了手工制作PCB的方法。通过实际操作，使学生掌握新工艺，增强环保意识，培养劳动精神。

任务四　函数信号发生器的PCB制作

任务目标

将设计完成的函数信号发生器PCB图制作成实际的印制电路板。

任务要求

① 会使用裁板机裁切覆铜板，然后清洗覆铜板表面的污物。

② 会使用转印机将PCB图转印到覆铜板上。

③ 会对覆铜板进行腐蚀、钻孔等操作。

相关知识

4.1　概述

4.1.1　PCB的发展过程

PCB（Printed Circuit Board）的中文名称为印制电路板，又称印制板，是电子产品的重要部件之一。几乎每种电子设备，只要存在电子元器件，它们之间的电气互连就要使用印制板。在大型电子产品研制过程中，影响电子产品品质的最基本因素之一就是该产品的印制板的设计和制造。印制板的设计和制造质量直接影响到整个电子产品的质量和成本，甚至影响到电子产品在市场中的竞争力。

印制电路板的发明者是奥地利人保罗·爱斯勒（Paul Eisler），他于1936年在一个收音机装置内采用了印制电路板。自20世纪50年代中期开始，印制电路板技术被广泛采用。

在电子技术发展早期，电路由电源、导线、开关和元器件构成。元器件都是用导线连接的，而元器件的固定是在空间中立体进行的。

随着电子技术的发展，电子产品的功能、结构变得很复杂，元件布局、互连等都不能像以往那样随便，否则检查起来就会眼花缭乱，因此，人们对元器件和线路进行了规划。用一块板子做基础，在板子上规划元件的布局，确定元件的接点，使用铆钉、接线柱作为接点，用导线将接点按照电路要求，在板的一面布线，在另一面安装元件，这就是最原始的电路板。这种类型的电路板在真空电子管时代非常盛行。线路的接法有直线连接和曲线连接。后来，大多数人采用曲线连接，尽量减少使用直线连接。线路都在同一个平面分布，没有太多的遮盖点，检查起来容易。这时的电路板已初步形成“层”的概念。

单面覆铜板的发明成为电路板设计与制作新时代的标志。布线设计和制作技术都已发展成熟。先在覆铜板上用模板印制防腐蚀膜图，再腐蚀刻线，这种技术就像在纸上印刷那么简便，“印制电路板”由此得名。印制电路板的应用大幅降低了生产成本，从晶体管时代到现在，这种单面印制电路板一直得到广泛的应用。随着技术进步，人们又发明了双面板，即在板子两面都覆铜，两面都可以腐蚀刻线。

随着电子产品生产技术的发展，人们开始在双面电路板的基础上发展夹层，其实就是在双面板的基础上叠加一块单面板，这就是多层电路板。起初，夹层多用做大面积的地线、电源线的布线，表层都用于信号布线。后来，要求夹层用于信号布线的情况越来越多，这使电路板的层数也要增加。但夹层不能无限增加，主要原因是成本和厚度问题。一般的生产厂都希望以尽可能低的成本获取尽可能高的性能。因此，电子产品设计者要考虑到性价比这个矛盾的综合体，而最实际的设计方法仍然以表层做信号布线层为首选。高频电路的元件也不能排得太密，否则元件本身的辐射会对其他元件产生干扰。层与层之间的布线应错开成十字走向，以减小布线电容和电感。

4.1.2 PCB 的分类

印制电路板按基材的性质可分为刚性印制板和挠性印制板两大类，按布线层次可分为单面板、双面板和多层板 3 类。

1. 刚性和挠性印制板

刚性印制板有酚醛纸质层压板、环氧纸质层压板、聚酯玻璃毡层压板及环氧玻璃布层压板 4 种。其特点是具有一定的机械强度，用它装成的部件具有一定的抗弯能力，在使用时处于平展状态。一般电子设备使用的都是刚性印制板。

挠性印制板又称软性印制板，即 FPC（Flexible Printed Circuit），软性印制板是以聚酰亚胺或聚酯薄膜等软质材料为基材制成的一种具有高可靠性和较高曲挠性的印制电路板。这种电路板散热性好，既可弯曲、折叠、卷挠，又可在三维空间随意移动和伸缩。利用 FPC 可使电子产品缩小体积，实现轻量化、小型化、薄型化，从而实现元件装置和导线连接一体化。

刚性印制板和挠性印制板结合起来形成刚-挠性印制板，以实现更薄、更精细导线和更优越互连的产品。

2. 单面、双面和多层印制板

单面板是绝缘基板上仅一面具有导电图形的印制电路板，如图 4-1 所示。它通常采用层压纸板和玻璃布板加工制成。

双面板是绝缘基板的两面都有导电图形的印制电路板，如图 4-2 所示。它通常采用环氧纸板和玻璃布板加工制成。由于两面都有导电图形，所以一般采用金属化孔使两面的导电图形连接起来。

图 4-1 单面板

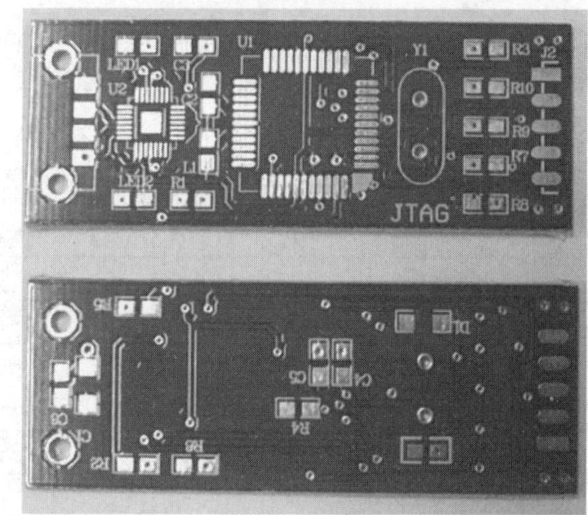

图 4-2 双面板

多层板 PCB 是有三层或三层以上导电图形的印制电路板。多层板内层是由导电图形与绝缘黏结片叠合压制而成的，外层为敷箔板，经压制成为一个整体。为了将夹在绝缘基板中间的印制导线引出，多层板上安装元件的孔需经金属化孔处理，使之与夹在绝缘基板中的印制导线连接。多层 PCB 的特点如下。

① 与集成电路配合使用，可使整机小型化，减少整机重量。

② 提高了布线密度，缩小了元器件的间距，缩短了信号的传输路径。

③ 减少了元器件焊接点，降低了故障率。

④ 由于增设了屏蔽层，电路的信号失真减少。

⑤ 引入了接地散热层，可减少局部过热现象，提高整机工作的可靠性。

4.1.3 PCB 的功能

印制电路板在电子产品中具有如下功能。

① 提供集成电路等各种电子元器件固定、装配的机械支撑。

② 实现集成电路等各种电子元器件之间的布线和电气连接或电绝缘。

③ 提供所要求的电气特性，如特性阻抗等。

④ 为自动焊接提供阻焊图形，为元件插装、检查维修提供识别字符和图形。

4.1.4 PCB 基板的材料

用于 PCB 的基材品种很多，但大体上分为两大类，即有机类基板材料和无机类基板材料。有机类基板材料指用增强材料（如玻璃纤维布）浸以树脂黏合剂，通过烘干成坯料，然后覆上铜箔，经高温高压而制成。这类基板称为覆铜箔层压板（CCL），俗称覆铜板，是制造 PCB 的主要材料。无机类基板主要包括陶瓷基板和瓷釉覆盖的钢基板。

CCL 的品种很多，按照所用的增强材料品种来分，可分为纸基、玻璃纤维布基、复合基（CEM）和金属基 4 类；按照所采用的有机树脂黏合剂来分，又可分为酚醛树脂（PE）、环氧树脂（EP）、聚酰亚胺树脂（PI）、聚四氟乙烯树脂（TF）及聚苯醚树脂（PPO）等；按照基材的刚柔来分，又可分为刚性 CCL 和挠性 CCL。

表 4-1 是各种电路基板材料的性能。其中玻璃转变温度 T_g 和热膨胀系数是重要的参数。一般情况下，T_g 必须大于电路工作温度和生产工艺中的最高温度，热膨胀系数则应尽量小并一致。

表 4-1 电路基板材料的性能

性能 / 基板材料	玻璃转变温度 T_g/℃	X,Y 轴的 CTE /（10^{-6}/℃）	Z 轴的 CTE /（10^{-6}/℃）	热导率 /（W/m·℃）	抗挠强度 /kpsi	介电常数 在 1MHz 下	表面电阻 /Ω
环氧玻璃纤维	125	13～18	48	0.16	45～50	4.8	10^{13}
聚酰亚胺玻璃纤维	250	12～16	57.9	0.35	97	4.4	10^{12}
聚酰亚胺石英	250	6～8	50	0.3	95	4.0	10^{13}
环氧石墨	125	7	～49	0.16			10^{13}
聚酰亚胺石墨	250	6.5	～50	1.5		6.0	10^{12}
聚四氟乙烯玻璃纤维	75	55				2.2	10^{14}
环氧石英	125	6.5	48	～0.16		3.4	10^{13}
氧化铝陶瓷		6.5	6.5	2.1	44	8	10^{14}
瓷釉覆盖钢板		10	13.3	0.001	+	6.3～6.6	10^{13}
聚酰亚胺 CIC 芯板	250	6.5	+	0.35/57	+		0.35

注：1．表中数值仅做比较用，不能做精确的工程计算用。

2．抗挠强度单位为 1kpsi，1kpsi=688.94N/cm^2。

3．表中热导率、抗挠强度、介电常数均指 25℃以下数值。

1．陶瓷基板

陶瓷电路基板的基本材料是 96%的氧化铝，在要求基板强度很高的情况下，可采用 99%的纯氧化铝材料。但纯氧化铝加工困难，成品率低，所以使用纯氧化铝价格高。氧化铍也是陶瓷基板的材料，它是金属氧化物，具有良好的电绝缘性能和优异的热导性，可用做大功率、高密度电路的基板，但在加工过程中生成的粉尘对人体是有害的。

陶瓷电路基板主要用于厚、薄膜混合集成电路及多芯片微组装电路中，具有有机材料电路基板无可比拟的优点。例如，陶瓷电路基板的热膨胀系数可以和 LCCC（无引线陶瓷封装载体）外壳的热膨胀系数相匹配，故组装 LCCC 器件时将获得良好的焊点可靠性。另外，陶瓷基板即使在加热的情况下也不会放出大量吸附的气体，造成真空度的下降，故适用于芯片制造过程中的真空蒸发工艺。此外，陶瓷基板还具有耐高温、表面光洁度好、化学稳定性高的特点，是薄、厚膜混合电路和多芯片微组装电路的优选电路基板。但它难以加工成大而平的基板，且无法制作成多块组合在一起的邮票板结构来适应自动化生产的需要。另外，对陶瓷材料来说，由于其介电常数高，故也不适合制作高速电路基板，而且价格也是一般 SMT 所不能承受的。

2．环氧玻璃纤维基板

这种电路基板由环氧树脂和玻璃纤维组成，它结合了玻璃纤维强度好和环氧树脂韧性好的优点，故具有良好的强度和延展性。用它既可以制作单面 PCB，也可以制作双面和多层 PCB。

在制作环氧玻璃纤维电路基板时，先将环氧树脂渗透到玻璃纤维布中制成层板，同时还要加入其他化学物品，如固化剂、稳定剂、防燃剂、黏合剂等。在层板的单面或双面粘压铜箔制成覆铜的环氧玻璃纤维层板，作为印制电路板的原材料。目前常用的层板类型如下。

（1）G-10 和 G-11 层板。

这两种都是环氧玻璃纤维层板，不含阻燃剂，可以用钻床钻孔，但不允许用冲床冲孔。G-10 的性能和 FR-4 层板极其相似，而 G-11 则可耐更高的工作温度。

（2）FR-2、FR-3、FR-4、FR-5、FR-6 层板。

这些层板都含有阻燃剂，因而被命名为“FR”。

① FR-2 层板。它的性能类似于 XXXPC，是纸基酚醛树脂层板，只能用冲床冲孔，不能用钻床钻孔。

② FR-3 层板。它是纸基环氧树脂层板，可在室温下冲孔。

③ FR-4 层板。它是环氧玻璃纤维层板，和 G-10 层板的性能极其相似，具有良好的电性能和加工特性，并具有可取的性能价格比，可制作多层板。它被广泛用于工业产品中。

④ FR-5 层板。它和 FR-4 的性能相似，且在更高的温度下保持良好的强度和电性能。

⑤ FR-6 层板。它是聚酯树脂玻璃纤维层板。

上述层板中，常用的 G-10 和 FR-4 适用于多层印制电路板，价格相对便宜，并可采用钻床钻孔工艺，容易实现自动化生产。

（3）非环氧树脂的层板。

此类层板主要包括聚酰亚胺树脂玻璃纤维层板、聚四氟乙烯玻璃纤维层板及酚醛树脂纸基层板等。

① 聚酰亚胺树脂玻璃纤维层板。它可作为刚性或柔性电路基板材料，在高温下其强度和稳定性都优于 FR-4 层板，常用于高可靠的军用产品中。

② GX 和 GT 层板。它们是聚四氟乙烯玻璃纤维层板，这些材料的介电性能是可以控制的，可用于对介电常数要求严格的产品中，而 GX 的介电性能优于 GT，可用于高频电路中。

③ XXXP 和 XXXPC 层板。它们是酚醛树脂纸基层板，只能冲孔，不能钻孔，这些层板仅用于单面和双面印制电路板，不能作为多层印制电路板的原材料。因为价格便宜，所以在民用电子产品中广泛将它们作为电路基板材料。

每种层板都具有各自的最高连续工作温度，如果工作温度超过这个温度值，层板的电气、机械性能都会大幅降低，甚至影响组装件的功能。表 4-2 列出了常用电路基板材料的最高连续工作温度。从表 4-2 中可以看出，聚酰亚胺的最高连续工作温度最高，它属于高温层板类。

表 4-2 层板的最高连续工作温度

层板类型	最高连续工作温度/℃	层板类型	最高连续工作温度/℃
XXXP	125	FR-4	130
XXXPC	125	FR-5	170
G-10	130	FR-6	105
G-11	170	聚酰亚胺	260
FR-2	105	GT	220
FR-3	105	GX	220

3．组合结构的电路基板

（1）瓷釉覆盖的钢基板。

瓷釉覆盖的钢基板可以克服陶瓷基板存在的外形尺寸受限制和介电常数高的缺点，已开始用于某些数码相机的批量生产中。瓷釉覆盖的钢基板的热膨胀系数仍然较高，约为13×10^{-6}/℃，它和 LCCC 的热膨胀系数不匹配，不适合作为 LCCC 的组装基板。最近又开发出瓷釉覆盖的以铜—殷钢为基材的电路板，它的热膨胀系数可以调整得和 LCCC 相匹配，而且介电常数也低，可作为高速电路基板。

（2）金属板支撑的薄电路基板。

这种基板采用一般电路板的制造工艺，将双面覆铜的极薄的电路板经绝缘体隔离，粘贴在金属支撑板上，也可在金属支撑板的两面都贴上双面覆铜电路板。两个面上的电路板可以分别制作两个独立的电路，或同一个电路制作在两个面上。支撑板可作为接地和散热用，实际上相当于多层电路板的作用。薄电路板可用环氧玻璃纤维双面覆铜板、聚酰亚胺玻璃纤维双面覆铜板或其他有机基板。基板厚度约为 0.13mm，但因为它贴在支撑板上，所以增强了机械支撑作用，这样可以保持尺寸的稳定性，故采用常规印制电路板工艺就可以得到细小直径互连通孔的高密度布线图形。

（3）柔性层结构的电路基板。

柔性层是指将多片未加固的树脂片层压而成的树脂层。它可以吸收焊点的部分应力，提高焊点的可靠性。树脂片的厚度约为 0.05mm。柔性层越厚，焊点应力越小。

4.2 PCB 的制作

4.2.1 PCB 制作工艺流程

现代 PCB 制作工艺主要分为加成法和减成法。在绝缘基材表面上，有选择性地沉积导电金属而形成导电图形的方法，称为加成法。减成法工艺是在覆铜箔层压板表面上，有选择性地除去部分铜箔来获得导电图形的方法。减成法是当今 PCB 制造的主要方法，它的最大优点是工艺成熟、稳定和可靠。

1. 单面印制板的制作

单面印制板的制作流程如图 4-3 所示。

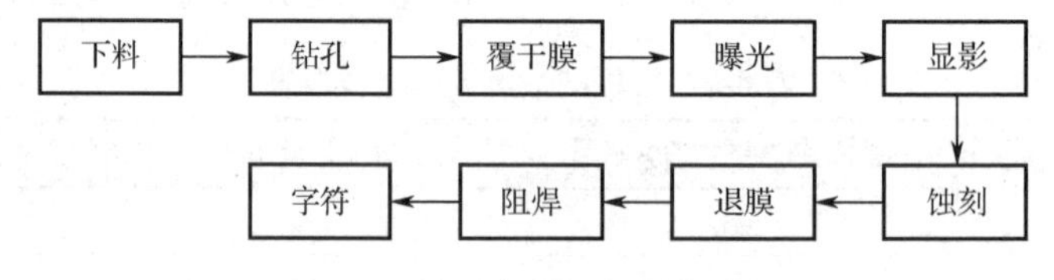

图 4-3　单面印制板的制作流程

（1）下料。

将整张覆铜板切割成适合工厂加工的 PCB 拼板。开料依据客户 PCB 尺寸及加工单位拼板尺寸计算适合加工单位生产的最佳 PCB 拼板规格。在 PCB 制造业中，用料和成本是最重要的指标之一，由于每一批订单的规格都可能不同，因而需要计算各自的用料和成本，针对每一批订单，都要确定一种最佳的选料拼板方案。

（2）钻孔。

俗称打眼（NC），指的是用钻头在覆铜板上进行各种形状的孔的制作，包括圆形孔和异形孔两种。

（3）覆干膜。

将经过处理的覆铜板通过热压方式贴上抗蚀干膜。从结构上讲，干膜有三层，第一层是聚乙烯保护膜；第二层是光致抗蚀剂膜；第三层是聚酯薄膜，如图 4-4 所示。覆膜示意图如图 4-5 所示。

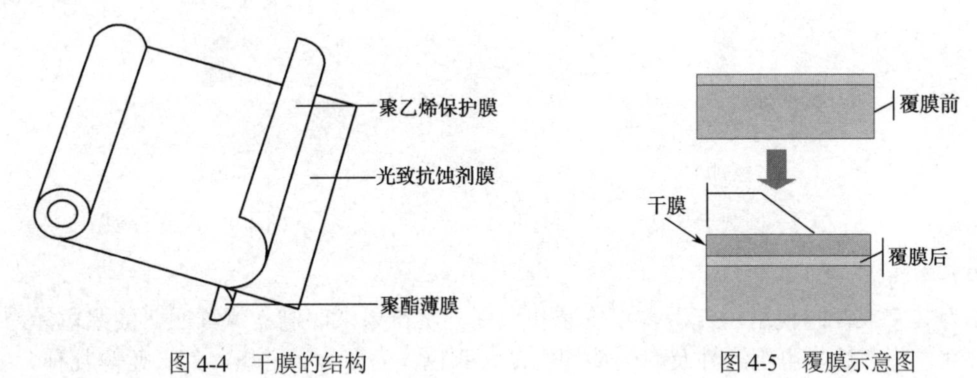

图 4-4　干膜的结构　　　　图 4-5　覆膜示意图

（4）曝光。

将菲林贴在板子上，用紫外光照射，菲林上黑色部分因不透光而不发生反应；白色透光部分因吸收光能被分解成游离基，游离基再引发光聚合单体进行聚合交联反应，反应后形成不溶于稀碱溶液的立体型大分子结构，就完成了曝光。曝光示意图如图 4-6 所示。

（5）显影。

用显影液（稀碱溶液）作用于干膜，未发生化学反应的部分被溶解，发生化学反应的部分在显影液中不会被溶解，最终保护了铜面。显影示意图如图 4-7 所示。

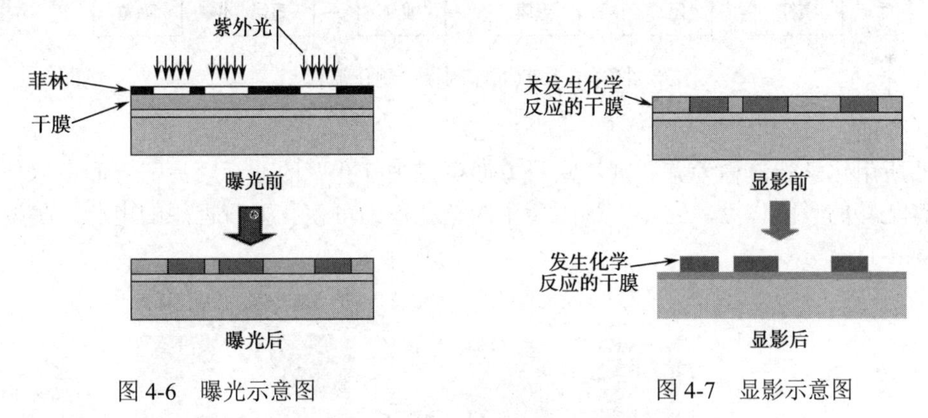

图 4-6　曝光示意图　　　　图 4-7　显影示意图

（6）蚀刻。

利用药液将显影后露出的铜蚀掉，形成线路图形，如图 4-8 所示。

（7）退膜。

利用强碱将保护铜面之抗蚀层剥掉，露出线路图形，如图 4-9 所示。

（8）阻焊。

俗称“绿油”，其目的有 3 个：一是防焊，留出板上待焊的通孔及其焊盘，将所有线路及铜面都覆盖住，防止波峰焊时造成短路，节省焊锡的用量；二是护板，防止湿气及各种电解质侵入，使线路氧化而危害电气性能，同时防止外来的机械伤害以维持板面良好的绝缘；三是绝缘，由于板子越来越薄，线宽距越来越细，故导体间的绝缘问题日益凸显，也增加了防焊漆绝缘性能的重要性。为了便于肉眼检查，阻焊的主漆中多加入对眼睛有帮助的绿色颜料。

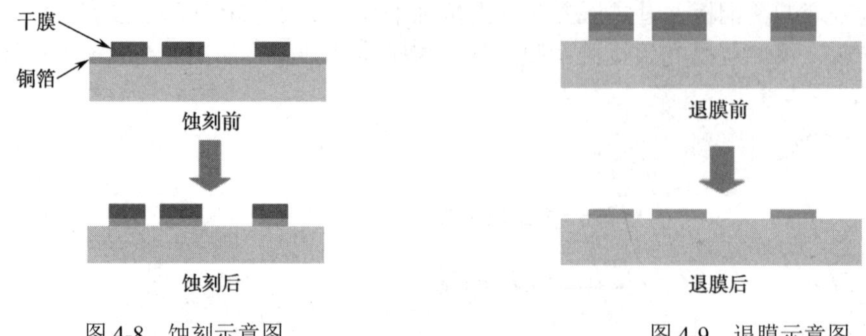

图 4-8　蚀刻示意图　　　图 4-9　退膜示意图

（9）字符。

作为文字或标志使用，便于客户安装和识别。字符要求印刷立体鲜明，油墨色泽漂亮，耐溶剂性、附着性、电绝缘性及耐热性均优良。颜色分为白、黄、黑、红、蓝等几种。

2．双面印制板的制作

双面印制板主要用在性能较高的通信电子设备、高级仪器仪表及计算机等设备中。双面印制板的制作流程如图 4-10 所示。其制作过程与单面印制板类似，只是还要除油、黑孔及镀铜。

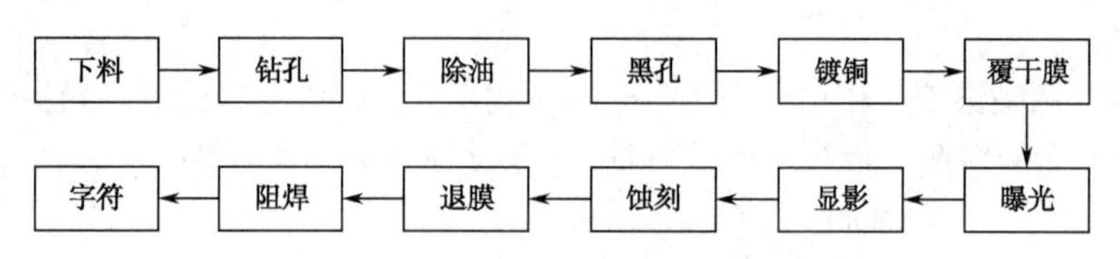

图 4-10　双面印制板的制作流程

（1）除油。

除油所用化学药液称为整孔剂，它一方面可以去除孔壁的油污，另一方面可以使孔壁对黑孔具有足够的吸附作用。它是一种阳离子的整孔剂，可使孔壁带理想的电荷。除油工艺原理图如图 4-11 所示。

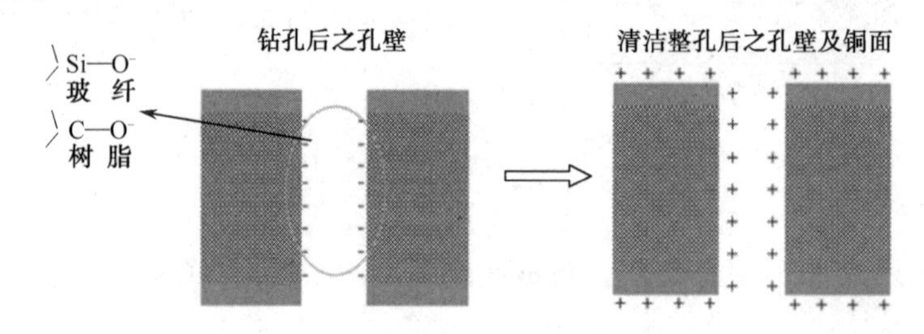

图 4-11　除油工艺原理图

（2）黑孔。

黑孔所用溶液是由炭黑附上高分子聚合物后形成的，具有亲水特性。黑孔的目的是使孔壁上沉积上一层炭膜，从而形成导电层，保证镀铜工艺的顺利进行。黑孔工艺原理图如图 4-12 所示。黑孔后要对电路板进行烘干，烘干的目的之一是去除水分，使黑孔剂紧紧吸附在孔壁包裹团上；其二是在烘干过程中使黑孔剂与阳离子整孔剂得以完全交联。

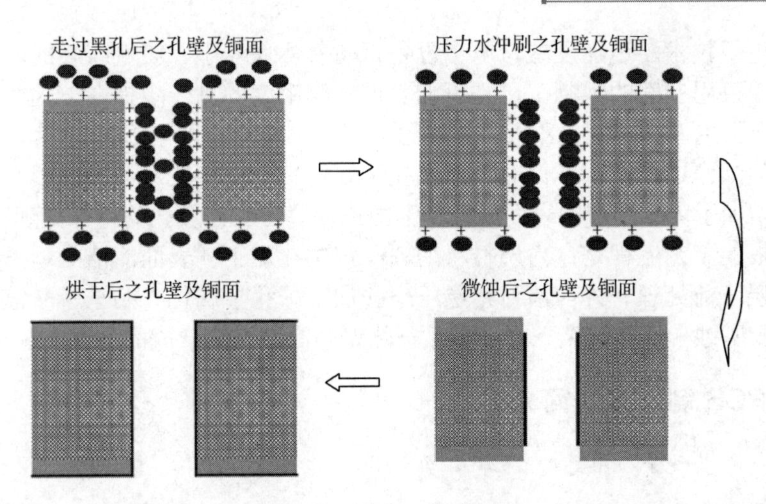

图 4-12 黑孔工艺原理图

（3）镀铜。

铜镀层有两个作用：一是作为化学镀铜的加厚镀层，二是作为图形电镀的底镀层。化学镀铜层一般为 0.5～1μm，必须经过电镀铜后才可进行下一步工作，加厚铜是全板电镀，厚度为 5～8μm。图形电镀层最后加厚到 20～25μm。对镀层的基本要求如下。

① 镀层均匀、细致、平整、无麻点、无针孔，有良好的外观亮度。

② 镀层厚度均匀，板面镀层厚度与孔壁层厚度接近 1:1，这需要镀液有良好的分散能力和深度能力。

③ 镀层与铜基体结合牢固，在镀后和后续工序的加工过程中不会出现气泡、起皮现象。

④ 镀层导电性好，纯度高。

⑤ 镀层柔性好，延展率不低于 10%，抗拉强度为 20～50kgf/mm^2，以保证在后续波峰焊时，不至于因环氧树脂基材与铜镀层的热膨胀系数不同导致铜镀层产生纵向断裂。

镀铜的原理如图 4-13 所示。铜阳极在硫酸铜溶液中溶解，提供镀铜液中所需的 Cu^{2+}，受镀物件作为阴极将 Cu^{2+}还原为单质铜。

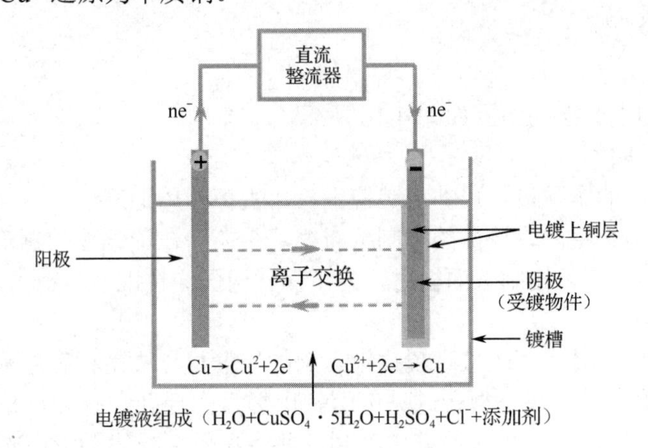

图 4-13 镀铜的原理

3．多层印制板的制作

由于计算机和航空航天工业对高速电路提高封装密度的要求日益强烈，加上分立元件尺寸的缩小和微电子技术的迅速发展，电子设备正向着体积缩小、质量减轻的方向发展。单、双面印制板由于可用空间的限制，已不可能实现装配密度的进一步提高。因此，有必要考虑使用比双面板层数更多的印制电路板，这就给多层印制板的出现创造了条件。

在多层板的制作过程中，不仅对金属化孔和定位精度比一般双面印制板有更加严格的尺寸要求，而且增加了内层图形的表面处理、半固化片层压工艺及孔的特殊处理。

多层印制板的工艺流程是：内层材料处理→定位孔加工→表面清洁处理→制内层走线及图形→腐蚀→层压前处理→外内层材料层压→孔加工→孔金属化→贴干膜→镀耐腐蚀可焊金属→去除感光胶腐蚀→插头镀金→外形加工→热熔→涂助焊剂→成品。

4.2.2 手工PCB制作方法简介

1. 刀刻法

对于一些电路比较简单、线条较少的印制板，可以用刀刻法来制作。在进行布局设计时，要求导线形状尽量简单，一般将焊盘与导线合为一体，形成多块矩形。由于平行的矩形图形具有较大的分布电容，所以刀刻法制板不适合高频电路。

刀刻法所用刻刀可以用废弃的锋钢锯条自己磨制，要求刀尖硬且韧。制作时，按照拓好的图形，用刻刀沿钢尺刻划铜箔，使刀刻深度将铜箔划透。然后，将不要保留的铜箔的边角用刀尖挑起，再用钳子夹住将它们撕下来，如图4-14所示。

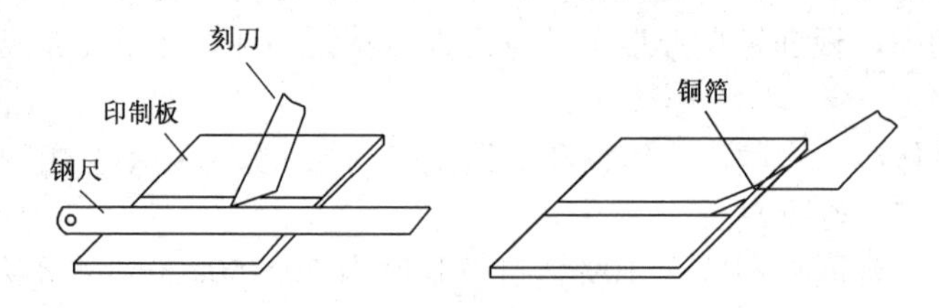

图4-14　刀刻法制板

如图4-15（a）所示为一个直放式低阻耳机四管收音机的电路图，图4-15（b）所示为用刀刻法制作的印制板。

2. 漆图法

漆图法制作印制电路板的步骤如图4-16所示。

各步骤的简单说明如下。

① 下料。按板面的实际设计尺寸剪裁覆铜板，去掉四周毛刺。

② 拓图。用复写纸将已设计好的印制板布线草图拓印在覆铜板的铜箔面上。印制导线用单线、焊盘用小圆点表示。拓制双面板时，为了保证两面定位准确，板与草图均应有3个以上且孔距尽量大的定位孔。

③ 打孔。拓图后，对照草图检查覆铜板上画的焊盘与导线是否有遗漏，然后在板上打出样冲眼，按样冲眼的定位，在小型台式钻床上打出焊盘的通孔。打孔过程中，注意钻床应取高转速，进刀不宜太快，以免将铜箔挤出毛刺，并注意保持导线图形清晰，避免导线图形被弄模糊。清除孔的毛刺时不要用砂纸。

④ 调漆。在描图之前应先将所用的漆调配好。要注意漆应稀稠适宜，以免描不上或流淌，画焊盘的漆应比画线条用的漆稍稠一些。

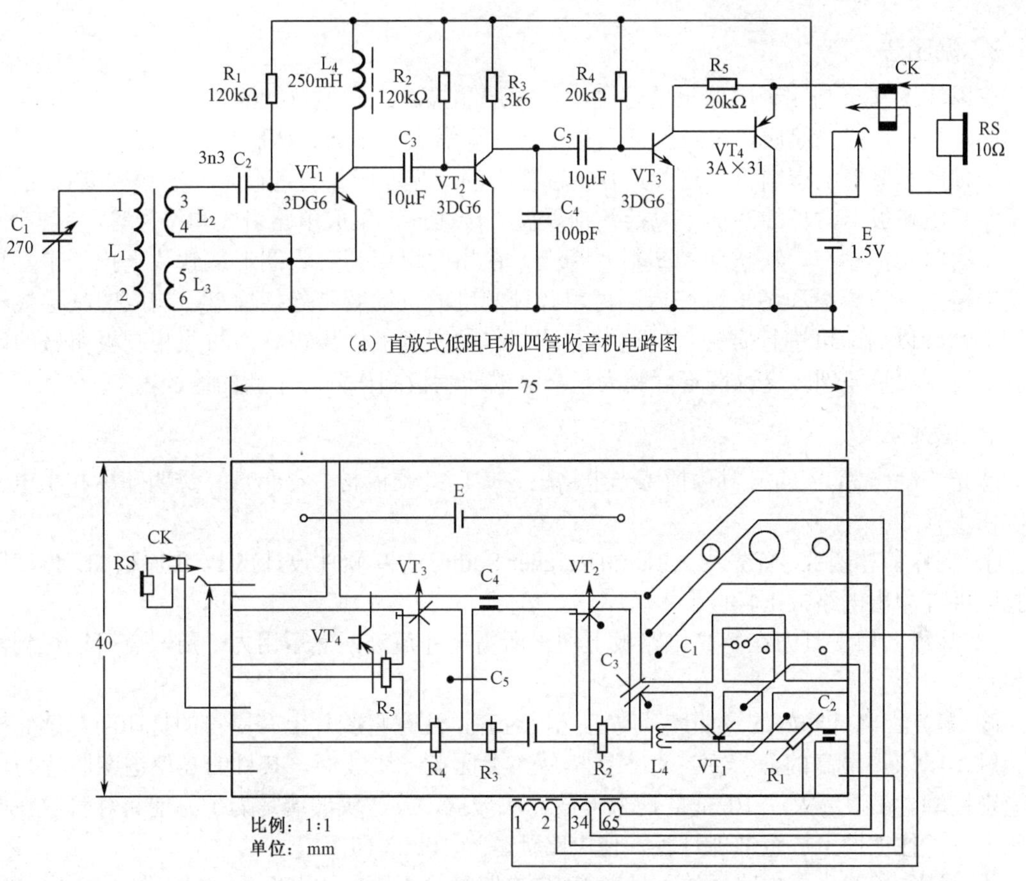

（a）直放式低阻耳机四管收音机电路图

（b）用刀刻法制作的印制板

图 4-15　刀刻法制作实例

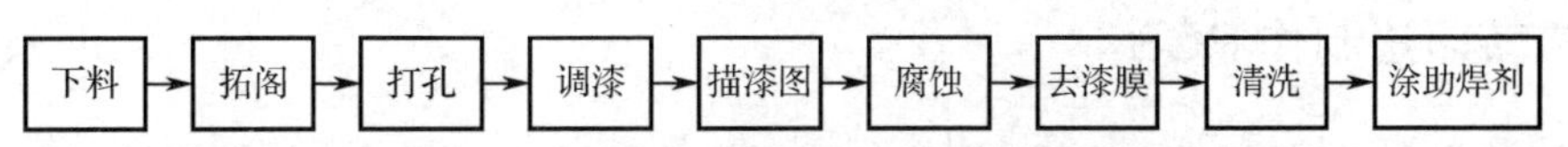

图 4-16　漆图法制作印制电路板的步骤

⑤ 描漆图。按照拓好的图形，用漆描好焊盘及导线。应该先描焊盘，可以用比焊盘外径稍细的硬导线或细木棍蘸漆点画，注意与钻好的孔同心，大小尽量均匀，然后用鸭嘴笔与直尺描绘导线。

⑥ 腐蚀。腐蚀前应检查图形质量，修整线条、焊盘。腐蚀液一般使用三氯化铁水溶液。将覆铜板全部浸入腐蚀液，将没有被漆膜覆盖的铜箔腐蚀掉。待完全腐蚀后，去除板子上的漆膜，并用水清洗。

⑦ 去漆膜。用热水浸泡后，可将板面的漆膜剥掉，未擦净处可用稀料清洗。

⑧ 清洗。漆膜去除干净以后，用碎布蘸着去污粉在板面上反复擦拭，去掉铜箔的氧化膜，使线条及焊盘露出铜的光亮本色。擦拭后用清水冲洗、晾干。

⑨ 涂助焊剂。将已经配好的松香酒精溶液立即涂在洗净晾干的印制电路板上，作为助焊剂。助焊剂可使板面受到保护，提高可焊性。

3．贴图法

在用漆图法自制印制电路板的过程中，图形靠描漆或其他抗蚀涂料描绘而成，这种方法虽然简单易行，但描绘质量很难保证，往往造成焊盘大小不均、印制导线粗细不匀。近年来，已有一种薄膜图形上市销售，这种具有抗蚀能力的薄膜厚度只有几微米，图形种类有几十种，都是印制电路板上常见的图形，包括各种焊盘、接插件、集成电路引线和符号等。

将这些图形贴在一块透明的塑料软片上，使用时可用刀尖将图形从软片上挑下来，转贴到覆铜板上，待焊盘和图形贴好后，再用各种宽度的抗蚀胶带连接焊盘，构成印制导线，整个图形贴好以后即可进行腐蚀。用这种方法制作的印制板效果极好，与照相制板所做的印制板几乎没有质量差别。这种图形贴膜为新产品的印制板制作开辟了新的途径。

4．感光法

感光法制作 PCB 的材料包括感光电路板、玻璃纤维板材、显影剂、透明菲林和小电钻。其制作步骤如下。

① 制作菲林图片。首先用 Altium Designer Summer 09 软件设计出 PCB 原稿图，再使用激光打印机打印出电路板 1:1 的菲林图片。

② 裁板。用文具刀在感光电路板上切出所需尺寸痕迹，然后用力一掰，就可以得到需要的尺寸。

③ 曝光。将打印好的透明胶片与感光板对齐，注意将胶片上有墨粉的打印面与感光电路板接触，以取得最高的分辨率。对齐完毕后在上面盖一块玻璃，其目的是使透明胶片与电路板紧密接触。在距离大约 10cm 的地方再放一块玻璃，放这块玻璃是为了方便将灯管放在电路板正上方。往玻璃上放置节能灯管，使电路板曝光 10min 即可。

④ 显影。将曝光的电路板放入显影液中，电路的轮廓便显示出来了。显影时间大约为 1min。

⑤ 腐蚀。用三氯化铁腐蚀掉不需要的铜箔。

4.2.3 热转印法制作 PCB

热转印法指利用激光打印机先将图形打印到热转印纸上，再通过热转印机将图形“转印”到覆铜板上，形成由墨粉组成的抗腐蚀图形，再经三氯化铁溶液腐蚀后获得所需印制板图形。其基本制作步骤如下。

1．绘图

首先用 Altium Designer Summer 09 软件或其他软件绘制 PCB 图，注意，安全距离最好在 0.4mm 以上；线宽最好在 0.5mm 以上，焊盘不能太小，最好为 2mm 左右，这样导线不容易短路或断线。PCB 图样例如图 4-17 所示。

2．打印

热转印纸是一种将纸和高分子膜复合制成的双面特殊纸，这种纸可以耐受很高的温度而不变形受损，热转印正是利用这种特性进行工作的。

用黑白激光打印机将 PCB 图打印到热转印纸上。注意，打印面必须是热转印纸的光膜面。需要特别说明的是，激光打印机的质量要好，打印到热转印纸上的图形要精细，没有底灰和断线，整个图形的对比度要一致，打印后的图形要注意保护，因为光膜面上的图形轻轻一划就能划掉。打印在热转印纸上的图形如图 4-18 所示。

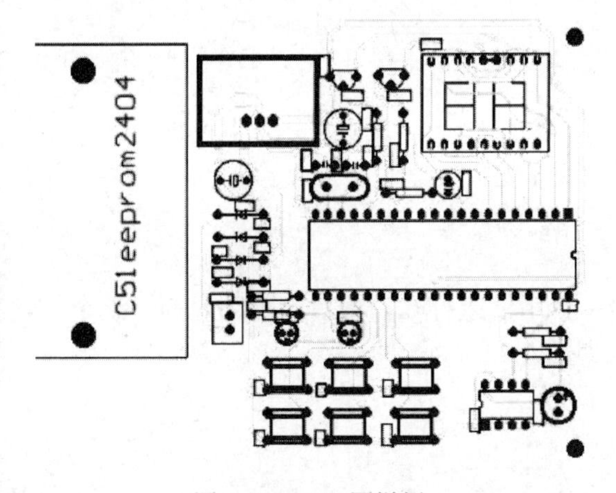

图 4-17　PCB 图样例

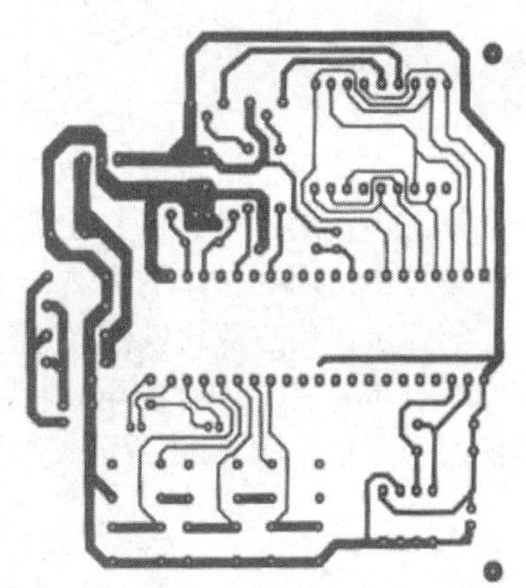

图 4-18　打印在热转印纸上的图形

3. 转印

转印前要求覆铜板应平整，铜面没有划伤，上面和下面均干净清洁。如果覆铜板的四边有毛边，则必须用锯条等工具清除毛边，不清洁的地方要用汽油或酒精进行清洁，因为毛边和不清洁都会严重影响转印效果。处理后的覆铜板用手摸时正反面都应平整光洁。

接下来将热转印纸的图形面和覆铜板的铜面对和，认真仔细对好图形在覆铜板上的位置，对好后铜板在下、热转印纸在上，放到热转印机（如图 4-19 所示）中转印。转印结束后，待板子冷却，再撕去转印纸，其效果如图 4-20 所示。

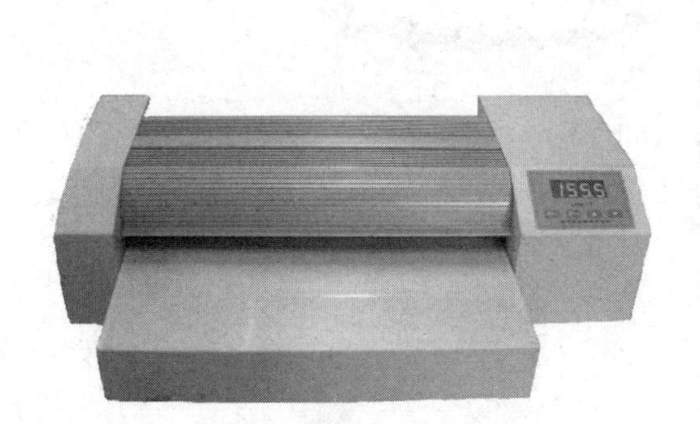

图 4-19　热转印机

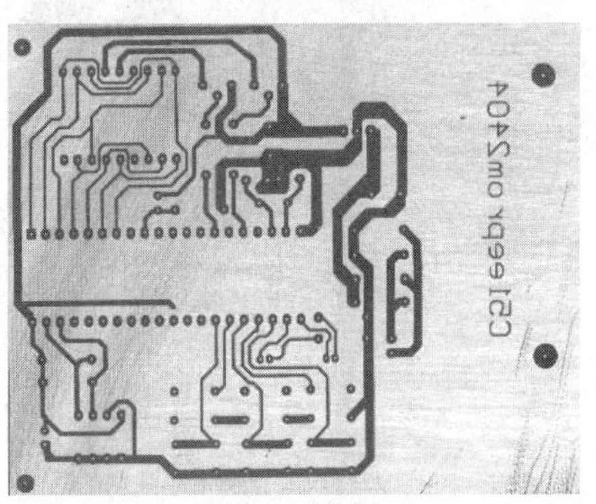

图 4-20　转印后的覆铜板

4. 腐蚀、清洗、钻孔

腐蚀液由盐酸、水、过氧化氢按 1:3:1 的比例混合而成。由于此溶液具有强腐蚀性，操作时务必注意人身安全，可带上医用橡胶手套。先在塑料盆内倒入 3 份水，接着倒入 1 份浓盐酸，再倒入 1 份过氧化氢，搅拌后将板子放入，不停地晃动盆子，以加快反应速度。盐酸的浓度为 37%，过氧化氢的浓度为 30%。注意，不要过腐蚀。腐蚀、清洗掉油墨后再用台钻打孔。制作好的 PCB 如图 4-21 所示。

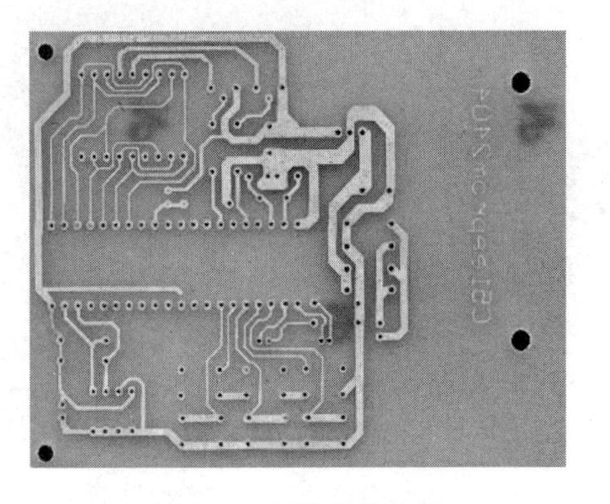

图 4-21　制作好的 PCB

任务实施

第一步：用裁板机按照 PCB 图的尺寸裁剪覆铜板，然后用木炭清洁覆铜板表面。

第二步：用打印机将 PCB 底层布线图打印在热转印纸上。

第三步：用热转印机将热转印纸上的图转印到覆铜板上。

第四步：用三氯化铁溶液进行腐蚀。

第五步：将腐蚀好的电路板用水清洗干净，再用钻床打孔，最后涂覆助焊剂。整个热转印法制作流程如图 4-22 所示。制作好的覆铜板如图 4-23 所示。

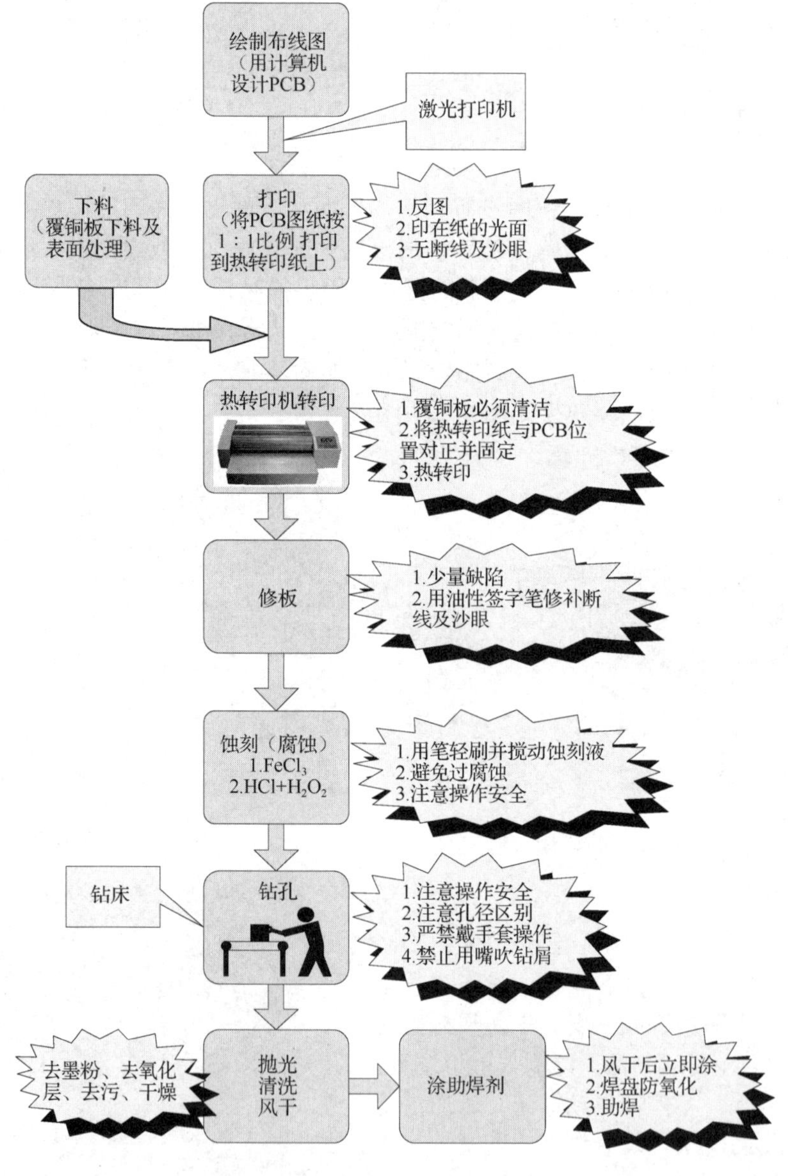

图 4-22　热转印法制作流程

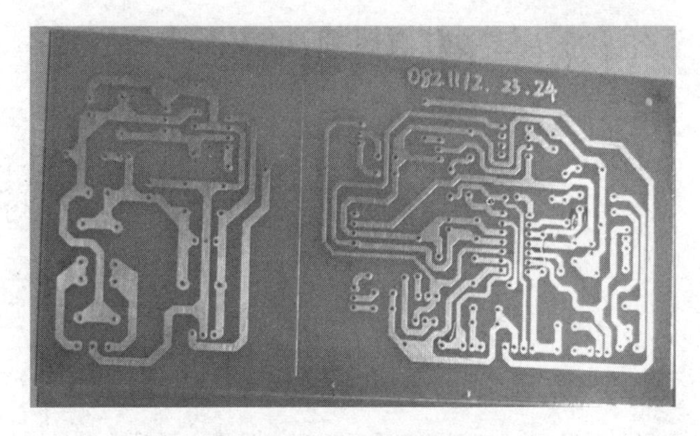

图 4-23 制作好的覆铜板

任务总结

此任务的主要工作是利用热转印法制作一块 PCB。在制作前，首先介绍了电路板的种类、结构，然后介绍了各种手工制作 PCB 的方法，使学生了解各种方法的制作流程及基本特点，最后让学生按照热转印的制作流程亲手制作一块 PCB，完成产品 PCB 制作任务。

思考与练习

4.1 什么是单面板、双面板、多层板？多层板有何特点？

4.2 印制电路板具有哪些功能？

4.3 简要说明覆铜板的种类。

4.4 简述双面板的制作流程。

4.5 简述感光法制作 PCB 的流程。

4.6 简述热转印法制作 PCB 的流程及注意事项。

第 5 章

常用电子元器件

元器件在焊接前，需要对其进行识别与测量，避免有质量问题的元器件焊接到电路板上，影响电路性能、整机功能。掌握元器件的识别、检测技能，培养学生质量意识、工程意识、规范意识。

任务五　函数信号发生器的元器件识别与测量

任务目标

能够正确识别和检测函数信号发生器的元器件。

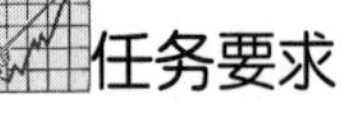

任务要求

① 能根据电阻的色环读出其阻值及误差。
② 能测量电位器的质量。
③ 能识读电容器的容量及电解电容的正负极。
④ 会测量二极管的正负极和三极管的 3 个电极。
⑤ 能识别集成电路的引脚。

相关知识

电子元器件是在电路中具有独立电气功能的基本单元。元器件在各类电子产品中占有重要地位，特别是一些通用电子元器件，更是电子产品中必不可少的基本材料。熟悉和掌握各类元器件的性能、特点和使用要求，对电子产品的设计、制作起着十分重要的作用。

5.1　电阻器和电位器

5.1.1　电阻器的种类

电阻器也称电阻，是一种应用非常广泛的电子元件，它具有稳定和调节电路中的电压和电流的功能。

电阻器的种类繁多，按材料不同可分为碳膜、金属膜和线绕电阻器；按用途不同可分为通用型、精密型电阻器；按引出线的不同可分为轴向引线、无引线电阻器。常见电阻器的外形及电路符号如图 5-1 和图 5-2 所示。

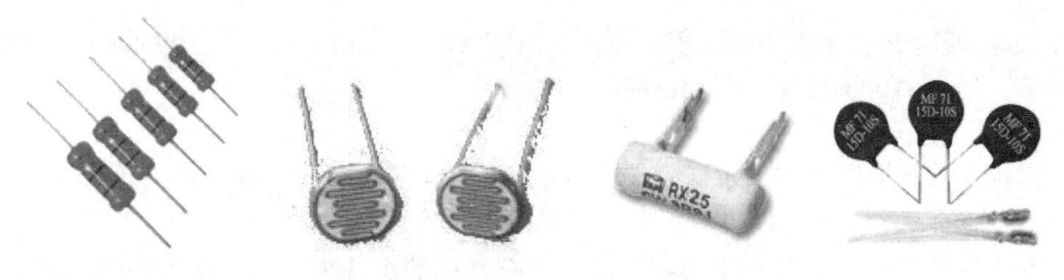

图 5-1 常见电阻器的外形

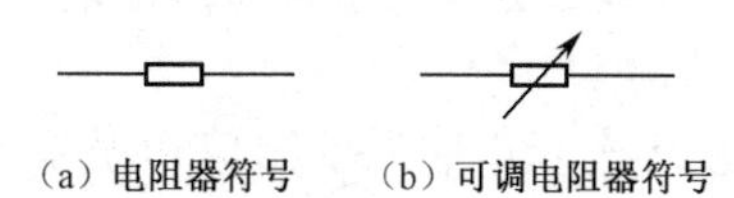

（a）电阻器符号 （b）可调电阻器符号

图 5-2 电阻器的电路符号

下面重点介绍几种常用电阻器的结构、特点及应用。

（1）碳膜电阻器。

碳膜电阻器是使用最广泛的电阻器。它由碳沉积在瓷质基体上制成，通过改变碳膜的厚度或长度，可以得到不同的电阻值。其主要特点是高频特性较好，价格低，但精度差。

（2）金属膜电阻器。

金属膜电阻器是在真空条件下，在瓷质基体上沉积一层合金粉制成的。通过改变金属膜的厚度或长度可以得到不同的阻值，其主要特点是耐高温，当环境温度升高后，其阻值变化与碳膜电阻相比，变化很小，高频特性好，精度高，在精密仪表等高档设备中使用较多。

（3）线绕电阻器。

线绕电阻器是用康铜丝或锰铜丝缠绕在绝缘骨架上制成的。它有很多优点：耐高温、噪声小、精度高、功率大。但其高频特性差，原因是其分布电感较大。线绕电阻器在低频的精密仪表中被广泛应用。

5.1.2 电阻器的主要技术参数

1. 标称阻值及误差

标称阻值指电阻器表面所标示的阻值。除了特殊定做，其阻值范围应符合国标中规定的阻值系列。目前，电阻器标称阻值有 3 大系列：E6、E12、E24，如表 5-1 所示。

表 5-1 电阻标称值系列

标称值系列	精 度	标 称 阻 值
E24	±5%	1.0，1.1，1.2，1.3，1.5，1.6，1.8，2.0，2.2，2.4，2.7，3.0，3.3，3.6，3.9，4.3，4.7，5.1，5.6，6.2，6.8，7.5，8.2，9.1
E12	±10%	1.0，1.2，1.5，1.8，2.2，2.7，3.3，3.9，4.7，5.6，6.8，8.2
E6	±20%	1.0，1.5，2.2，3.3，4.7，6.8

标称阻值与其实际阻值有一定偏差，这个偏差与标称阻值的百分比称为电阻器的误差，误差越小，电阻器精度越高。

（1）单位。

电阻的单位是欧姆，用Ω表示。除了欧姆，还有千欧（kΩ）和兆欧（MΩ），使用时应遵循以下原则，若用 R 表示电阻的阻值，则当 $R<1000\Omega$时，用Ω表示；当 $1000\Omega\leqslant R<1000k\Omega$时，用 kΩ表示；当 $R\geqslant 1000k\Omega$时，用 MΩ表示。

（2）阻值的表示方法。

① 直标法。直接用数字表示电阻器的阻值和误差，例如，电阻器上印有 68kΩ±5%，则阻值为 68kΩ，误差为±5%。

② 文字符号法。用数字和文字符号或两者有规律的组合来表示电阻器的阻值。文字符号Ω、k、M 前面的数字表示阻值的整数部分，文字符号后面的数字表示阻值的小数部分，例如，2k7 表示阻值为 2.7kΩ。

③ 色标法。用不同颜色的色环表示电阻器的阻值和误差。常见的色环电阻有四环和五环两种，其中五环电阻属于精密电阻，它们的色环颜色与数值的对照关系见表 5-2 和表 5-3。

表 5-2 四环电阻器色环颜色与数值对照表

色环颜色	第一色环	第二色环	第三色环	第四色环
	第一位数	第二位数	倍率	误差
棕	1	1	$\times10^1$	—
红	2	2	$\times10^2$	—
橙	3	3	$\times10^3$	—
黄	4	4	$\times10^4$	—
绿	5	5	$\times10^5$	—
蓝	6	6	$\times10^6$	—
紫	7	7	$\times10^7$	—
灰	8	8	$\times10^8$	—
白	9	9	$\times10^9$	—
黑	—	0	$\times10^0$	—
金	—	—	$\times10^{-1}$	±5%
银	—	—	$\times10^{-2}$	±10%

表 5-3 五环电阻器色环颜色与数值对照表

色环颜色	第一色环	第二色环	第三色环	第四色环	第五色环
	第一位数	第二位数	第三位数	倍率	误差
棕	1	1	1	$\times10^1$	±1%
红	2	2	2	$\times10^2$	±2%
橙	3	3	3	$\times10^3$	—
黄	4	4	4	$\times10^4$	—
绿	5	5	5	$\times10^5$	±0.5%
蓝	6	6	6	$\times10^6$	±0.25%
紫	7	7	7	$\times10^7$	±0.1%
灰	8	8	8	$\times10^8$	—
白	9	9	9	$\times10^9$	—

续表

色环颜色	第一色环	第二色环	第三色环	第四色环	第五色环
	第一位数	第二位数	第三位数	倍率	误差
黑	—	0	0	$\times10^{0}$	—
金	—	—	—	$\times10^{-1}$	±5%
银	—	—	—	$\times10^{-2}$	—

电阻器色环表示法的示例如图 5-3 所示。

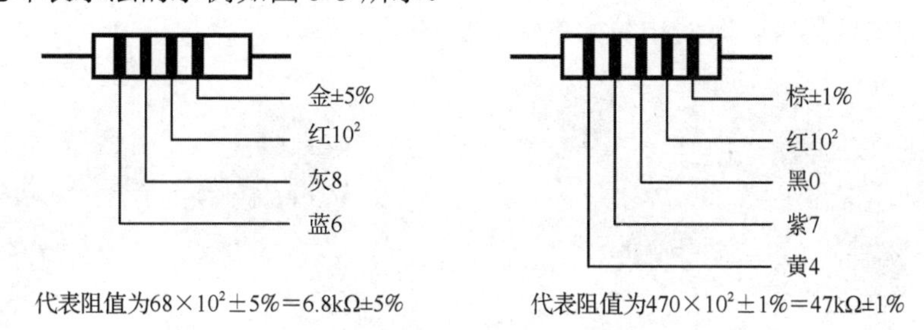

图 5-3 电阻器色环表示法示例

在实际应用中，读取色环电阻器阻值时应注意以下几点。

Ⅰ. 熟记表 5-2 和表 5-3 中色数对应关系。

Ⅱ. 找出色环电阻的第一环，其方法有：色环靠近引出端最近的一环为第一环；四环电阻多以金色作为误差环，五环电阻多以棕色作为误差环。

Ⅲ. 当色环电阻标记不清或个人辨色能力差时，只能用万用表测量电阻值。

④ 数码法。数码法采用三位数码表示电阻的标称值。数码从左到右，前两位为有效值，第三位是乘数，即表示在前两位有效值后所加零的个数。例如，152 表示在 15 的后面加 2 个“0”，即 1500Ω=1.5kΩ。此种方法在贴片电阻中使用较多。

2. 额定功率

电阻长时间工作允许所加的最大功率称为额定功率。电阻器的额定功率通常有 1/8W、1/4W、1/2W、1W、2W、5W、10W 等。大功率电阻在安装时应与电路板有一定的距离，以利于散热。

5.1.3 电阻器的正确使用

电阻器在使用时应遵循以下原则。

1. 按用途选择电阻器的种类

在一般档次的电子产品中，选用碳膜电阻器就可以满足要求。在环境较恶劣的地方或精密仪器中，应选用金属膜电阻器。

2. 正确选取阻值和允许误差

对于一般电路，选用误差为±5%的电阻器即可；对于精密仪器，应选用高精度的电阻器。

3. 额定功率的选择

为了保证电阻器可靠耐用，其额定功率应是实际功率的 2～3 倍。

5.1.4 电位器

电位器是一种阻值可以连续调节的电阻器。在电子产品设备中，经常用它进行阻值、电位的调节。例如，在收录机中用它控制音调、音量；在电视机中用它调节亮度、对比度等。

1．电位器的种类

电位器的种类很多，形状各异。按材料不同可分为合成碳膜电位器、金属氧化膜电位器等；按调节方式不同可分为直滑式电位器和旋转式电位器；按结构特点不同可分为抽头式电位器、带开关的电位器等。常见电位器的外形如图 5-4 所示。

图 5-4　常见电位器的外形

2．电位器的性能参数

（1）电位器的阻值。

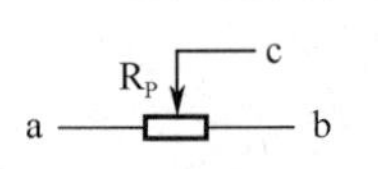

图 5-5　电位器的电路符号

电位器的阻值即电位器的标称值，指其两固定端间的阻值。其电路符号如图 5-5 所示。其中 a、b 为电位器的固定端，c 为电位器的滑动端。调节 c 的位置可以改变 ac 或 bc 间的阻值，但是不管怎样调节，总是遵循以下原则：$R_{ab}=R_{ac}+R_{bc}$。

（2）阻值的变化规律。

电位器的阻值变化规律有 3 种：直线式（X）、指数式（Z）和对数式（D），如图 5-6 所示。

直线式电位器适用于阻值调节均匀变化的场合，如分压电路；指数式电位器适宜人耳感觉特性，多用在音量控制电路中；对数式电位器在开始转动时阻值变化很大，在转角接近最大阻值一端时，阻值变化比较缓慢，此种电位器多用在音调控制及对比度调节电路中。

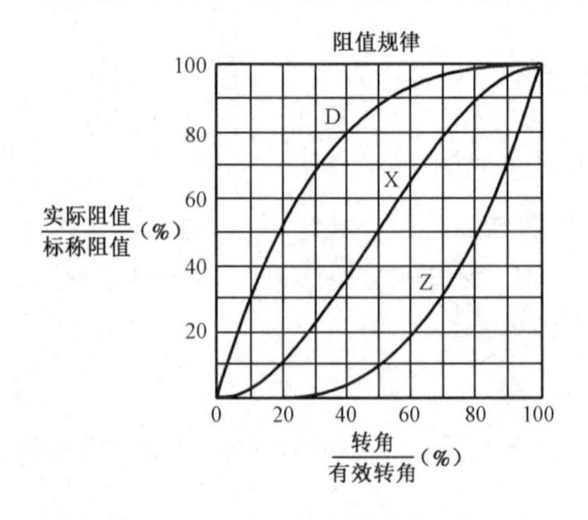

图 5-6　电位器的阻值变化规律

3．电位器的质量判别

电位器在使用过程中，由于旋转频繁而容易发生故障，这种故障表现为噪声大、声音时大时小、电源开关失灵等。可用万用表来检查电位器的质量。

① 转动电位器的转轴或滑动电位器的滑片。在操作过程中，若能感到平滑和具有良好的手感，并且电位器内部无“沙沙”声，则说明此电位器性能良好；否则，应对其进行检修。

② 测量电位器的标称阻值。测量出的电位器两定片之间的阻值应为其标称阻值。如果测量值与电位器实际的标称阻值相差很大，则说明其已损坏。

③ 检测中心滑动片与电阻体定片之间的接触状况。将万用表的一只表笔接中心滑动片的引脚，另一只表笔接其两端定片引脚中的任意一个，慢慢地将转轴（柄）从一个极端放置到另一个极端，其阻值应从近似 0 连续变化到电位器的标称阻值，或者发生相反变化。在此操作过程中，万用表的指针不应有跳动现象，否则表明电位器的活动触点有接触不良的故障。

④ 检测开关性能。对于带开关的电位器，当将其开关接通或断开时，应能听到清脆的响声，否则应对其进行检修。将万用表置 R×1 挡，两只表笔分别接开关的两个焊片：当开关接通时，开关的两焊片之间的阻值应近似为0，否则说明电位器开关触点接触不良；当开关断开时，开关的两焊片之间的阻值应为无穷大，否则说明电位器的开关失控。

⑤ 检测电位器外壳与各引脚的绝缘性能。将万用表置 R×10k 挡，将万用表的一只表笔接电位器的外壳，另一只表笔分别逐个接电位器的各个引脚，测得的阻值都应为无穷大，否则说明电位器外壳与引脚存在短路现象或者它们之间的绝缘性能不好。

5.1.5 片状电阻器

随着电子科学理论的发展和工艺技术的改进，以及电子产品体积的微型化，性能和可靠性的进一步提高，电子元器件由大到小、轻、薄发展，出现了表面安装技术，简称 SMT（Surface Mounted Technology）。

SMT 是包括表面安装器件（SMD）、表面安装元件（SMC）、表面安装集成电路（SMIC）、表面安装印制电路板（SMB）及点胶、涂膏、表面安装设备、焊接及在线测试等在内的一套完整工艺技术的统称。SMT 发展的重要基础是 SMD 和 SMC。

表面安装元器件（又称片状元器件）包括电阻器、电容器、电感器及半导体器件等，它们具有体积小、质量轻、安装密度高、可靠性高、抗震性能好、易于实现自动化等特点。表面安装元器件在计算机、手机、iPad 等电子产品中已大量使用。

1．表面安装电阻器的种类

表面安装电阻器按封装外形不同可分为片状和圆柱状两种。表面安装电阻器按制造工艺不同可分为厚膜型（RN 型）和薄膜型（RK 型）两大类。

片状电阻器一般用厚膜工艺制作，在一个高纯度氧化铝（Al_2O_3，96%）基底平面上网印二氧化钌（RuO_2）电阻浆来制作电阻膜；改变电阻浆成分或配比，可以得到不同的电阻值，也可以用激光在电阻膜上刻槽微调电阻值；然后印刷玻璃浆覆盖电阻膜，并将其烧结成釉保护层，最后把基片两端做成焊端。片状电阻器的结构如图 5-7 所示。

圆柱状电阻器的结构如图 5-8 所示，可以用薄膜工艺来制作。在高铝陶瓷基柱表面溅射镍铬合金膜或碳膜，在膜上刻槽调整电阻值，两端压上金属焊端，再涂覆耐热漆形成保护层并印上色环标志。

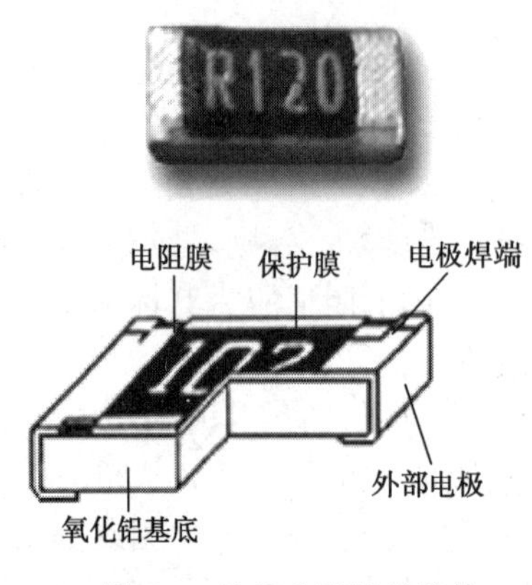

图 5-7　片状电阻器的结构

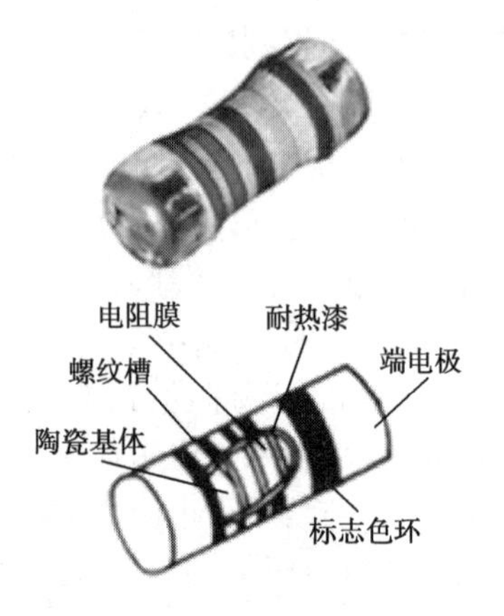

图 5-8　圆柱状电阻器的结构

2. 外形尺寸

片状电阻器根据其外形尺寸的大小来划分，欧美产品大多采用英制系列，日本产品大多采用公制系列，在我国这两种系列都可以使用。无论采用哪种系列，系列型号的前两位数字均表示元件的长度，后两位数字均表示元件的宽度。例如，公制系列 2012（英制 0805）的矩形片状电阻，长 L=2.0mm（0.08in），宽 W=1.2mm（0.05in）。此外，系列型号的发展变化也反映了 SMC 元件的小型化进程：5750（2220）→4532（1812）→3225（1210）→3216（1206）→2520（1008）→2012（0805）→1608（0603）→1005（0402）→0603（0201）→0402（01005）。

3. 标称数值的标注

圆柱状电阻器的标注一般采用色标法，阻值的识别与有引线电阻一样。片式电阻器的标注一般采用数码法，当片式电阻器的精度为±5%时，若阻值在 10Ω以上，采用 3 个数字表示，前 2 位是有效数字，第 3 位表示在前 2 位后面添加 0 的个数。若阻值小于 10Ω，则在两个数字中间补加“R”表示，如“3R6”表示 3.6Ω，跨接线记为 000。当片式电阻器的精度为±1%时，则采用 4 位数字表示，前 3 位是有效数字，第 4 位表示在前 3 位有效数字后面添加 0 的个数。例如，电阻器表面标识为“1002”，表示其阻值是 100 后面添加两个 0，阻值是 10000Ω，即 10kΩ。阻值小于 10Ω的，仍在第二位补加“R”；阻值为 100Ω的，则在第四位补“0”。例如，4.7Ω的标识为 4R70，100Ω的标识为 1000，1MΩ的标识为 1004。

另一种是在料盘上的标注，如 RC05K103JT，其中，左起两位 RC 为产品代号，表示矩形片状电阻器；第 3、4 位 05 表示型号（0805）；第 5 位表示电阻温度系数，K 为±250，第 6～8 位表示电阻值，如 103 表示电阻值为 10kΩ；第 9 位表示电阻值误差，如 J 代表±5%；最后 1 位表示包装，T 为编带包装。

5.2　电容器

电容器由两个金属电极中间夹一层绝缘材料（介质）构成，它是一种储存电能的元件，在电路中起到交流耦合、旁路、滤波和信号调谐等作用。

5.2.1　电容器的分类

电容器按结构不同可分为固定电容器、可变电容器和微调电容器；按介质不同可分为空气介质电容器、固体介质（云母、陶瓷、涤纶等）电容器及电解电容器；按有无极性可分为有极性电容器和无极性电容器。常见电容器的电路符号如图 5-9 所示，它们的结构和特点见表 5-4。

（a）电容器　（b）电解电容器　（c）可变电容器　（d）微调电容器　（e）双联电容器

图 5-9　常见电容器的电路符号

表 5-4　常见电容器的结构和特点

电容器种类	结构和特点	实 物 图 片
铝电解电容器	以氧化膜为介质，有正负极之分，容量大（0.47～10000μF），能耐受大的脉动电流，容量误差大，泄漏电流大，不宜用在 25kHz 以上频率低频旁路、信号耦合、电源滤波电路中。介电常数较大，范围是 7～10。耐压不高，额定电压为 6.3～450V，价格便宜	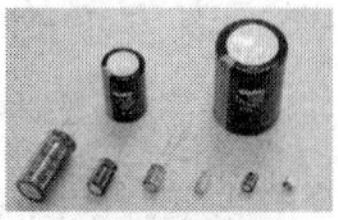
钽电解电容器	用烧结的钽块做正极，电解质使用固体二氧化锰，其温度特性、频率特性和可靠性均优于普通电解电容器，特别是漏电流极小，损耗低，绝缘电阻大，贮存性良好，寿命长，容量误差小，体积小，与铝电解电容器相比，可靠性高，稳定性好。额定电压为 6.3～125V，但价格较贵	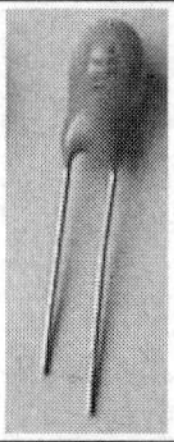
金属化纸介电容器	用真空蒸发的方法在涂有漆的纸上再蒸发一层厚度为 0.01μm 的薄金属膜作为电极。这种电容器体积小，容量大，自愈能力强， 稳定性能、老化性能、绝缘电阻比瓷介、云母、塑料膜电容器差，适用于对频率和稳定性要求不高的电路	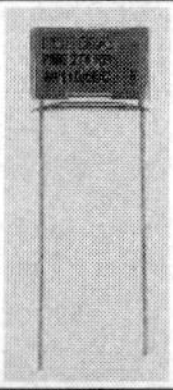
涤纶电容器	介质为涤纶薄膜。外形有金属壳密封的，也有塑料壳密封的。电容器的容量大、体积小，其中金属壳电容器体积更小。耐热性、耐湿性好，耐压强度大。 由于材料的成本不高，所以制作成本低，价格便宜。稳定性较差，适用于对稳定性要求不高的电路	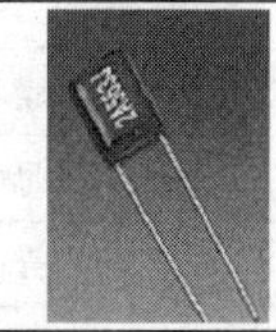
瓷介电容器	用陶瓷材料做介质，在陶瓷片上覆银制成电极，并焊上引线。其外层常涂有各种颜色的保护漆，以表示温度系数。如白色和红色表示负温度系数；灰色、蓝色表示正温度系数。耐热性好，稳定性好，耐腐蚀性好，绝缘性能好，介质损耗小，温度系数范围宽。原材料丰富，结构简单，便于开发新产品。缺点是容量较小，机械强度低	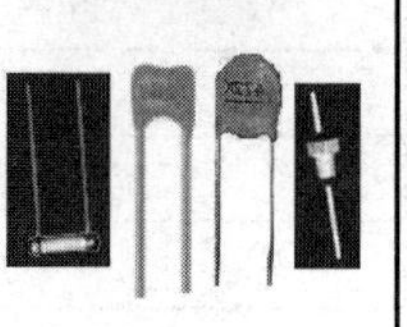
可变电容器	单联可变电容器只有一个可变电容器	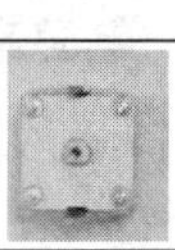

续表

电 容 种 类	电容结构和特点	实 物 图 片
可变电容器	双联可变电容器由两个可变电容器组合在一起，手动调节时，两个可变电容器的容量同步调节	
	微调电容器又称半可变电容器，其容量变化范围比可变电容器小很多，电容量可在某一小范围内调整，并可在调整后固定于某个电容值。瓷介微调电容器的Q值高，体积也小，通常可分为圆管式和圆片式两种。云母和聚苯乙烯介质的电容器通常采用弹簧式，结构简单，但稳定性较差。线绕瓷介微调电容器是拆铜丝（外电极）来变动电容量的，故容量只能变小，不适用于需反复调试的场合，主要用于调谐电路，通常情况下与可变电容器一起使用，一般体积比较大，有动片和定片之分	

5.2.2 电容器的容量识别方法

1. 电容器的单位

电容器的容量指其加上电压后储存电荷能力的大小。它的基本单位是法拉（F），但法拉这个单位太大，故常用微法（μF）、纳法（nF）和皮法（pF）来表示电容容量。它们的关系是：

$$1\mu F=10^{-6}F \qquad 1nF=10^{-9}F \qquad 1pF=10^{-12}F$$

2. 额定工作电压

额定工作电压又称耐压，指在允许的环境温度范围内，电容可连续长期施加的最大电压有效值。它一般直接标注在电容器的外壳上，使用时绝不允许电路的工作电压超过电容器的耐压，否则电容器就会被击穿。常见电容器的容量和耐压见表5-5。

表5-5　常见电容器的容量和耐压

电容器种类	容 量 范 围	直流工作电压/V
中小型纸介电容器	470pF～0.22μF	63～630
金属壳密封纸介电容器	0.01～10μF	250～1600
金属壳密封金属化纸介电容器	0.22～30μF	160～1600
薄膜电容器	3pF～0.1μF	63～500
云母电容器	10pF～0.51μF	100～7000
瓷介电容器	1pF～0.1μF	63～630
铝电解电容器	1～10000μF	4～500
钽、铌电解电容器	0.47～1000μF	6.3～160
瓷介微调电容器	2/7～7/25pF	250～500
可变电容器	7～1100pF	100以上

3. 电容器容量的识别方法

电容器的标识方法主要有直标法、数码法和色标法3种，下面分别展开介绍。

（1）直标法。

将电容器的容量、耐压及误差直接标注在电容器的外壳上，其中误差一般用字母来表示。

常见的表示误差的字母有 F（±1%）、G（±2%）、J（±5%）和 K（±10%）等。示例如下。

47nJ100	表示	47nF 或 0.047μF，误差为±5%，耐压为 100V
100	表示	100pF
0.039	表示	0.039μF

当电容器所标容量没有单位时，在读取其容量时可遵循以下原则。

① 当容量为 $1\sim10^4$ 时，读作皮法。例如，470 读作 470 皮法。

② 当容量大于 10^4 时，读作微法。例如，22000 读作 0.022 微法。

（2）数码法。

用 3 位数字来表示容量的大小，单位为 pF。前两位为有效数字，第三位表示倍率，即乘以 10^i，i 的取值范围是 $1\sim9$，其中，9 表示 10^{-1}。例如，103 表示 10000pF 或 0.01μF；229 表示 2.2pF，具体示例如图 5-10 所示。

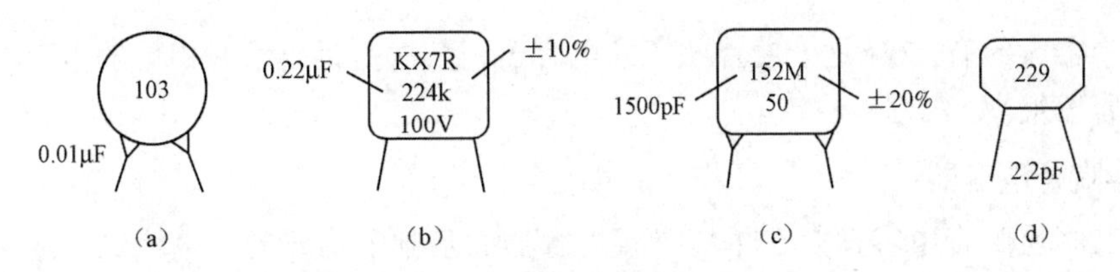

图 5-10 电容器的数码表示法

（3）色标法。

这种表示法与电阻器的色环表示法类似，其颜色所代表的数字与电阻色环完全一致，单位为 pF。色标法分为四环色标法和五环色标法。

在四环色标法中，第一、二环表示有效数值，第三环表示倍乘数，第四环表示允许偏差（普通电容器）。在五环色标法中，第一、二、三环表示有效数值，第四环表示倍乘数，第五环表示允许偏差（精密电容器）。色标法示例如图 5-11 所示。

对于圆片或矩形片状电容器，读码方向从顶部向引脚方向读（注意色环宽度为其他颜色的两倍，表示相同颜色的两个色环），距离其他环较远的那个环代表电容特性或工作电压。

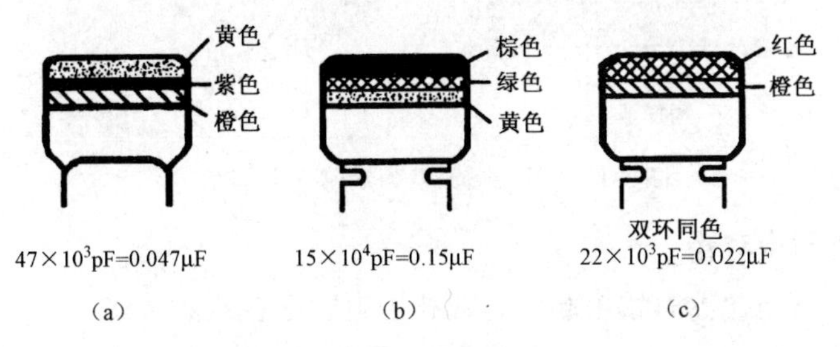

图 5-11 电容器的色标表示法

5.2.3 电容器的选用及性能检测

1. 电容器的合理选用

电容器的种类繁多，性能指标各异，合理选用电容器对产品设计十分重要。对于要求不高的电路，可选用低频瓷介电容；对于要求较高的中高频、音频电路，可选用涤纶电容或聚苯乙烯电容；对于高频电路，一般选用高频瓷介或云母电容；对于电源滤波、退耦、旁路等电路，可选用铝电解或钽电解电容器。

2．电容器的质量判别

电容器在使用前应对其漏电情况进行检测。容量为1～100μF的电容器用R×1k挡检测；容量大于100μF的电容器用R×10k挡检测。具体方法如下：将万用表两表笔分别接在电容器的两端，指针应先向右摆动，然后回到“∞”位置附近，将表笔对调后重复上述过程。若指针距“∞”处很近或指在“∞”位置，则说明漏电电阻大，电容器性能好；若指针距“∞”处较远，则说明漏电电阻小，电容器性能差；若指针在“0”处始终不动，则说明电容器内部短路。对于5000pF以下的小容量电容器，由于容量小、充电时间快、充电电流小，用万用表的高阻挡也看不出指针摆动，可借助电容表直接测量其容量。

5.2.4 片状电容器

片状电容器大约有 80%是多层片状瓷介电容器，其次是铝电解和钽电解电容器，有机薄膜和云母电容器很少。

1．多层陶瓷电容器

表面组装多层陶瓷电容器是在单层盘状电容器的基础上构成的，电极深入电容器内部，并与陶瓷介质相互交错。多层陶瓷电容器简称MLC，通常为无引脚矩形结构，其外形尺寸与片状电阻器大致相同，也采用长×宽表示。

MLC所用介质有COG、X7R、Z5V等多种类型，它们有不同的容量范围和温度稳定性，以COG为介质的电容器温度特性较好。

MLC外层电极与片式电阻器相同，也采用三层结构，即Ag-Ni/Cd-Sn/Pb，其外形和结构如图5-12所示。

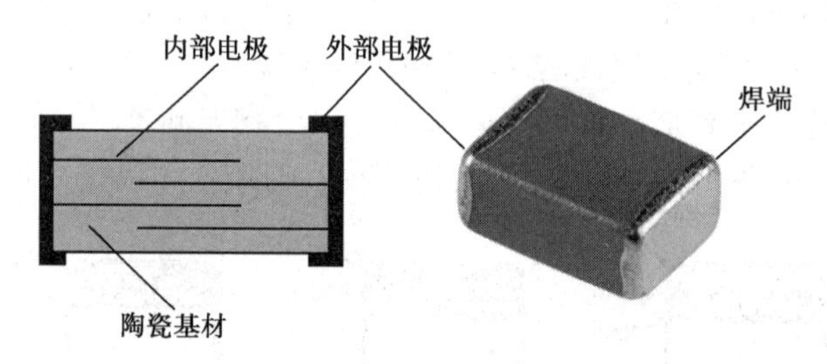

图5-12 多层陶瓷电容器的外形和结构

2．表面安装电解电容器

常见的SMC电解电容器有铝电解电容器和钽电解电容器两种。

（1）铝电解电容器。

铝电解电容器的容量和额定工作电压的范围比较大，因此做成贴片形式比较困难，一般采用异形结构，其主要应用于各种消费类电子产品中，价格较低。按照外形和封装材料不同，铝电解电容器可分为矩形（树脂封装）和圆柱形（金属封装）两类，实际生产中以圆柱形为主。

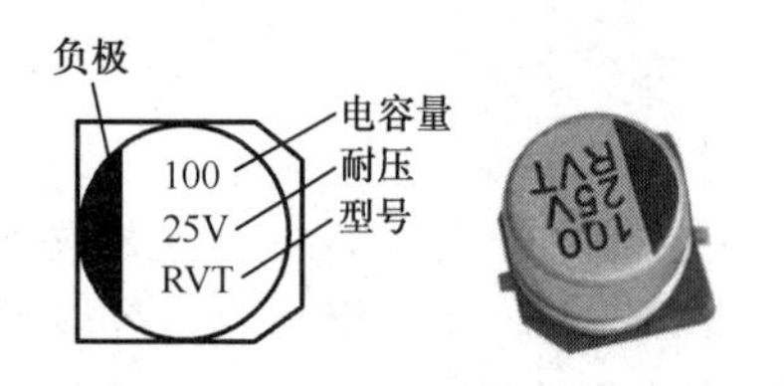

图5-13 铝电解电容器的外形及标注

铝电解电容器的电容值和耐压值在其外壳上均有标注，外壳上的深色标记代表负极，如图5-13所示。

（2）钽电解电容器。

固体钽电解电容器的性能优异，是所有电容器中体积小且能达到较大容量的产品，因此易于制成适于表面贴装的小型和片状形式。

目前，钽电解电容器主要包括烧结型固体、箔形卷绕固体、烧结型液体3种，其中烧结型固体约占目前生产总量的95%以上，这种电容器又以非金属密封型的树脂封装式为主体。钽电解电容器的电容值及耐压值在其外壳上均有标注，外壳上的颜色标记代表正极，如图5-14所示。

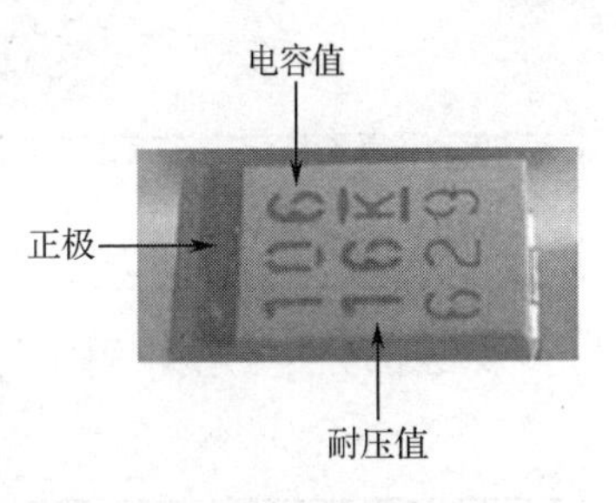

图5-14　钽电解电容器的外形及标注

5.3　半导体器件及集成电路

5.3.1　晶体二极管

1．种类及特性

晶体二极管（简称二极管）是一种具有单向导电性的半导体器件，由一个PN结加上相应的电极引线和密封壳构成，广泛应用于电子产品中，具有整流、检波及稳压等作用。

二极管的种类很多，形状各异。按用途不同分为整流、检波、稳压、发光、开关和光电二极管；按材料不同分为锗二极管、硅二极管和砷化镓二极管；按结构不同分为点接触和面接触二极管。此外，还有变容二极管、肖特基二极管、双向触发二极管和精密二极管等。常见二极管的外形及电路符号如图5-15和图5-16所示。

图5-15　常见二极管的外形

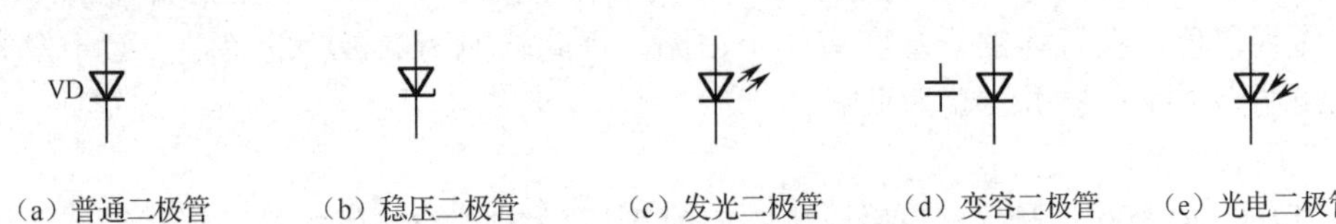

图5-16　常见二极管的电路符号

2．型号

国产二极管的型号由5部分组成，其意义如下。

第一部分用数字2表示二极管。

第二部分是材料和极性，用字母表示，不同字母表示的含义见表5-6。

表 5-6　二极管材料和极性部分字母含义

字　母	A	B	C	D
含　义	N 型　锗材料	P 型　锗材料	N 型　硅材料	P 型　硅材料

第三部分是类型，用字母表示，不同字母表示的含义见表 5-7。

表 5-7　二极管类型部分字母含义

字　母	含　义	字　母	含　义	字　母	含　义
P	普通二极管	L	整流堆	U	光电二极管
W	稳压二极管	S	隧道二极管	K	开关二极管
Z	整流二极管	N	阻尼二极管	V	微波二极管

第四部分是序号，用数字表示。

第五部分是规格，用字母表示。

例如：2AP9 表示锗材料，N 型普通二极管，产品序号为 9。

2CK71 表示硅材料，N 型开关二极管，产品序号为 71。

3．主要参数

（1）最大整流电流 I_F。

I_F 是二极管长期连续工作时允许通过的最大正向平均电流，使用时应注意，通过二极管的平均电流不能大于这个值，否则将导致二极管损坏。

（2）最大反向电压 V_{RM}。

V_{RM} 指允许加在二极管上的反向电压最大值。二极管反向电压的峰值不能超过 V_{RM}，否则反向电流增大，特性变坏。通常，V_{RM} 为反向击穿电压的 1/3～1/2。

二极管还有反向饱和电流、结电容和反向恢复时间等参数。对于普通整流电路，一般不需要考虑这些参数，对于开关二极管，因工作于脉冲电路中，需特别注意选用反向恢复时间短的二极管。若工作电流较大，还需注意二极管的额定功率。

4．检测方法与极性识别

（1）外观识别。

一般情况下，二极管外壳上印有标志的一端为二极管的负端，另一端为正端。例如，1N4001 二极管管体为黑色，在管体的一端印有一个白圈，则此端即为二极管的负端。对于发光二极管，长引线端为正端，短引线端为负端。

（2）万用表检测。

用万用表的 R×100 挡和 R×1k 挡检测，如图 5-17 所示。检测方法是：将指针式万用表的两表笔分别接触二极管两端，读出阻值；将两表笔交换后再次测量，读出阻值。对于性能好的二极管，两次阻值测量结果相差很大，阻值小的一次，黑表笔所接为二极管的正端，红表笔接的一端为负端。阻值小的常称为正向电阻，阻值大的常称为反向电阻。通常，硅二极管的正向电阻为数百至数千欧，反向电阻在 1MΩ以上。锗二极管的正向电阻为几百欧到两千欧，反向电阻为几百千欧（视表内电池电压而定）。若实测过程中两次阻值全为 0，则说明二极管已击穿；若两次测量阻值均为无穷大，则说明二极管已断路；若两次测量阻值相差不大，则说明二极管性能不良。

（a）万用表反向测量二极管示意图及万用表显示情况

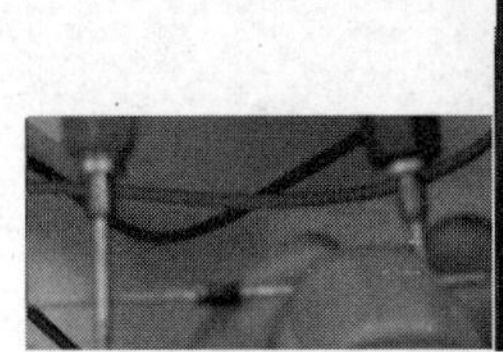
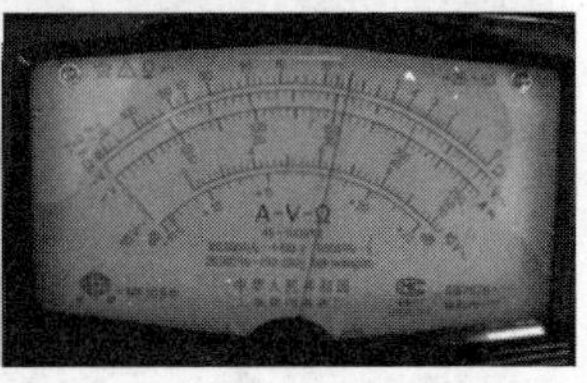

（b）万用表正向测量二极管示意图及万用表显示情况

图 5-17 用万用表检测二极管的极性

若采用数字万用表进行检测，则可以直接使用数字万用表的二极管挡。对于硅二极管，当红表笔接于管子的正端，黑表笔接于负端时，此时若显示值为 500～700，则表明二极管正常；当将表笔交换再次测量时，此时应无数字显示。对于锗二极管，当红表笔接于管子正端，黑表笔接于负端时，显示值应小于 300。若两次测量均无显示值，则说明二极管断路；若两次测量显示值均为零，则说明二极管已被击穿。

5. 常用二极管

（1）整流二极管。

整流二极管属于硅材料、面接触型二极管，其特点是工作频率低、允许通过的正向电流大、反向击穿电压高。国产的整流二极管有 2CZ、2DZ 等型号；进口的整流二极管有 1N4004、1N4007 和 1N5401 等型号。

整流二极管不仅有硅管和锗管之分，而且还有低频和高频、大功率和中（小）功率之分。硅管具有良好的温度特性及耐压性能，故使用较多。高频整流管也称快速恢复二极管，主要用在频率较高的电路中，如计算机主机箱中的开关电源、电视机中的开关电源等。

（2）稳压二极管。

稳压二极管又称齐纳二极管，是一种用于稳压、工作于反向击穿状态的特殊二极管。稳压二极管是以特殊工艺制造的面接触型二极管，它是利用 PN 结反向击穿后，在一定反向电流范围内，反向电压几乎不变的特点进行稳压的。国产稳压二极管主要有 2CW 和 2DW 等系列；进口稳压二极管有 1N752 和 1N962 等型号，它们的稳压值可查阅相关手册或通过晶体管特性图示仪测量。

（3）变容二极管。

变容二极管是一种结电容随其两端的反向偏压变化而变化的二极管，反向偏压越大，电容量越小，当反向偏压趋近于零时，电容量最大。国产变容二极管主要是 2CC 系列。变容二极管广泛应用于电调谐器中，如具有自动搜索电台功能的收音机就采用了变容二极管。

5.3.2 晶体三极管

1. 种类及特性

晶体三极管简称三极管，由两个背靠背排列的 PN 结加上相应的引出电极引线和密封壳组成。三极管具有电流放大作用，可组成放大、振荡及各种功能的电子电路。

三极管的种类很多，按半导体材料和导电极性不同分为NPN硅管、PNP硅管、NPN锗管、PNP锗管；按结构不同分为点接触型和面接触型；按功率不同分为小功率、中功率和大功率三极管；按功能和用途不同分为放大管、开关管、达林顿管；按频率不同可分为低频管、高频管和超高频管等。常见三极管的外形及电路符号如图5-18和图5-19所示。

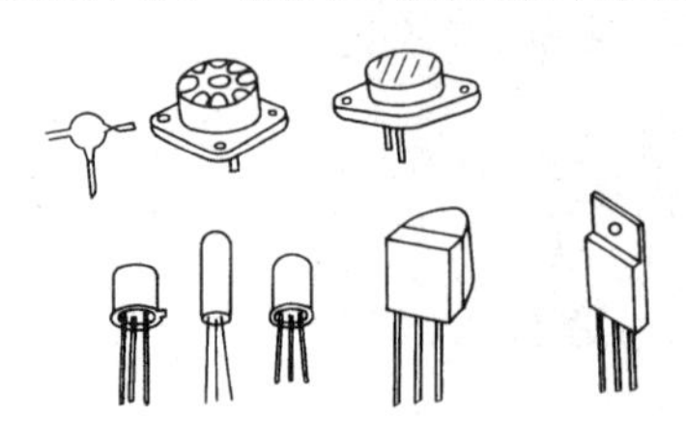

图5-18　常见三极管的外形

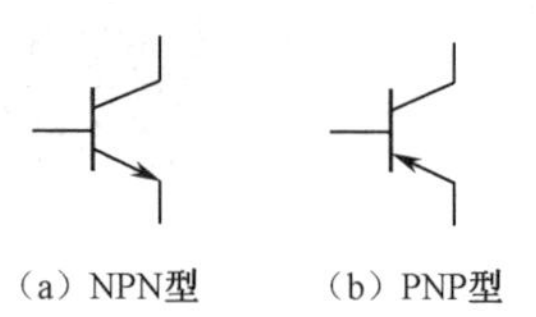

图5-19　三极管电路符号

2．国产三极管的命名方法

国产三极管的型号由5部分组成，其意义如下。

第一部分用数字3表示三极管。

第二部分是材料和极性，用字母表示，各字母的含义见表5-8。

表5-8　三极管材料和极性部分字母含义

字　母	A	B	C	D
含　义	PNP型　锗材料	NPN型　锗材料	PNP型　硅材料	NPN型　硅材料

第三部分是类型，用字母表示，各字母的含义见表5-9。

表5-9　三极管类型部分字母含义

字　母	含　义
X	低频小功率管 f_a<3MHz，P_c<1W
G	高频小功率管 f_a≥3MHz，P_c<1W
D	低频大功率管 f_a< 3MHz，P_c≥1W
A	高频大功率管 f_a≥3MHz，P_c≥1W

第四部分是序号。

第五部分是规格，如3DG201表示NPN型高频小功率硅管。

3．主要参数

三极管在使用或替换时应考虑以下参数。

（1）电流放大系数β和h_{FE}。

β是三极管的交流电流放大系数，表示三极管对交流信号的电流放大能力。h_{FE}是三极管的直流电流放大系数，在三极管外壳上常用不同颜色的色点表示h_{FE}值的范围，常见色点颜色与值的对应关系见表5-10。

表5-10　三极管色点颜色与h_{FE}的对应关系

色点	棕	红	橙	黄	绿	蓝	紫	灰	白	黑
h_{FE}	5～15	15～25	25～40	40～55	55～80	80～120	120～180	180～270	270～400	400～600

（2）集电极最大电流 I_{CM}。

当 I_C 值较大时，若再增加 I_C，β值就要下降，I_{CM} 是β值下降到额定值的 2/3 时所允许通过的最大集电极电流。

（3）集电极最大功耗 P_{CM}。

这个参数决定了三极管的温升。硅管的最高使用温度约为 150℃，锗管为 70℃，超过这个值，三极管的性能就要变坏，甚至烧毁。

（4）特征频率 f_T。

当晶体管工作频率超过一定值时，β值开始下降，当β=1 时，所对应的频率称为特征频率。

4．引脚识别

三极管的引脚排列多种多样，要想正确使用三极管，必须识别出它的 3 个电极。有些三极管可通过外观直接判断出它的 3 个电极，但大部分三极管只能通过万用表或相应的仪器才能找出它的 3 个电极。

（1）外观判别法。

有些金属壳封装的三极管可通过其外观直接判断它的 3 个电极，如图 5-20 所示。对于图 5-20（a）所示三极管，观察者面对管底，由定位标志起按顺时针方向，引脚依次为发射极 E、基极 B、集电极 C、接地线 D。对于图 5-20（b）所示三极管，观察者面对管底，令引脚处于半圆的上方，按顺时针方向引脚依次为发射极 E、基极 B、集电极 C。对于图 5-20（c）所示三极管，观察者面对管底，令两引脚位于左侧，则上边的引脚为发射极 E，下边的引脚为基极 B，外壳为集电极 C。

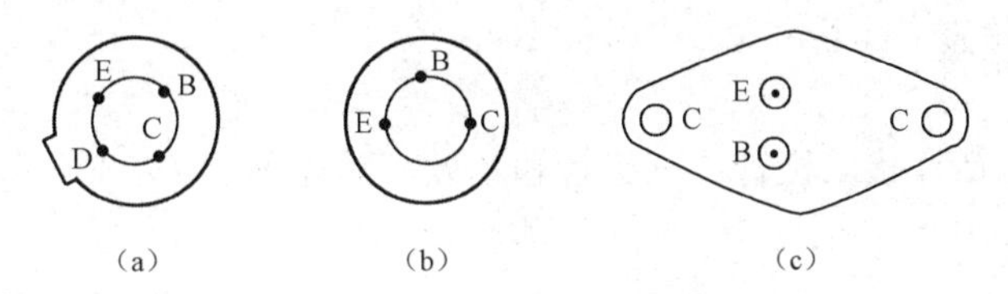

图 5-20 三极管引脚识别

（2）用万用表判别三极管的 3 个电极。

① 基极的判别。如图 5-21 所示，将万用表置于 R×1k 挡，用黑表笔接某一引脚，并假定此引脚为基极，用红表笔分别接触另外两个引脚。若两次测得的阻值都很小（约几千欧），则黑表笔所接的引脚为基极，假定正确，且说明此管为 NPN 管；若两次测得的阻值都很大（约几百千欧至无穷大），再用红表笔接在这个假定的基极上，用黑表笔分别接触另外两个引脚，当两个阻值都很小（约几千欧）时，此时红表笔所接为基极，此管为 PNP 管。若不符合上述情况，则再进行假定，直到出现上述情况为止。若 3 个引脚均被假定，仍不出现上述情况，则说明此三极管已损坏。

② 集电极 C 和发射极 E 的判别（以 NPN 管为例）。如图 5-22 所示，先假定一引脚为集电极并与黑表笔相接，红表笔接另一个引脚，用手指捏住基极和集电极，观察指针摆动幅度，交换表笔后重复上述过程。指针摆动幅度较大的一次，黑表笔所接为集电极，红表笔所接为发射极。

对于数字万用表，可先用二极管挡找出基极 B，并确定管子的极性（NPN 型或 PNP 型），然后用 h_{FE} 挡直接测量，h_{FE} 值较大的一次，集电极和发射极所接位置正确。

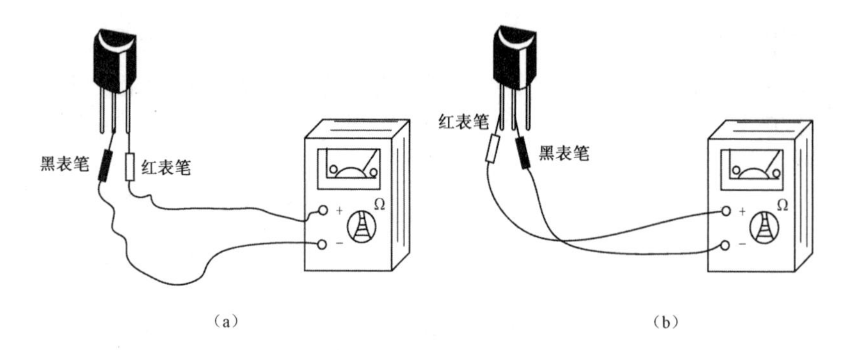

图 5-21　三极管基极判别示意图

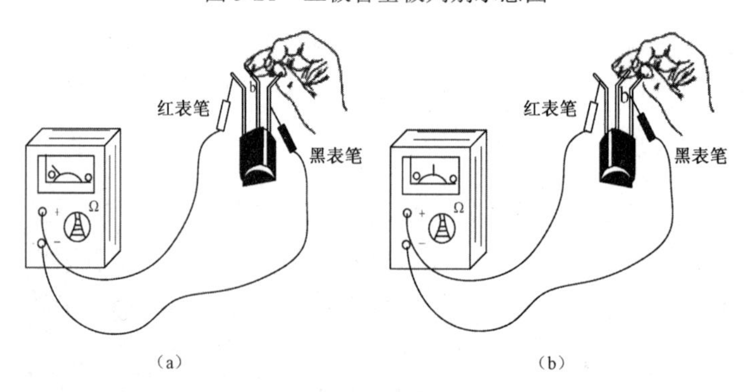

图 5-22　三极管集电极判别示意图

5.3.3　片状分立器件

片状分立器件包括片状二极管、三极管和场效应晶体管。

1．SMD 二极管

SMD 二极管有无引线柱形玻璃封装和片状塑料封装两种类型。无引线柱形玻璃封装二极管是将管芯封装在细玻璃管内，两端以金属帽为电极，如图 5-23 所示。常见的有稳压、开关和通用二极管，功耗一般为 0.5～1W。外形尺寸有 ϕ1.5mm×3.5mm 和 ϕ2.7mm×5.2mm 两种。

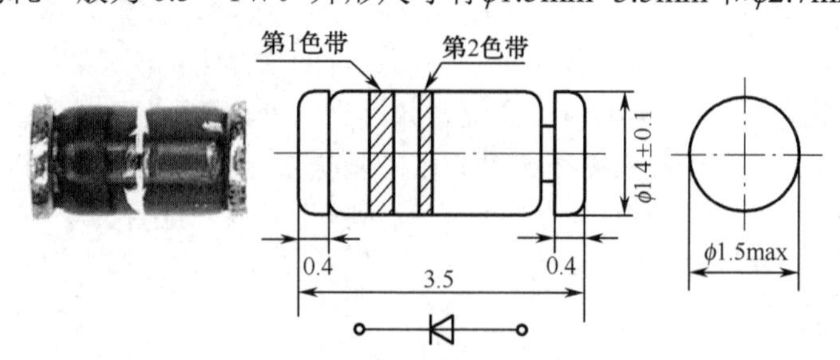

图 5-23　无引线柱形二极管外形及尺寸

图 5-24　矩形片状二极管外形

塑料封装二极管一般做成矩形片状，额定电流为 150mA～1A，耐压为 50～400V，外形尺寸为 3.8mm×1.5mm×1.1mm。图 5-24 所示为矩形片状二极管的外形。片状二极管的测量方法与直插封装的二极管测量方法一样。

2. SMD 三极管

晶体管采用带有翼形短引线的塑料封装形式，即 SOT 封装。可分为 SOT-23、SOT-89、SOT-143、SOT-252 几种尺寸结构，其外形如图 5-25 所示。产品有小功率管、大功率管、场效应管和高频管几个系列。

SOT-23 是通用的表面组装晶体管，SOT-23 有 3 条翼形引脚。

SOT-89 适用于较高功率的场合，它的 3 个电极从管子的同一侧引出，管子底面有金属散热片与集电极相连，晶体管芯片粘接在较大的铜片上，以利于散热。

SOT-143 有 4 条翼形短引脚，对称分布在长边的两侧，引脚中宽度偏大的是集电极，这类封装常见于双栅场效应管及高频晶体管中。

SOT-252 封装的功耗可达 2～50W，两条连在一起的引脚或与散热片连接的引脚是集电极。

到目前为止，SMD 分立器件封装类型及产品已有 3000 多种，不同厂商生产的产品的电极引出方式略有差别，在选用时必须查阅手册资料，但产品的极性排列和引脚距基本相同，具有互换性。电极引脚数目较少的 SMD 分立器件一般采用盘状纸编带包装。

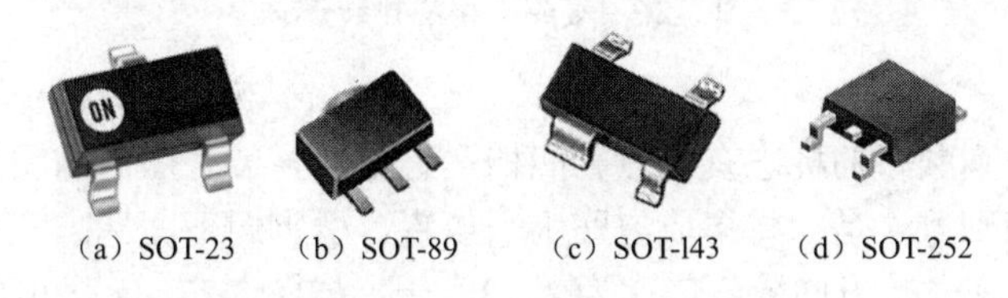

（a）SOT-23　（b）SOT-89　（c）SOT-143　（d）SOT-252

图 5-25　SOT 封装晶体管的外形

5.3.4　集成电路

集成电路是利用半导体工艺和薄膜工艺将一些晶体管、电阻、电容、电感及连线等制作在同一硅片上，成为具有特定功能的电路，并封装在特定的管壳中。与分立元器件相比，集成电路具有体积小、质量轻、成本低、耗电少、可靠性高和电气性能优良等突出优点。

1. 集成电路的分类

集成电路按其结构和工艺方法的不同，可分为半导体集成电路、薄膜集成电路、厚膜集成电路和混合集成电路。

按功能不同，可分为模拟集成电路和数字集成电路。模拟集成电路分为线性和非线性两种，其中线性集成电路包括直流运算放大器、音频放大器等。

按集成度不同，可分为小规模（SSI）、中规模（MSI）、大规模（LSI）和超大规模（VLSI）集成电路。

按导电类型不同，可分为双极型和单极型集成电路。双极型集成电路工作速度快，但功耗较大，而且制造工艺复杂，如 TTL（晶体管-晶体管逻辑）和 ECL（高速逻辑）集成电路。单极型集成电路工艺简单，功耗小，但工作速度慢，如 CMOS、PMOS 和 NMOS 集成电路。

2. 集成电路的封装与引脚识别

（1）封装形式。

集成电路的封装形式分为圆形金属外壳封装、扁平形陶瓷或塑料外壳封装、双列直插式陶瓷或塑料封装、单列直插式封装等，如图 5-26 所示。

其中，单列直插式和双列直插式较为常见。陶瓷封装散热性能差，体积小，成本低。金属封装散热性能好，可靠性高，但安装和使用不够方便，成本高。塑料封装的最大特点是工艺简单，成本低，因而被广泛使用。

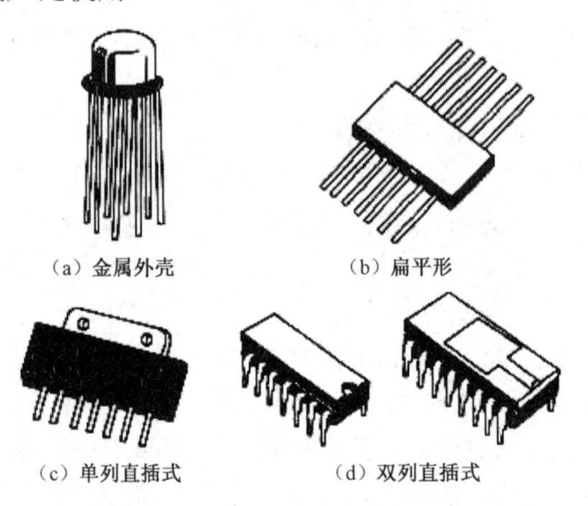

图 5-26　集成电路的封装形式

（2）引脚识别。

集成电路引脚排列顺序的标志有色点、凹槽、管键及封装时压出的圆形标志。对于双列直插式集成块，引脚识别方法是：将集成电路水平放置，引脚向下，标志朝左边，左下角第一个引脚为 1 脚，然后按逆时针方向数，依次为 2、3、…，如图 5-27（a）和图 5-27（c）所示。

对于单列直插式集成电路，令引脚向下，标志朝左边，从左下角第一个引脚到最后一个引脚依次为 1、2、3、…，如图 5-27（b）所示。

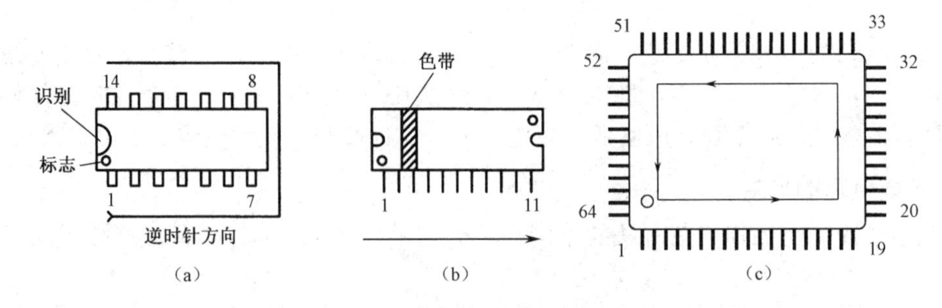

图 5-27　集成电路引脚排列识别

3. 使用注意事项

集成电路是一种结构复杂、功能多、体积小、价格贵、安装与拆卸复杂的电子器件。在选购、检测和使用时应十分小心，以免造成不必要的损失，具体的使用注意事项如下所述。

① 集成电路在使用时不允许超过极限参数。

② 集成电路内部包含几千甚至上万个 PN 结，因此，它对工作温度很敏感，其各项指标都是在 27℃以下测出的，故环境温度过高或过低都不利于其正常工作。

③ 当手工焊接集成电路时，不得使用功率大于 45W 的电烙铁，连续焊接时间不能超过 10s。

④ MOS 集成电路要防止静电感应击穿。焊接时，要保证电烙铁外壳可靠接地，若无接地线，可将电烙铁电源拔下，利用余热焊接。必要时焊接者还应带上防静电手环，穿防静电服装和防静电鞋。在存放 MOS 集成电路时，必须将其收藏在金属盒内或用金属箔包起来，防止外界电场将其击穿。

5.3.5 片状集成电路

与传统集成电路相比，片状集成电路具有引脚间距小、集成度高的优点，被广泛用于各类电子产品中。

片状集成电路的封装有两种形式：小型封装和矩形封装。小型封装包括 SOP 和 SOJ 封装，如图 5-28 所示。SOP 封装电路的引脚为“L”形，其特点是引线容易焊接，在生产过程中检测方便，但占用印制电路板面积大。SOJ 封装电路的引脚为“J”形，其特点是占用印制电路板面积小，因此应用较为广泛。以上两种封装电路的引脚间距大多为 1.27mm、1.0mm 和 0.76mm。

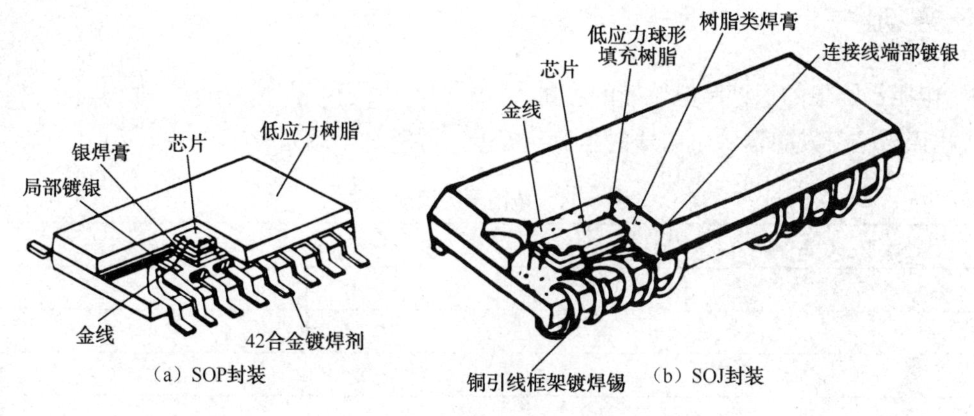

图 5-28 SOP 和 SOJ 封装

矩形封装包括 QFP 封装和 PLCC 封装两种。QFP 封装采用四边出脚的“L”形引脚，如图 5-29 所示，引脚间距有 0.254mm、0.3mm、0.4mm、0.5mm 四种。PLCC 封装采用四边出脚的“J”形引脚，如图 5-30 所示，它与 SOP、QFP 封装相比更节省印制板的面积，但这种电路焊接到印制电路板上后检测焊点较为困难，维修拆焊更为困难。

图 5-29 QFP 封装

图 5-30 PLCC 封装

除了以上封装形式，还有 COB 封装、BGA 封装。COB 封装就是通常所说的“软”封装、“黑胶”封装，如图 5-31 所示。它将 IC 芯片直接粘在印制板上，用引脚来实现其与印制板的连接，最后用黑胶包封。这类电路成本低，主要用于电子表、游戏机、计算机等电子产品中。

BGA 封装是将 QFP 或 PLCC 封装的“L”形或“J”形引脚改变为球形引脚，并将球形引脚置于电路底面，不再从四边引出，如图 5-32 所示。它的引脚间距有 3 种：1.0mm、1.27mm、1.5mm。

图 5-31　COB 封装

图 5-32　BGA 封装

任务实施

1．电阻器阻值的识读和电位器的测量

读出函数信号发生器中电阻器的阻值和误差，并将结果填入表 5-11 中。

表 5-11　电阻器的识读结果

色 环 颜 色	标 称 阻 值	误　　差

给定函数信号发生器中的电位器，用万用表测量固定端之间的阻值，观察固定端与滑动端之间的阻值变化，并将结果填入表 5-12 中。

表 5-12　电位器的测量

固定端间的阻值	固定端与滑动端间的变化情况		性能分析
	阻值平稳变化	阻值突变	

2．电容器的容量识别

给定函数信号发生器中的电容器，读出容值及耐压，将结果填入表 5-13 中。

表 5-13　电容器的识读结果

电容器的标识内容	标 称 容 量	耐　　压

3．二极管的测量

给定整流管 1N4007、稳压管 1N4731、开关管 1N4148，测量它们的质量及极性，将结果填入表 5-14 中。

表 5-14 二极管的测量

器件名称	万用表挡位	测量数据		引脚判别	二极管质量判别
		正向电阻	反向电阻		
1N4007					
1N4731					
1N4148					

任务总结

电子元器件的质量直接影响产品的质量，在整机焊接前，应首先进行元器件的质量识别。掌握正确的识别、测量方法十分重要。

思考与练习

5.1 常见电阻器的类型有哪些，各自的特点是什么？

5.2 根据色环读出下列电阻器的阻值及误差。

棕红黑金　　黄紫橙银　　绿蓝黑银棕　　棕灰黑黄绿

5.3 根据阻值及误差，写出下列电阻器的色环。

（1）用四色环表示下列电阻：6.8kΩ±5%，39MΩ±5%。

（2）用五色环表示下列电阻：390Ω±1%，910kΩ±0.1%。

5.4 电位器的阻值变化有哪几种形式？每种形式适用于何种场合？在使用前如何检测其好坏？

5.5 请写出下列符号所表示的片状电阻器的阻值。

（1）103　（2）2203　（3）100R0

5.6 请写出下列符号所表示的电容量。

（1）220　（2）0.022　（3）332　（4）569　（5）4n7

5.7 怎样用万用表检测电解电容器的质量？

5.8 常用的二极管有哪几种，各自的特点是什么？

5.9 请写出下列二极管型号的含义。

（1）2CW52　（2）2AP10　（3）2CU2　（4）2DW7C

5.10 请写出下列三极管型号的含义。

（1）3AX31　（2）3DG201　（3）3DD15A

5.11 如何用万用表判别三极管的 3 个电极（以 PNP 型为例）。

5.12 什么是 SMT、SMC、SMD？表面安装元器件有哪些优点？

5.13 如何用万用表测量片状二极管的正负极？

5.14 比较 SOJ、SOP、QFP、PLCC、BGA、COB 等封装形式，指出它们的不同之处。

第 6 章

电子整机的安装与调试

本章介绍了函数信号发生器的安装、整机调试及故障排除方法和要求，引入了 IPC 标准中的焊接方法和工艺要求，培养学生具有不断提升电子产品工艺和质量的意识，具有精益求精的工匠精神。

任务六　函数信号发生器的安装与调试

任务目标

① 能够按照焊接规范、参照电路原理图在 PCB 上焊接元器件。

② 能够完成外接元件的组装和电路板的定位安装。

③ 能够熟练利用万用表、示波器等电子测量仪器进行电子产品基本参数的测量，能够根据测量结果进行调试以满足设计要求。

任务要求

① 会使用电烙铁按照工艺要求焊接元器件，并保证无漏焊、虚焊和错焊。

② 会按照工艺要求加工、焊接导线，并在焊接完成后捆扎导线。

③ 会进行波段开关、双联电位器等面板上元件的安装。

④ 会使用万用表、示波器进行产品的调试。

相关知识

6.1　焊接工艺

6.1.1　手工焊接工具

手工焊接是焊接技术的基础，也是电子产品装配中的一项基本操作技能。电烙铁是手工焊接的基本工具，其作用是加热焊料和被焊金属，使熔融的焊料浸润被焊金属表面并生成合金。随着焊接技术的发展，电烙铁的种类不断增多，有内热式电烙铁、外热式电烙铁、恒温电烙铁和吸锡电烙铁等多种类型。选择合适的电烙铁，是保证焊接质量的基础。

1．电烙铁的结构

电烙铁由烙铁芯、烙铁头、外壳、手柄和接线柱等几部分组成，如图 6-1 所示。

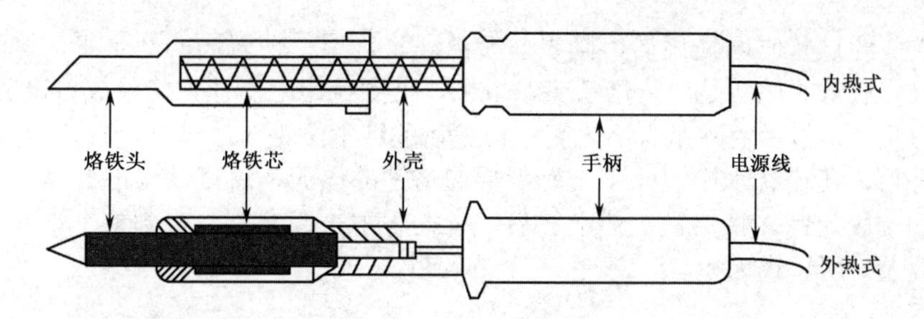

图 6-1　电烙铁的结构

（1）烙铁芯。

烙铁芯是能量转换部分的发热元件，它由镍铬发热电阻丝缠在云母、陶瓷等耐热、绝缘材料上构成。在电子产品中，常用的内热式电烙铁的烙铁芯，是将镍铬电阻丝缠绕在两层陶瓷管之间，再经过烧结制成的。

（2）烙铁头。

烙铁头是存储、传递能量的元件。早期的烙铁头用黄铜制成，并在表面电镀上一层锌。此种烙铁头镀层的保护能力较差。在使用过程中，由于高温氧化和助焊剂的腐蚀作用，烙铁头需要经常清理和修整。

目前的烙铁头由铜、铁、镍、铬、锡 5 种金属材料组成，其中铜是导热体，是烙铁头的主要成分，占 85%左右；铁起抗腐蚀的作用，是影响烙铁头使用寿命的关键因素；镍起镀铁层防锈的作用，而且便于后面镀铬；铬的特点是不粘锡，防止使用时锡粘在烙铁头上；锡在头部，在使用时是粘锡的部位。

电烙铁的功率越大，热量就越大，烙铁头的温度也就越高。焊接印制电路板时一般选用 25W 电烙铁，如果采用功率大的电烙铁，会因烙铁头温度过高而损坏元器件或电路板。如果电烙铁的功率过小，温度过低，则焊锡不能充分熔化，会造成焊点不光滑、不牢固。因此，在焊接时要根据不同的焊接对象选用不同规格的电烙铁。为了保证可靠方便地焊接，必须合理选用烙铁头的形状和尺寸。如图 6-2 所示是常用烙铁头的形状。圆斜面式烙铁头适用于单面板上焊接不太密集的焊点；凿式和半凿式烙铁头用于电气维修工作；尖嘴式和圆锥式烙铁头适用于焊接高密度的焊点和小而怕热的元件；当焊接对象较大时，可以选用适合于大多数情况的斜面复合式烙铁头。

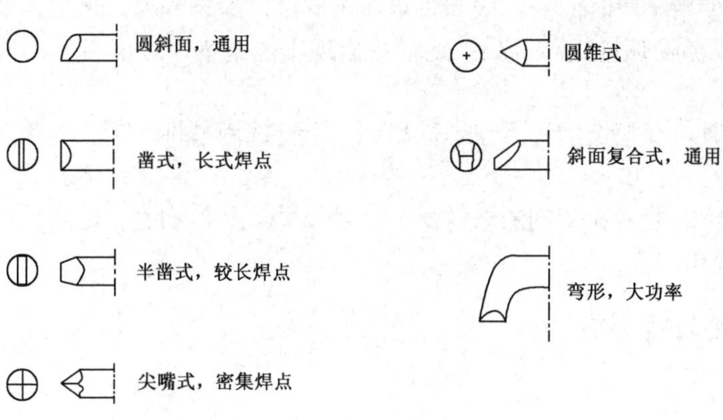

图 6-2　常用烙铁头的形状

纯铜烙铁头经过长时间使用后，其表面会出现氧化层，使表面凹凸不平，这时需要对烙铁头进行修整。通常的做法是：将烙铁头拿下来，夹到台钳上用锉刀修整成自己要求的形状，然后用细锉刀修平，最后用砂纸打磨光亮。修整后的纯铜烙铁头应该立刻镀锡，具体方法是：将烙铁头装好后，在松香水中浸一下，然后接通烙铁的电源，待烙铁温度升高后，在木板上放一些松香和一段焊锡，将烙铁头沾上锡后，在松香中来回摩擦，直到整个烙铁头的修整面上均匀地涂敷上一层焊锡为止。

（3）手柄。

电烙铁的手柄一般用木料或胶木制成。如果设计不良，手柄温度过高会影响操作。

（4）接线柱。

接线柱是烙铁芯和电源线的连接处。必须注意的是，电烙铁一般都有 3 个接线柱，其中一个接金属外壳，接线时应该用三芯线将外壳接保护零线。

2. 电烙铁的分类

电烙铁根据用途、结构的不同，有以下几种分类。

按照加热方式不同，分为直热式、感应式、调温式等。

按照功能不同，分为单用式、两用式、调温式、恒温式等。

按照消耗功率不同，分为 20W、30W、…、50W 等。

3. 电烙铁的使用方法

为了能够顺利而安全地进行焊接操作，延长电烙铁的使用寿命，在操作时应当注意以下几点。

① 合理使用电烙铁。初次使用电烙铁时一定要将电烙铁头浸上一层锡。焊接时要使用松香或助焊剂。擦拭烙铁头时要用浸水海绵或湿布，不能用砂纸或锉刀打磨烙铁头。焊接结束后不要擦去烙铁头上的焊料。在使用过程中，要轻拿轻放，不能任意敲击，以免损坏电烙铁的内部发热部件。

② 电烙铁的外壳要接地。长时间不用时，应切断电源。定期检查电源线是否短路。

③ 在使用外热式电烙铁时，要经常清理电烙铁壳体内的氧化物，防止烙铁头卡死在壳体内。

④ 旋转电烙铁木柄盖时，不可以使电源线随着木柄盖扭转，以免将电源线接头部位损坏，造成短路。

⑤ 电烙铁在使用一段时间后，应当将烙铁头取出，除去外表氧化层，取烙铁头时切勿用力扭动烙铁头，以免损坏烙铁芯。如果烙铁头出现不能上锡（“烧死”）的现象，应对烙铁头进行修整后再使用。

⑥ 使用焊剂时，一般选用松香或中性焊剂，不宜选用酸性焊剂，以免腐蚀电子元器件及烙铁头与发热器件。

⑦ 电烙铁工作时要放在特制的烙铁架上，以免烫坏其他物品。电烙铁一般应放在工作台的右上方，以便操作。

6.1.2 手工焊接与拆焊方法

1. 手工焊接方法

（1）焊锡与助焊剂。

焊接时所用焊锡称为共晶焊锡。在共晶焊锡中，锡的占比为 63%，铅的占比为 37%，熔

点为 183℃。助焊剂在焊接过程中用于去除被焊金属表面的氧化层，增强焊锡的流动性，使焊点美观。常用的助焊剂有松香和松香酒精助焊剂两种。焊接时，选用的焊锡丝的直径以焊盘直径的 1/2 为宜。

（2）焊接方法。

若使用恒温电烙铁和共晶焊锡丝，应将电烙铁的温度设置在 315℃左右。在焊接前，电烙铁的握法和焊锡丝的拿法如图 6-3 所示。具体的焊接步骤如下。

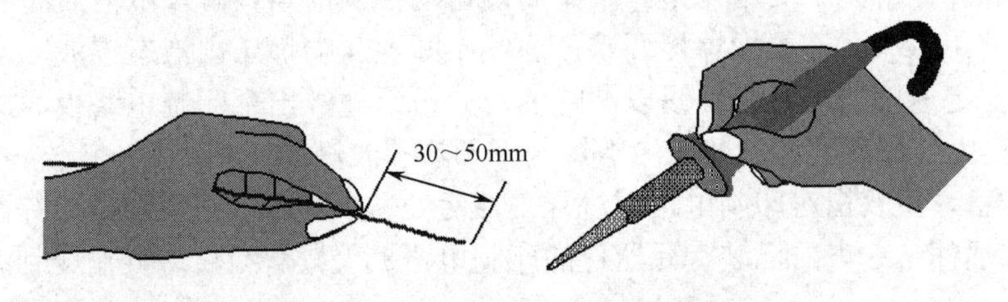

图 6-3 电烙铁的握法和焊锡丝的拿法

① 将待焊元器件的引脚插入印制电路板的焊接位置，调整好元器件的高度。

② 右手握住电烙铁，将烙铁头的刃口放在元器件引线和焊盘的连接点上，如图 6-4（a）所示。

③ 左手捏住焊锡丝，将焊锡丝施加于连接点上，形成热桥，如图 6-4（b）所示。

④ 移动焊锡丝到烙铁头的对面，熔化的锡朝热方向移动，形成焊点。焊锡适量后（根据焊点大小），立即移开焊锡丝。

⑤ 待焊锡流满整个焊盘后，向右上方 45° 方向移开电烙铁，如图 6-4（c）所示。

整个焊接过程时间为 3～5s。

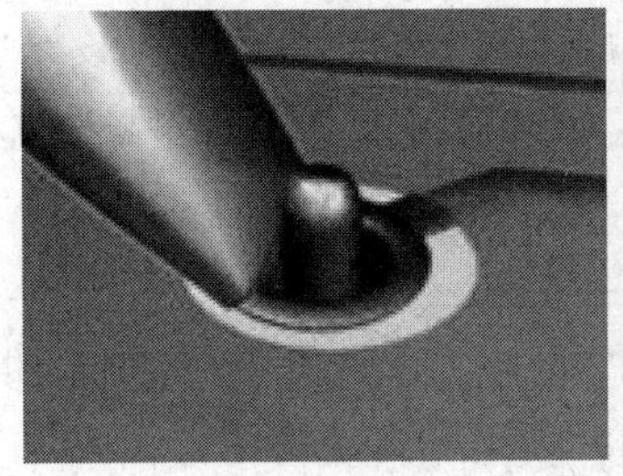

（a）加热焊接

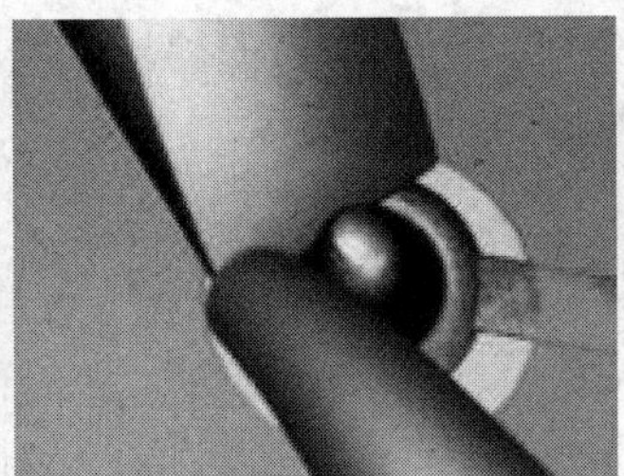

（b）熔锡润湿

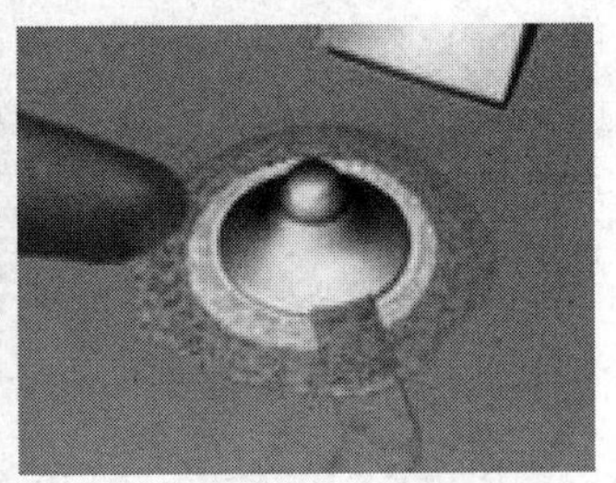

（c）撤离焊锡丝、停止加热

图 6-4 焊接步骤

2．拆焊方法

调试或维修电气线路时，经常要更换一些电子元器件，这就要求操作者要掌握拆焊工艺，如果操作不当，则会损坏印制电路板或电子元器件。

对于电阻、电容、二极管等引脚少的一般电子元件，可直接用电烙铁拆焊，具体方法如图 6-5 所示。先将印制电路板竖起来夹住，以便用电烙铁加热待拆元件的焊点，再用镊子将引脚轻轻拉出。也可采用吸锡烙铁或吸锡材料吸净焊点上的焊锡，完成电子元器件的拆焊。

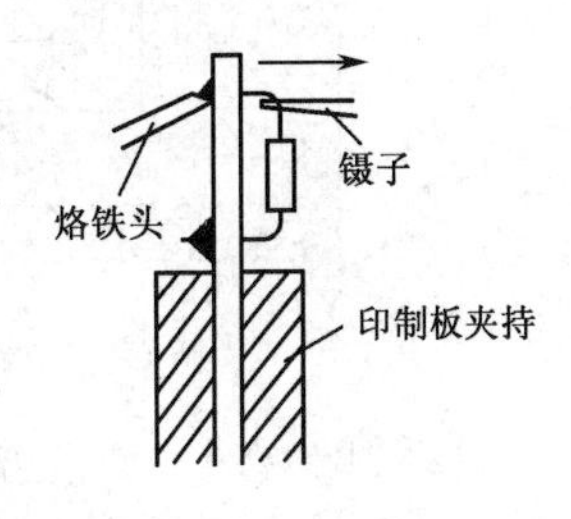

图 6-5 一般元件的拆焊

6.1.3 工业生产焊接技术

1．波峰焊

（1）波峰焊的工艺过程。

波峰焊指的是采用波峰焊接机一次完成印制电路板上全部焊点的焊接，一般用于自动生产线焊接。波峰焊接机的主要结构是一个温度能自动控制的熔锡缸，缸内装有机械泵和具有特殊结构的喷嘴。机械泵能根据焊接要求，连续不断地从喷嘴压出液态锡波，当印制电路板由传送机构以一定速度送入时，焊锡以波峰的形式不断地溢出至印制电路板面进行焊接。波峰焊的工艺流程为：焊前准备→装→涂敷焊剂→预热→波峰焊接→冷却→清洗→卸。

① 焊前准备。主要指对印制电路板进行去油污处理，去除氧化膜和涂阻焊剂。

② 装。从插件台送来的已装有元器件的印制电路板夹具，经传送链输送到波峰焊接机的自动控制器上。

③ 涂敷焊剂。由自动控制器将印制电路板送入波峰焊接机的涂敷焊剂装置上，将焊剂均匀地涂敷到印制电路板上，涂敷的形式有发泡式、喷流式、浸渍式和喷雾式等，其中发泡式是最常用的形式。涂敷的焊剂应注意保持一定的浓度，焊剂浓度过高，印制电路板的可焊性好，但焊剂残渣多，难以清除；焊剂浓度过低，则印制电路板的可焊性变差，容易造成虚焊。

④ 预热。主要指给印制电路板加热，使焊剂活化并减少印制电路板与锡波接触时遭受的热冲击。预热时应严格控制预热温度，预热温度高，会使桥接、拉尖等不良现象减少；预热温度低，对插装在印制电路板上的元器件有益。一般预热温度为 70℃～90℃，预热时间约为40s。印制电路板预热后可提高焊接质量，防止出现虚焊、漏焊。

⑤ 波峰焊接。印制电路板经涂敷焊剂和预热后，由传送带送入焊料槽，印制电路板的板面与焊料波峰接触，完成印制电路板上所有焊点的焊接。波峰焊分为单波峰焊、双波峰焊、多波峰焊和宽波峰焊。其中，单波峰焊示意图如图 6-6 所示，双波峰焊示意图如图 6-7 所示。

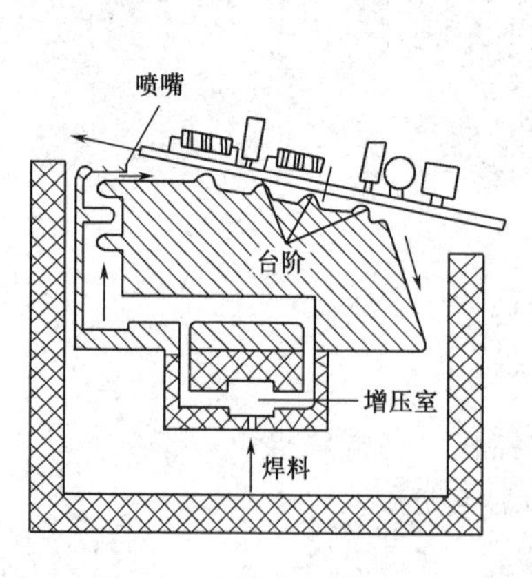

图 6-6　单波峰焊示意图

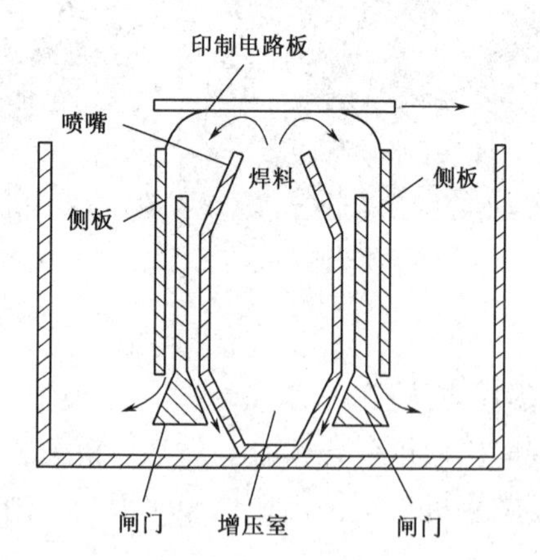

图 6-7　双波峰焊示意图

双波峰焊时，焊接部位先接触第一个波峰，然后接触第二个波峰。第一个波峰是由窄喷嘴喷流出的“湍流”波峰，其流速快，对组件有较高的垂直压力，使焊料对尺寸小、贴装密度高的表面组装元器件的焊端有较好的渗透性，以消除气泡遮蔽效应和阴影效应的影响。经过第一个波峰的产品，因浸锡时间短及产品自身的散热等因素，浸锡后存在着短路、锡多、

焊点光洁度不良及焊接强度不足等问题。

第二个波峰由喷流面较平的宽喷嘴喷流出一个“平滑”的波峰，对浸锡不良进行修正，这个波峰的流动速度慢，有利于形成充实的焊缝，同时也可有效去除焊端上过量的焊料，并使所有焊接面上焊料润湿良好，消除了可能的拉尖和桥接，获得充实、无缺陷的焊缝，最终确保组件焊接的可靠性。

⑥ 冷却。印制电路板焊接后，板面温度很高，焊点处于半凝固状态，轻微的振动都会影响焊接的质量。另外，印制电路板长时间承受高温也会损伤元器件。因此，焊接后必须进行冷却处理，一般采用风冷。

⑦ 清洗。波峰焊接完成后，要对板面残存的焊剂等污物进行及时清洗，否则既不美观，又会影响焊件的电性能。对清洗材料的要求是，只对焊剂的残留物有较强的溶解和去污能力，而对焊点不应有腐蚀作用。目前普遍使用超声波清洗。

⑧ 卸。主要指由自动卸板机装置将清洗好的印制电路板从波峰焊设备上取下并送往硬件装配线。

（2）波峰焊的注意事项。

为提高焊接质量，进行波峰焊时应注意以下几点。

① 按时清除锡渣。熔融的焊料长时间与空气接触会生成锡渣，从而影响焊接质量，使焊点无光泽，所以要定时（一般为 4h）清除锡渣；也可在熔融的焊料中加入防氧化剂，这不仅可以防止焊料氧化，还可以使锡渣还原成纯锡。

② 波峰的高度。焊料波峰的高度最好调节到印制电路板厚度的 1/2～2/3 处。波峰过低会造成漏焊；波峰过高会使焊点堆锡过多，甚至烫坏元器件。

③ 焊接速度和焊接角度。传送带传送印制电路板的速度应保证印制电路板上每个焊点在焊料波峰中的浸渍有必需的最短时间，以保证焊接质量；同时又不能使焊点浸在焊料波峰里的时间太长，否则会损伤元器件或使印制电路板变形。焊接速度可以调整，一般控制在 0.3～1.2m/min 为宜。印制电路板与焊料波峰的倾角约为 6°。

④ 焊接温度。一般指喷嘴出口处焊料波峰的温度，焊接温度通常应控制在 230℃～260℃，夏天可偏低一些，冬天可偏高一些，随印制电路板板质的不同可略有差异。

⑤ 为了保证焊点质量，不允许用机械的方法去刮焊点上的焊剂残渣或污物。

2．再流焊

（1）再流焊的原理。

再流焊操作方法简单，效率高，质量好，一致性好，节省焊料（仅在元器件的引脚下有很薄的一层焊料），是一种适于自动化生产的电子产品装配技术。再流焊工艺目前已经成为表面贴装技术（SMT）的主流。

再流焊的加热过程可以分成预热、保温、回流和冷却 4 个最基本的温度区域，主要有两种实现方法：一种是沿着传送系统的运行方向，让印制电路板顺序通过隧道式炉内的各个温度区域；另一种是将印制电路板停放在某一固定位置上，在控制系统的作用下，按照各个温度区域的梯度规律调节、控制温度的变化。

控制与调整再流焊设备内焊接对象在加热过程中的时间—温度参数关系（简称焊接温度曲线，主要反映印制电路板组件的受热状态），是决定再流焊效果与质量的关键。再流焊的理想焊接温度曲线如图 6-8 所示。

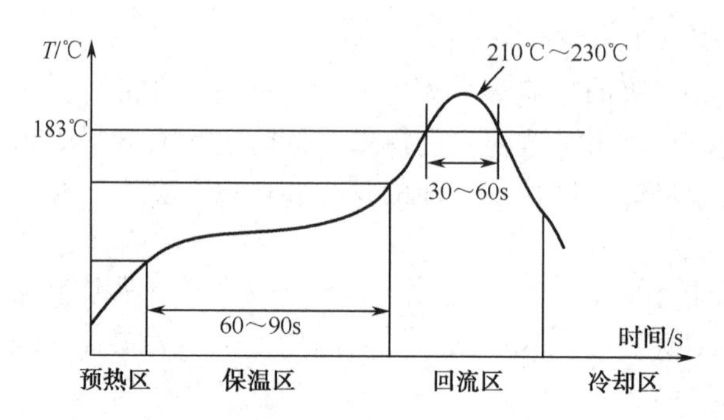

图 6-8　再流焊理想焊接温度曲线

典型的温度变化过程通常由 4 个温区组成，分别为预热区、保温区、回流区与冷却区。

预热区：该区域的目的是把室温的 PCB 尽快加热，但升温速率要控制在适当范围内，如果过快，会产生热冲击，电路板和元件都可能受损；如果过慢，则熔剂挥发不充分，影响焊接质量。通常将上升速率设定为 1～3℃/s。典型的升温速率为 2℃/s。

保温区：指温度从 120℃～150℃升至焊膏熔点的区域，在这个区域内给予足够的时间使较大元件的温度赶上较小元件，并保证焊膏中的助焊剂得到充分挥发，去除焊接对象表面的氧化层。

回流区：温度逐步上升，超过焊膏熔点温度 30%～40%（一般 Sn-Pb 焊锡的熔点为 183℃），峰值温度达到 210℃～230℃的时间短于 30～60s，焊膏完全熔化并湿润元器件焊端与焊盘。这个范围一般被称为工艺窗口。

冷却区：焊接对象迅速降温，降温速率一般为 3～10℃/s，冷却至 75℃即可。

由于元器件的品种、大小与数量不同及印制电路板尺寸等诸多因素的影响，要获得理想的曲线并不容易，需要反复调整设备各温区的加热器，才能达到最佳温度曲线。测定焊接温度曲线是通过温度记录测量仪进行的，这种记录测量仪一般由多个热电偶与记录仪组成，先将参数送入计算机，再用专用软件描绘曲线。

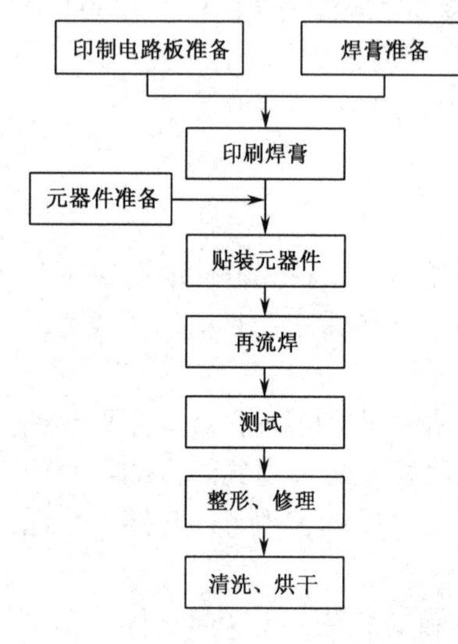

图 6-9　再流焊工艺流程

（2）再流焊的工艺。

再流焊工艺流程如图 6-9 所示。在这个流程中，印刷焊膏、贴装元器件、再流焊是最重要的工艺过程。其中，印刷焊膏要使用丝印机，丝印机有自动和手动两种，目前都在使用。贴装元器件是将元器件贴装在印刷有焊膏的印制电路板上，贴装要求高精度，否则元器件贴不到位，就会形成错焊，因此在生产线上大都采用自动贴片机。再流焊的主要设备是再流焊接机，再流焊接机通过对印制电路板进行符合要求的加热，使焊膏熔化，将元器件焊接在印制电路板上。

再流焊的工艺要求有以下几点。

① 要设置合理的温度曲线，如果温度曲线设置不当，则会引起焊接不完全、虚焊、元器件翘立（“竖碑”现象）及锡珠飞溅等焊接缺陷，影响产品质量。

② SMT 电路板在设计时就要确定焊接方向，并应当按照设计方向进行焊接。一般应该保证主要元器件的长轴方向与印制电路板的运行方向垂直。

③ 在焊接过程中，要严格防止传送带振动。

④ 必须对第一块印制电路板的焊接效果进行判断，检查焊接是否完全、有无焊膏熔化不充分或虚焊和桥接的痕迹、焊点表面是否光亮、焊点形状是否向内凹陷、是否有锡珠飞溅和残留物等现象，还要检查印制电路板的表面颜色是否改变。只有在第一块印制电路板完全合格后，才能进行批量生产。在批量生产过程中，要定时检查焊接质量，及时对温度曲线进行修正。

6.2　电子产品的安装工艺

电子整机装配是电子产品生产过程中极其重要的环节，整机装配工艺的好坏将直接影响到产品的质量。优良的装配工艺既是生产高质量产品的前提，也是用最合理、最经济的方法实现产品性能指标的保障。

6.2.1　电子产品装配的工艺过程

电子整机装配的工艺过程是将元器件和零部件装配在印制电路板、机壳和面板等指定位置上，构成完整电子产品的过程。它一般可分为装配准备、部件装配和整件装配 3 个阶段。根据产品的复杂程度及技术要求等情况的不同，整机装配的工艺也各不相同。对于大批量或电子制作过程中生产的中小型电子产品，整机装配的工艺过程如图 6-10 所示。

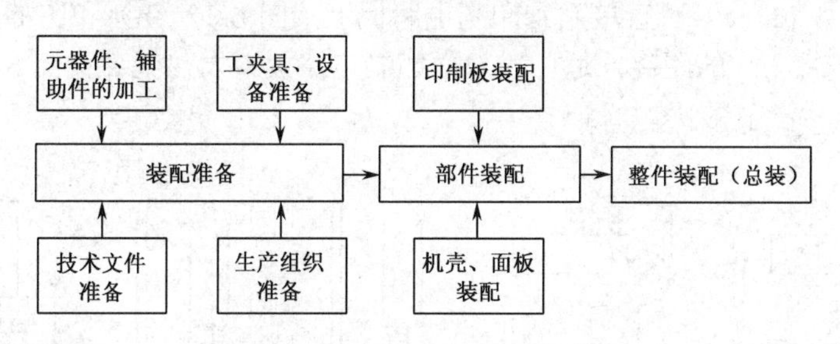

图 6-10　整机装配的工艺过程

6.2.2　安装前的准备工艺

整机装配前的准备工艺指对整机所需的各种导线、元器件及零部件等进行预先加工和处理，是顺利完成整机装配的重要保障。

1. 绝缘导线的加工

绝缘导线的加工可分为下料、剥头、捻头和搪锡等几个过程。

① 下料。按照工艺文件中导线加工表中的要求，用斜口钳或剪线机等工具对所需导线进行剪切。下料时应做到长度准、切口整齐、不损伤线芯及绝缘皮。

② 剥头。将绝缘导线的两端用剥线钳等工具去掉一段绝缘层而露出芯线的过程称为剥头。剥头长度如图 6-11 所示，当芯线截面积在 1mm^2 以下时，剥头长度为 8～10mm；当芯线截面积为 1.1～2.5mm^2 时，剥头长度为 10～14mm。剥头应做到绝缘层剥除整齐，芯线无损伤和断股等现象。

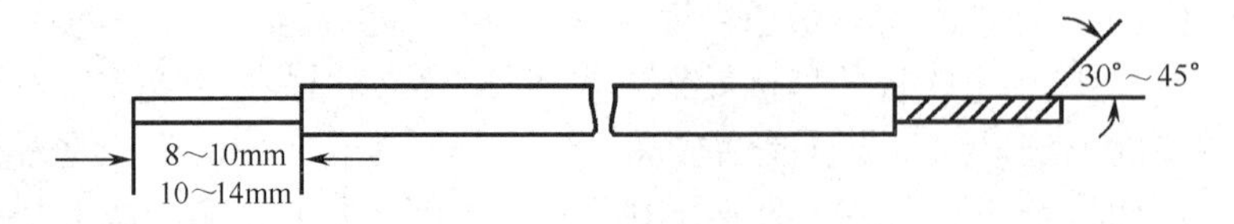

图 6-11　绝缘导线的剥头长度与捻头角度

③ 捻头。多股导线剥去绝缘层后，必须进行捻头处理，以防止芯线松散、折断。捻头所用工具为镊子或捻头机，其角度一般为 30°～45°，捻头时应松紧适度，不卷曲，不断股。

④ 搪锡。为了提高导线的可焊性，防止虚焊、假焊，要对导线进行搪锡处理。搪锡的方法是：先将干净的导线端头蘸上助焊剂（如松香水），然后将适当长度的导线端头插入熔融的锡铅合金中，待润湿后取出，浸锡时间为 1～3s。浸锡层到绝缘层的距离应为 1～2mm，从而防止导线的绝缘层因过热而收缩、破裂或老化。此外，当导线用量很少时，也可用电烙铁搪锡。

2．元器件的引线成形

在组装电子整机产品的印制电路板部件时，为了满足安装尺寸要求，提高焊接质量，避免虚焊，使元器件排列整齐、美观，在安装前应预先将元器件引线弯曲成一定的形状。

元器件引线的折弯成形，应根据焊点间距做成需要的形状，图 6-12 为引线成形的各种形状。图 6-12（a）为引线的基本成形方法，它的应用最为广泛，是孔距符合标准时的成形方法。图 6-12（a）和图 6-12（b）为卧式形状，图 6-12（c）、图 6-12（d）、图 6-12（e）为立式形状。图 6-12（a）和图 6-12（c）可直接贴到印制电路板上；图 6-12（b）和图 6-12（d）则要求与印制电路板留有 2～5mm 的距离，适用于双面印制电路板或发热元件；图 6-12（e）为三极管的引线成形要求。

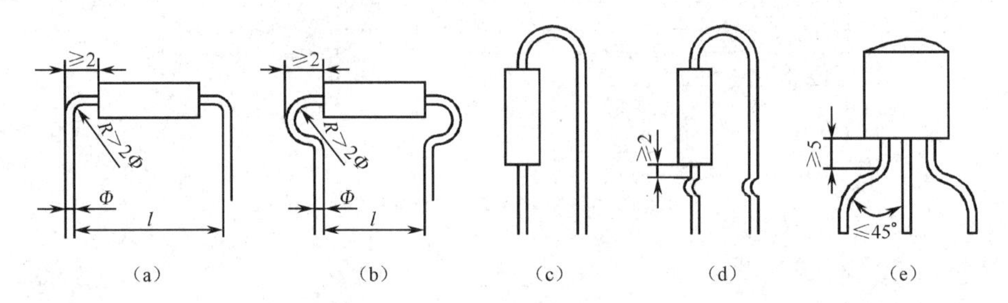

图 6-12　元器件引线成形示意图

在以上各种引线成形过程中，应注意使元器件的标称值、文字及标记朝向最易查看的位置，以便检查和维修。

3．导线的绑扎

电子产品的电气连接主要依靠各种规格的导线来实现。较复杂的电子产品连线很多，若将它们合理分组，扎成各种不同的线扎，不仅美观、占用空间少，而且保证了电路工作的稳定性，更便于检查、测试和维修。

导线通常采用线扎搭扣（也称尼龙扎带）捆扎，如图 6-13 所示。捆扎时应注意，不要拉得太紧，否则会弄伤导线。图 6-14 为用线扎搭扣捆扎的示意图。

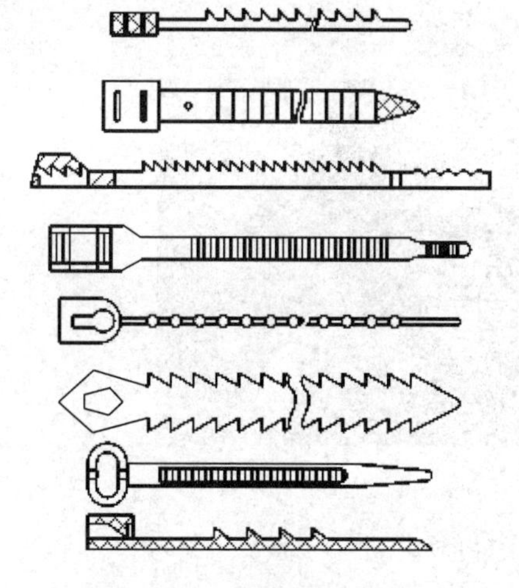

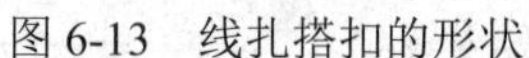

图 6-13 线扎搭扣的形状

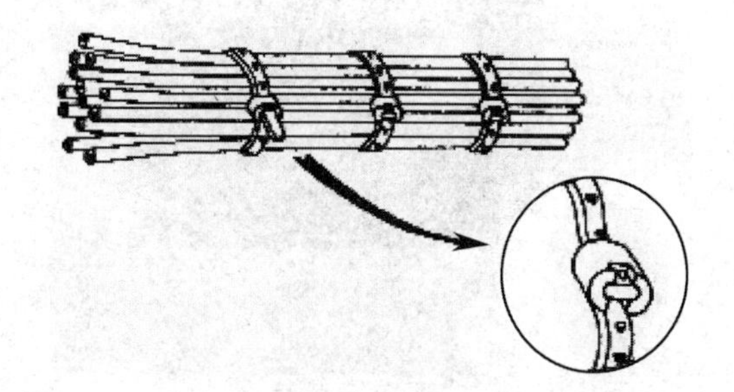

图 6-14 用线扎搭扣的捆扎示意图

导线在绑扎时应按照下面的要求进行。

① 输入线和输出线不要排在一个线扎内，要与电源线分开，以防信号受到干扰。若必须排在一起，则需使用屏蔽导线。对于承受大电流、高电压的导线，最好单独走线。

② 传输高频信号的导线不要排在线扎内，防止干扰其他导线中的信号。

③ 接地点要尽量集中在一起，以保证它们是可靠的同电位。

④ 导线束不要形成环路，以防止磁力线通过环行线，产生磁、电干扰。

⑤ 线扎应远离发热体，并且不要在元器件上方走线，以免发热元器件破坏导线绝缘层及增加更换元器件的难度。

⑥ 扎制的导线长短要合适，排列要整齐。从线扎分支处到焊点之间应留有一定的余量，若太紧，则振动时可能会将导线或焊盘拉断：若太松，则不仅浪费，而且会造成空间凌乱。

⑦ 尽量走最短距离的连线，拐弯处取直角，尽量在同一个平面内连接。

此外，每一线扎中至少要有两根备用导线，备用导线应选线扎中长度最长、线径最粗的导线。

6.2.3 典型部件的装配

一台电子整机产品通常由各种不同的部件组成。部件是由两个或两个以上的零件、元器件组成的具有一定功能的组件，如印制电路板、面板或机壳等。在电子整机总装前都要先进行部件的装配，部件装配质量的好坏直接影响到整机装配质量。

1．波段开关的安装

波段开关由绝缘基片、定位机构、旋转轴、开关动片、定片及其他固定件组成，其外形如图 6-15 所示。波段开关的绝缘基片常用高频陶瓷或环氧玻璃布板制成。开关动片由铆接在轴上的绝缘体上的金属片制成，它能随开关旋转轴一起转动。固定在绝缘基片上不动的接触片叫作定片，定片可根据需要做成不同的数目，其中始终和开关动片相连的定片叫作“刀”，“刀”的多少代表开关的极数，一般用 D 表示；其他的定片称为“位”或者“掷”，用 W 表示。

波段开关在安装前应先确定所用的刀数及位数，然后按下面的步骤操作。

（a）反面

（b）正面

图 6-15　波段开关的外形

第一步：将有弹簧的一边放在右侧，如图 6-15（a）所示摆放方式。

第二步：将波段开关旋柄顺时针拧到底。

第三步：将定位销放在左上角第 1 个孔处，此时开关可实现 2 挡切换；若放在左上角第 2 个孔处，则可实现 3 挡切换。

第四步：将波段开关固定在安装的位置上，然后在对应的刀和相位上焊接导线。

2. 面板零部件的安装

面板上用于调节控制的电位器、钮子开关等通常都采用螺纹安装结构。安装时，一要选用合适的防松动垫圈，二要注意保护面板，防止紧固螺母时划伤面板。如图 6-16 所示为几种常见面板零部件的安装方法。

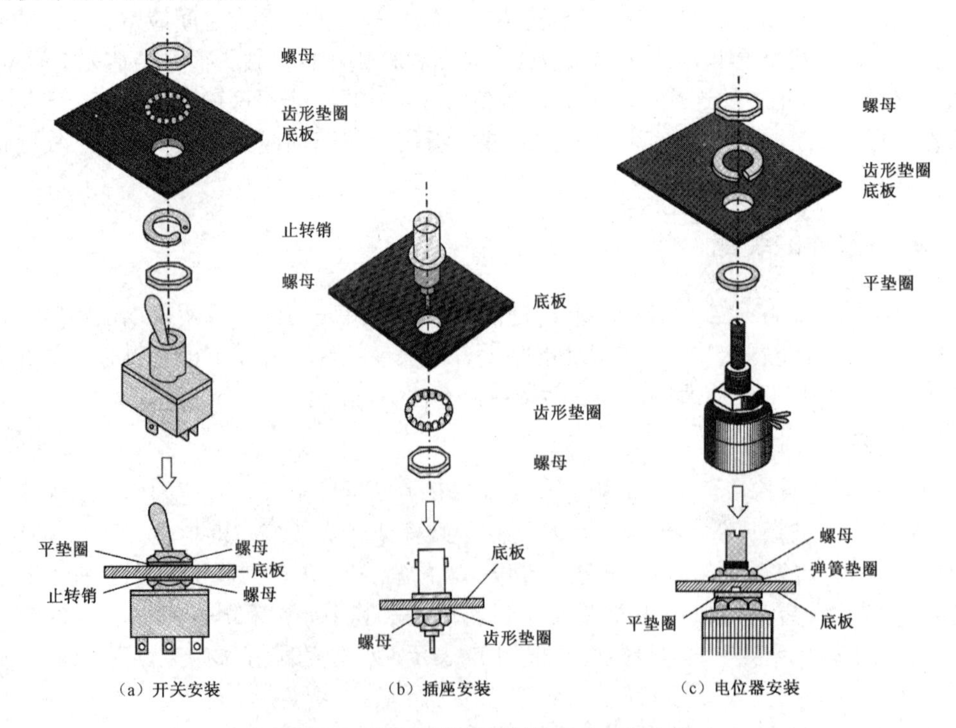

图 6-16　几种常见面板零部件的安装方法

3. 功率器件的安装

功率器件一般指消耗功率较大的器件，其消耗功率通常在1W以上。不论是功率晶体管还是功率集成电路，在使用中都会因消耗电能而发热。为了保证电路内部的PN结不会因温度过高而损坏，安装时都要配有相应的散热器。一个耗散功率为100W的晶体管，如果不装有相应面积的散热器，并设法使装配中的热阻尽可能小，则只能承受50W甚至更小的功率。功率器件的安装要点主要有3个：一是器件和散热器接触面要清洁平整，保证接触良好；二是接触面上加硅酯；三是两个以上螺钉安装时要对角线轮流紧固，防止贴合不良。如图6-17所示为几种典型功率器件的安装方法。图6-17（a）所示安装方法适用于大功率二极管和晶闸管，图6-17（b）所示安装方法适用于大功率晶体管、集成运放等，图6-17（c）所示的安装方法适用于大功率塑封晶体管或功率集成电路，图6-17（d）所示安装方法适用于厚膜功率模块。此外，有的功率器件在出厂前已经配有相应的散热器。

对于图6-17所示的安装方法，在整机产品的实际电路中又可分为两种具体形式。一是直接将功率器件和散热片用螺钉固定在印制板上，像其他元器件一样在板的另一面进行焊接。这种形式的优点是连线长度短，可靠性高；缺点是拆焊困难，不适合功率较大的器件。另一种是将功率器件及散热器作为一个独立部件安装在设备中便于散热的地方，如安装在侧面或后面板上，功率器件的电极通过安装导线与印制板电路相连。这种形式的优点是安装灵活，便于散热，缺点是增加了连接导线。

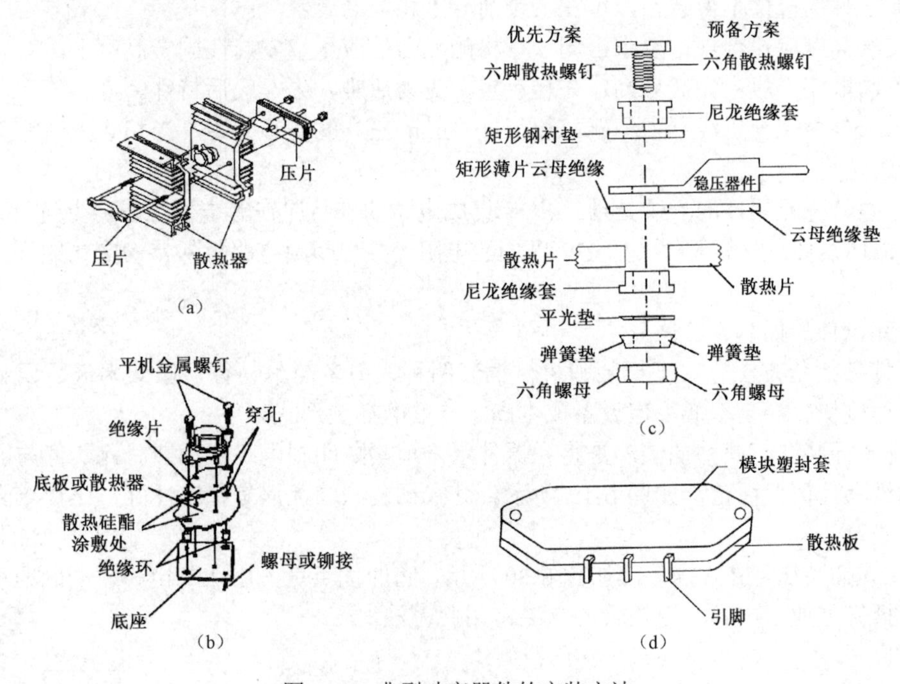

图6-17 典型功率器件的安装方法

对于不能依靠引线支持自身和散热器重量的塑封功率器件，应该采用卧式安装或固定散热器的方法固定器件。有些三端器件的3条引线间距较小，可以采用如图6-18所示的方法安装，此时应在功率器件与散热片的接触面上涂抹硅胶。有些器件引线的可塑性很差，可用搭焊的方法引出导线连接。

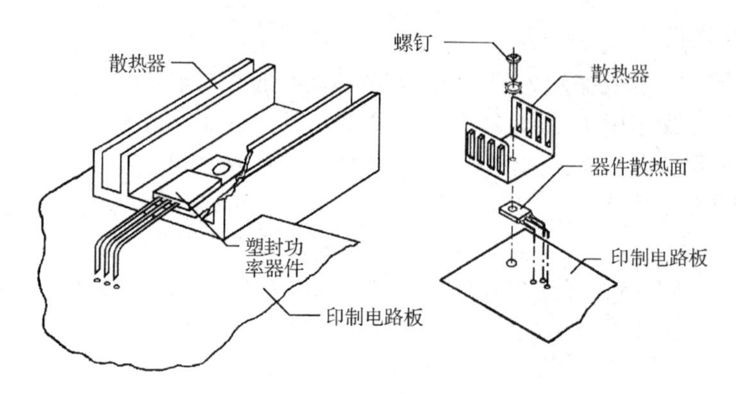

图 6-18　塑封功率器件的安装

4．印制电路板的安装

印制电路板的安装指根据设计文件和工艺规程的要求，将电子元器件按一定的规律和要求插装到印制基板上，并用紧固件或锡焊等方法将其固定的装配过程。

（1）元器件安装的技术要求。

① 元器件的标志方向应按照图纸规定，安装后能看清元器件上的标志。若装配图上未指明方向，则应使标记向外，易于辨认。

② 元器件的极性不得装错，可在安装前套上相应的套管。

③ 安装高度应符合规定要求，同一规格的元器件应尽量安装在同一高度上。

④ 安装顺序一般为先低后高、先轻后重、先易后难、先一般后特殊。

⑤ 元器件外壳与引线不得相碰，要保证 1mm 左右的安装间距，当相碰无法避免时，应套绝缘套管。

⑥ 一些特殊元器件的安装处理：MOS 集成电路的安装应在等电位工作台上进行，以免产生静电，损坏器件。发热元件（如 2W 以上的电阻）要与印制电路板保持一定的距离，不允许贴板安装。

（2）元器件的插装方法。

元器件的插装方法有手工插装和机械插装两种，前者简单易行，但效率低、误装率高；后者插装速度快、误装率低，但设备成本高。一般的插装形式如下。

① 卧式插装法。此种插装法是将元器件水平地紧贴印制电路板插装。元器件与印制电路板的距离视具体情况而定，如图 6-19 所示。卧式插装法的优点是稳定性好，比较牢固，受振动时不易脱落。

② 立式插装法。立式插装法如图 6-20 所示，它的优点是占用印制电路板的面积小，安装密度大，拆卸方便。电容、三极管的安装常用此方法。

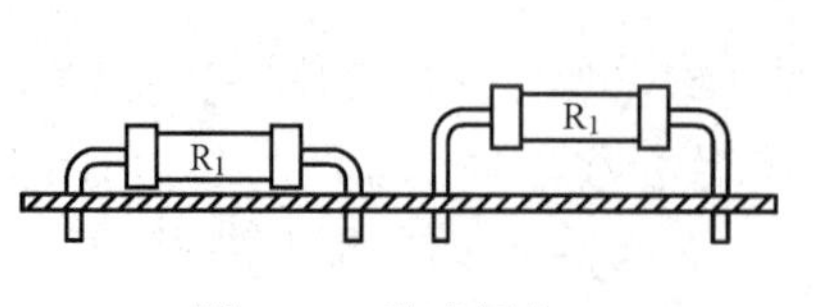

图 6-19　卧式插装

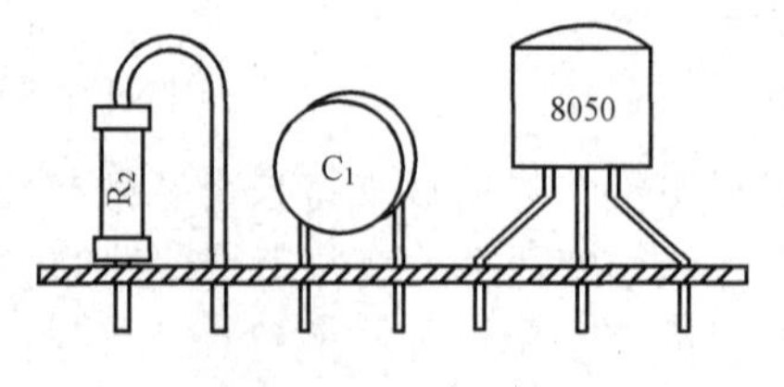

图 6-20　立式插装

③ 双列直插集成电路（DIP）安装。安装方法如图 6-21 所示。图 6-21（a）为直接插装集成电路，图 6-21（b）为安装插座后插装集成电路。

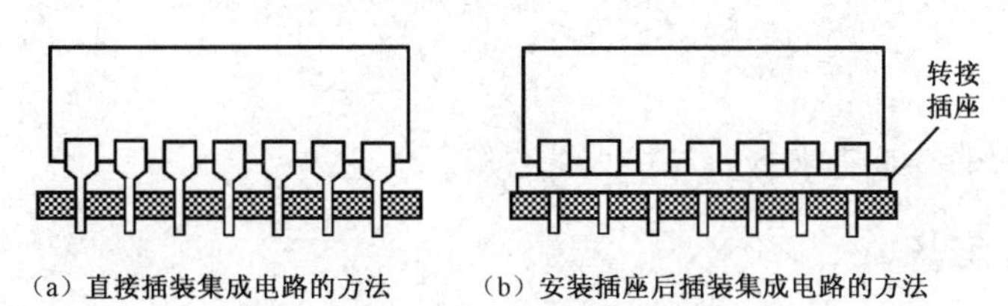

图 6-21　双列直插集成电路安装

（3）印制电路板安装工艺流程。

根据电子整机产品生产性质、生产批量及设备条件等情况的不同，采用的电路板安装工艺也不同。常用的印制电路板装配工艺有手工装配工艺和自动装配工艺。

① 手工装配工艺。

a．手工独立插装。手工独立插装适用于样品机试制或小批量生产，元器件的插装和焊接通常由操作者一人完成。其操作过程为：待装元件准备→引线成形→插装→元件器件整形→焊接→剪切引线→检验。此种插装方式需要操作者从头跟到尾，故效率低，差错率高。

b．手工流水线插装。对于设计稳定、批量生产的产品，宜采用手工流水线插装，即将印制电路板的整体装配分解成若干道简单的装配工序，每道工序固定插装一定数量的元器件。手工流水线插装的工艺流程为：每道工序元件（约 6 个）插装→全部元器件插装→一次性切割引线→一次性锡焊→检查。这种插装方式可提高生产效率，减少差错，提高产品合格率。

② 自动装配工艺。

手工装配虽然可以不受各种限制，操作灵活方便，但速度慢，易出错，效率低，不适应现代化大批量生产的需要。对于设计稳定、产量大、装配工作量大而元器件又无须选配的产品，宜采用自动装配方式。自动装配工艺过程如图 6-22 所示。采用自动装配方式可大大提高插装速度，改善插装质量，提高生产效率和产品质量。

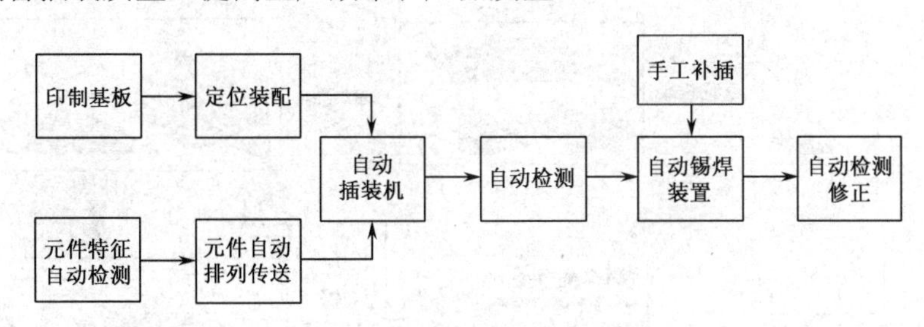

图 6-22　自动装配工艺过程

6.2.4　面板、机壳装配

产品的机壳、面板用于安装部分零部件，构成产品的主体骨架，同时对产品的机内部件起到保护作用，为使用、运输和维护带来方便。此外，好的外观造型又具有观赏价值，可以提高产品的竞争力，基于此，对产品的机壳、面板的装配要求主要包含以下几点。

① 注塑成型后的机壳、面板，经过喷涂、烫印等工艺后，在装配过程中要注意保护，工作台面上应放置塑料泡沫垫或橡胶软垫，防止弄脏或划伤面板、机壳。

② 进行面板、机壳或其他部件的连接装配时，要准确装配到位，并注意装配程序，一般是先轻后重，先低后高。紧固螺钉时，用力要适度，既要紧固，又不能用力过大而损坏部件。

③ 面板、机壳、后盖上的铭牌、装饰板、控制指示和安全标记等，应按要求端正牢固地安装在指定位置上。

④ 面板上装配的各种可动件应操作灵活可靠。

6.2.5 整机总装工艺

电子产品总装指将组成整机的各零部件，经单元调试、检验合格后，按照设计要求进行装配、连接，再经整机调试、检验，形成一个合格的、完整的电子产品整机的过程。

1. 总装的原则

电子产品的总装有多道工序。这些工序的完成顺序是否合理，直接影响到产品的装配质量、生产效率和操作者的劳动强度。

电子产品总装的原则是：先轻后重，先小后大，先铆后装，先装后焊，先里后外，先低后高，上道工序不得影响下道工序。

2. 总装的基本要求

① 总装前，必须对组成整机的有关零部件进行调试、检验，不合格的零部件不得安装。检验合格的零部件，必须保持清洁。

② 严格遵守总装的顺序要求，注意前后工序的衔接。

③ 在总装过程中，不得损伤元器件，避免破坏机箱及元器件上的涂覆层，以免损坏它们的绝缘性能。

④ 应熟练掌握操作技能，保证总装质量，严格执行三检（自检、互检、专职检验）制度。

3. 整机总装的工艺流程

整机总装通常是在流水线上进行的，其一般的工艺流程如图 6-23 所示。

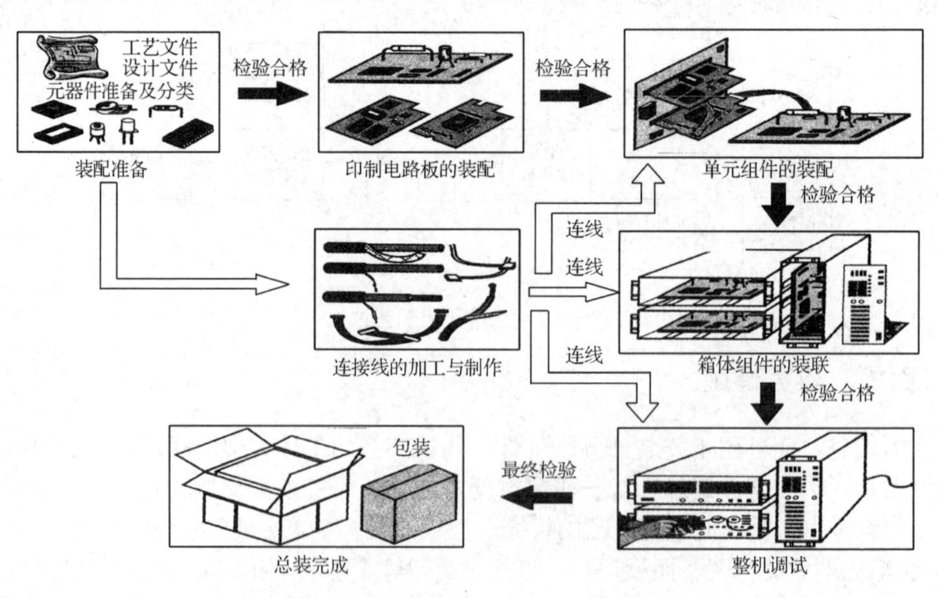

图 6-23 整机总装的工艺流程

① 零部件的装配准备。装配前，应对所有装配件、紧固件等从数量的配套和质量的合格两个方面进行检查和准备，同时做好整机装配及调试的准备工作。

② 零部件的装联。将质量合格的各零部件，通过螺纹连接、焊接等手段，安装在规定的位置上。

③ 整机调试。包括调整和测试两部分工作，即对整机内可调部分进行调整，并对整机的电性能进行测试。

④ 总装检验。整机检验应按照产品的技术文件要求进行。

⑤ 包装。包装是电子产品总装过程中，保护和美化产品及促进销售的主要环节。电子产品的包装着重考虑方便运输和储存两个方面。

⑥ 入库或出厂。合格的电子产品经过包装后就可以入库储存或直接出厂运往需求部门了，从而完成整个总装过程。

6.3　整机及单元电路的调试

所谓调试，是以达到电路的设计指标为目的而进行的一系列“测试→判断→调整→再测试”的反复过程。调试包括调整和测试两个方面。调整主要是对电路参数的调整，一般是对电路中可调元器件，如电位器、微调可变电容器或微调电感，以及与电气指标有关的机械传动部分进行调整，使电路达到预期的功能和性能要求；测试主要是对电路的各项技术指标和功能进行测量和试验，并与设计的指标进行比较，以确定电路是否合格。

调试的目的主要有两个。

① 发现设计的缺陷和安装的错误，并予以改进或纠正。

② 通过调整电路参数，避免因元器件参数或装配工艺与设计不一致而造成电路性能的不一致，或功能和技术指标达不到设计的要求，确保产品的各项功能和性能指标均达到设计指标。

调试的过程分为通电前检查（调试准备）和通电调试两个阶段。其中，通电调试阶段包括静态调试、动态调试和整机调试。对于比较简单的小型整机，在焊接完成之后直接进行调试；对于比较复杂的电子整机，其调试过程是先对单元电路板、组装部件及机械结构等进行调试；当它们达到技术指标要求之后，再进行总装，然后对整机进行调试。

6.3.1　单元电路的调试

1. 调试前的准备

（1）技术文件和工装夹具的准备。

技术文件是产品调试的依据。调试前应准备好产品的技术说明书、电路原理图、检修图和工艺过程指导卡等技术文件，并将调试用的图纸、文件及备用件放在适当的位置。对大批量生产的产品，应根据技术文件要求准备好各种工装夹具。

（2）被测件的准备。

在电路板安装完毕测试之前，必须在不通电的情况下，用直观法或万用表对电路板进行认真细致的检查，以便发现和纠正比较明显的安装错误，避免因盲目通电而造成电路损坏。重点检查的项目有以下几个。

① 电源的正负极是否接反，有无短路现象，电源线、地线是否可靠接触（可用万用表的

“Ω”挡进行检查）。

② 元器件的型号（参数）是否有误，引脚之间有无短路现象。有极性的元器件，如二极管、三极管、电解电容器、集成电路等的极性或方向是否正确。

③ 连接导线有无接错、漏接或断线等现象。

④ 电路板上各焊点有无漏焊、虚焊或桥接短路等现象。

⑤ 用万用表的“Ω”挡，测量电源正负极之间的正向、反向电阻值，以判断是否存在严重的短路现象。

2．静态测试与调整

晶体管、集成电路等有源器件必须在一定的静态工作点上工作，才能表现出良好的动态特性，因此，在动态调试和整机调试之前，必须对各功能电路的静态工作点进行测量与调整，使其符合原设计要求。静态调试一般指在没有外加信号的条件下测量电路各点的电位，将测得的数据与设计的数据相比较，若超出规定范围，则分析原因，并做出适当的调整。

（1）供电电源静态电压测试。

电源电压是各级电路静态工作点是否正常的前提，电源电压偏高或偏低时都不能测量出准确的静态工作点。若电源电压起伏较大，则最好先不要接入电路，测量其空载和接入假负载时的电压，待其输出正常后再接入电路。

（2）测试单元电路静态工作电流。

通过测量单元电路的静态工作电流，可以提前知道其工作状态。若电流偏大，则说明电路有短路或漏电现象；若电流偏小，则说明电路有开路现象。

（3）三极管静态电压、电流测试。

先测量三极管各极对地电压，即 U_B、U_C、U_E，判断三极管是否在所规定的状态（放大、饱和、截止）下工作。若其实际工作状态与规定的状态不同，则应仔细分析测量数据，并对基极偏置电压进行适当调整。

再测量三极管集电极静态电流，具体的测量方法有两种。

① 直接测量法。直接测量法是将电流表或万用表串联在待测电路中，如图 6-24 所示。

② 间接测量法。先测量三极管集电极或发射极电阻上的电压，然后根据欧姆定律 $I=U/R$ 计算出集电极电流，测量方法如图 6-25 所示。实际工程中，一般不直接测量集电极电阻 R_c 两端的电压，而是测量发射极电阻 R_e 两端的电压 U_E，由 $I_E=U_E/R_e$ 计算出发射极电流 I_E，根据 $I_C \approx I_E$ 关系得到 I_C。这样测量的主要原因是：由于 R_e 比 R_c 小很多，并入电压表后，电压表内阻对电路影响小，使测量精度提高。

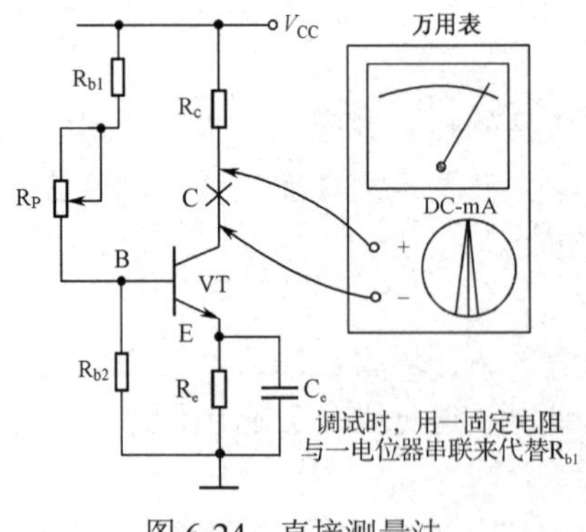

图 6-24　直接测量法

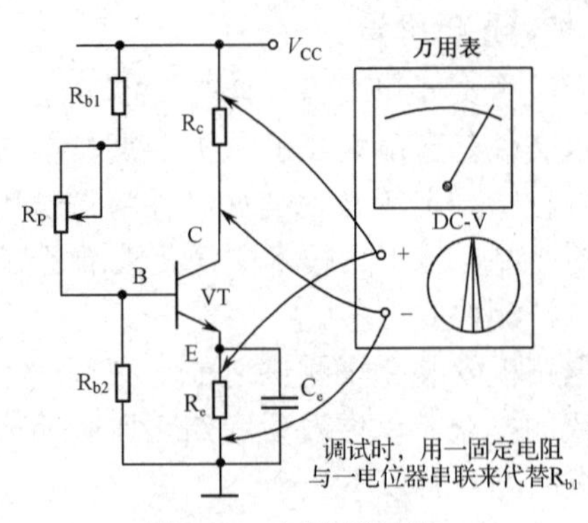

图 6-25　间接测量法

（4）集成电路静态工作点的测试。

集成电路各引脚的对地电压反映了内部电路的工作状态。将所测电压与正常电压相比较，如有异常，在排除外电路元件异常的情况下，即可判断为内电路故障。

3．动态测试与调整

静态工作点确认正常后，便可进行动态波形和频率调试。动态调试就是在电路的输入端加入适当频率和幅度的信号，循着信号的流向逐级检验电路中各测试点的信号波形和有关参数，通过调整相应的可调元件，使其多项技术指标符合要求。

（1）电路动态工作电压的测试。

动态工作电压的测试内容包括三极管的 3 个电极和集成电路各引脚对地的动态工作电压，它是判断电路是否正常工作的重要手段。例如，有些振荡电路，当电路起振时测量 U_{BE} 直流电压，万用表指针会出现反偏现象，利用这一点可以判断振荡电路是否起振。

（2）波形的测试与调整。

① 波形的测试。电子电路常用于对输入信号进行放大、波形产生或波形处理变换。为了判断电路工作是否正常，是否符合技术指标要求，经常需要观察电路的输入、输出波形并对其加以分析，对电路进行波形测试是动态测试中最常用的手段之一。

波形测试指用示波器对电路相关点的电压或电流信号波形的幅度、周期、频率及是否失真等情况进行直观测试，测试时应注意以下两点。

a．示波器的上限频率应高于被测波形的频率。

b．测试时最好使用衰减探头（高输入阻抗、低输入电容）以减小接入示波器对被测电路的影响，同时注意探头的接地端和被测电路的地一定要连接好。

② 波形的调整。通过对电路参数的调整，使电路相关点的波形符合设计要求的过程，就是波形的调整。调整前，必须对测试结果进行正确分析。为了确保分析的科学性和准确性，必须对电路的工作原理和电路结构有较全面的了解。弄清引起电路波形变化的原因，熟悉电路中各元器件的作用，特别是电路中电容、电感等交流通路元件的作用和对波形的影响。当发现观测到的波形有偏差时，要找出纠正偏差最有效、最方便调整的元器件。例如，若输出波形的幅度较小，则可调整电路的反馈深度或耦合电容、旁路电容，必要时可更换承担放大任务的元器件（如三极管），但更换三极管后，必须重新调整静态工作点。

（3）频率特性的测试与调整。

① 频率特性的测试。在电子产品的调试过程中，频率特性的测量是一项重要的测试技术。频率特性指当输入电压幅度恒定时，输出电压随输入信号频率变化而变化的特性。频率特性的测量方法一般采用扫频法。扫频法指将扫频仪的输入端和输出端分别加到被测电路的输入端和输出端，在扫频仪上可以观察到电路对各频率点的响应。扫频法具有简捷、快速、不会漏掉被测频率特性细节的优点。

② 频率特性的调整。通过对电路参数的调整，使其频率特性曲线符合设计要求的过程，就是频率特性的调整。调整前，必须对观测到的曲线进行正确分析，找出不符合要求的范围，结合电路的工作原理、电路结构和设计要求分析原因。根据电路中各元件的作用，特别是电容器、电感器和中频变压器等交流通路元件对电路频率特性的影响情况，确定需要调整的元器件参数和调整方法。调整时，应先粗调，再反复细调，直至频率特性曲线达到设计要求。

6.3.2 整机的调试

调试单元电路时，常有一些故障不能完全反映出来。当将部件组装成整机后，因各单元电路之间电气性能的相互影响，常会使一些技术指标偏离规定数值或出现一些故障。所以，单元电路经总装后一定要进行整机调试，确保整机的技术指标完全达到设计要求。

整机调试是一个循序渐进的过程，其原则是：先外后内；先调结构部分，后调电气部分；先调独立项目，后调存在相互影响的项目；先调基本指标，后调对质量影响较大的指标。整机调试流程一般包含以下几个步骤。

① 整机外观检查。外观检查主要检查外观部件是否完整，外观调节部件和活动部件拨动是否灵活。检查顺序是先内后外，注意不要漏检项目。

② 整机内部结构检查。内部结构检查主要检查内部连线的分布是否合理、整齐，内部传动部件是否灵活、可靠，各单元电路板或其他部件与机座是否紧固，以及它们之间的连线、接插件有无漏插、错插、插紧等现象。

③ 整机的功耗测试。整机功耗是电子产品设计的一项重要技术指标。测试时，常用调压器对整机供电，即用调压器将交流电压调至220V，测试正常工作时整机的交流电流，将交流电流值乘以220V便得到该整机的功率损耗。如果测试值偏离设计要求，则说明机内有短路或其他不正常现象，应进行全面检查。

④ 整机统调。整机统调的主要目的是复查各单元电路连接后性能指标是否改变，如有改变，则调整有关元器件。

⑤ 整机技术指标的测试。按照整机技术指标要求及相应的测试方法，对已调整好的整机进行技术指标测试，判断它是否达到质量要求的技术水平。必要时应记录测试数据，分析测试结果，写出调试报告。

⑥ 整机老化和环境试验。电子产品装配、调试完成后，还要对小部分整机进行老化测试和环境试验，这样可以提早发现电子产品中一些潜在的故障，特别是共性的故障，从而对同类型产品及早通过修改电路的方式进行补救，提高电子产品的耐用性和可靠性。

老化测试指对小部分电子产品进行长时间通电运行，测量其无故障工作时间。分析总结这些电子产品的故障特点，找出它们的共性问题加以解决。

环境试验一般根据电子产品工作的环境确定具体的试验内容，并按照国家规定的方法进行试验。

任务实施

子任务一 函数信号发生器的焊接与组装

1. 元器件焊接的技术要求

焊接函数信号发生器应按照以下要求进行。

① 元器件的标志方向应按照图纸规定，安装后能看清元器件上的标志。若装配图上未指明方向，则应使标记向外，易于辨认。

② 元器件的极性不得装错。

③ 安装高度应符合规定要求，同一规格的元器件应尽量安装在同一高度上。

④ 安装顺序一般为先低后高，先轻后重，先易后难，先一般后特殊。

2. PCB上元器件的焊接步骤

① 对于短路线、开关二极管、稳压二极管、整流二极管及1/4W电阻，其安装要求如图6-26所示。

② IC插座、涤纶电容器、小电解及大电解电容器的安装要求如图6-27所示。安装时，电容器要插到底，电解电容器应注意极性。

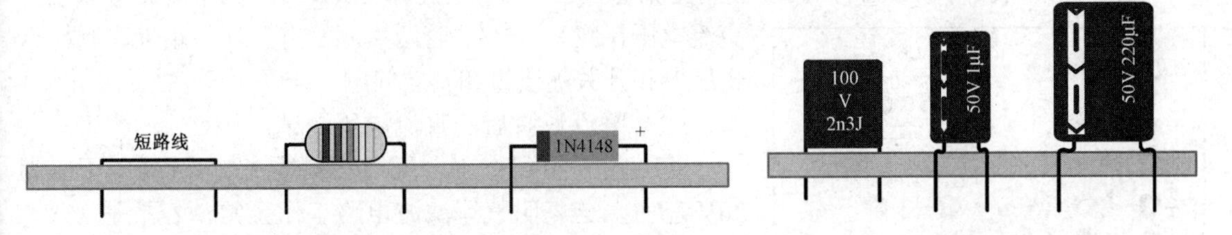

图6-26 短路线等元器件的安装要求　　图6-27 IC插座等元器件的安装要求

③ 对于三端稳压电路7812、7912，应先固定散热片，再进行焊接。

3. 面板上元器件的安装与焊接

面板上的元器件包括电位器、波段开关、钮子开关及输出端子，在焊接前应将它们固定在面板上。具体要求如下。

① 安装前应检测元器件的质量。

② 固定时不能损坏面板贴膜。

③ 元件的定位端子一定要放在定位孔内。

④ 紧固螺钉要拧紧，防止松动。

面板元器件安装完成效果图如图6-28所示，按照原理图焊接面板上元器件与印制电路板间的连线。

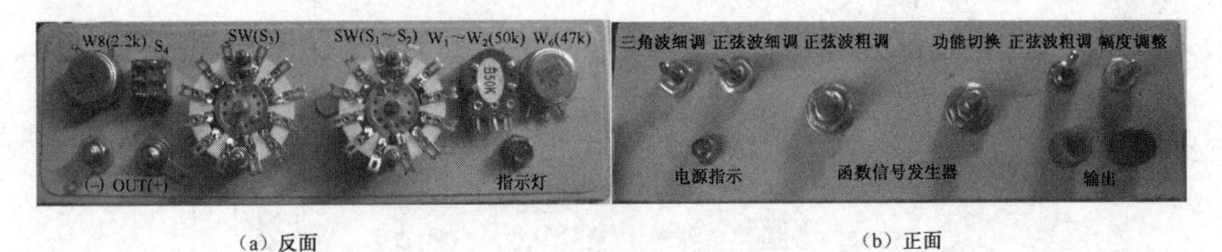

(a) 反面　　(b) 正面

图6-28 面板元器件安装完成效果图

焊接完成并确认无误后，进行导线绑扎，如图6-29所示是导线绑扎效果图。

图6-29 导线绑扎效果图

子任务二　函数信号发生器的调试

1．电源板的调试

电源板元器件位置图如图 6-30 所示，按以下步骤进行测试。

（1）变压器次级交流电压测试。

接通电源，打开开关，将万用表拨到交流电压挡，测量变压器 GND 端对两个交流输入端的交流电压，应为 15V。若两次测量有一次不正确，则检查变压器和开关的质量和安装问题。

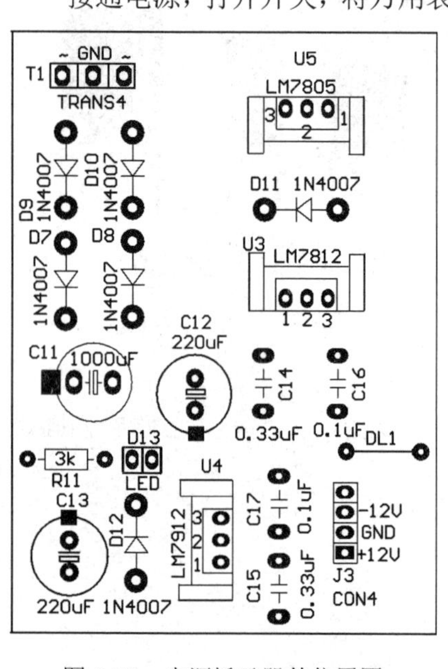

图 6-30　电源板元器件位置图

（2）整流滤波后的直流电压测试。

将万用表拨到直流电压挡，测量 C11 两端电压应为 36V 左右，这表明整流滤波电路工作正常，若不是 36V，则检查整流二极管 VD7～VD10 是否损坏。接下来分别测量 C12 和 C13 两端电压，应为 18V。

（3）三端稳压器测试。

测量三端稳压器 LM7812，将万用表黑表笔接 4 针插座 J3 的 GND 端，红表笔接 LM7812 的 1、2、3 引脚，3 个电压应分别为 18V、0V、12V；测量三端稳压器 LM7912，将万用表黑表笔接 4 针插座 J3 的 GND 端，红表笔接 LM7912 的 1、2、3 引脚，3 个电压应分别为 0V、-18V、-12V。测量插座 J3 的电压与图 6-30 上所标注电压是否一致。若上述电压测量出现不一致的情况，应迅速关掉电源，检查错误。

2．波形产生板的调试

波形产生板元器件位置图如图 6-31 所示，按以下步骤进行测试和调试。

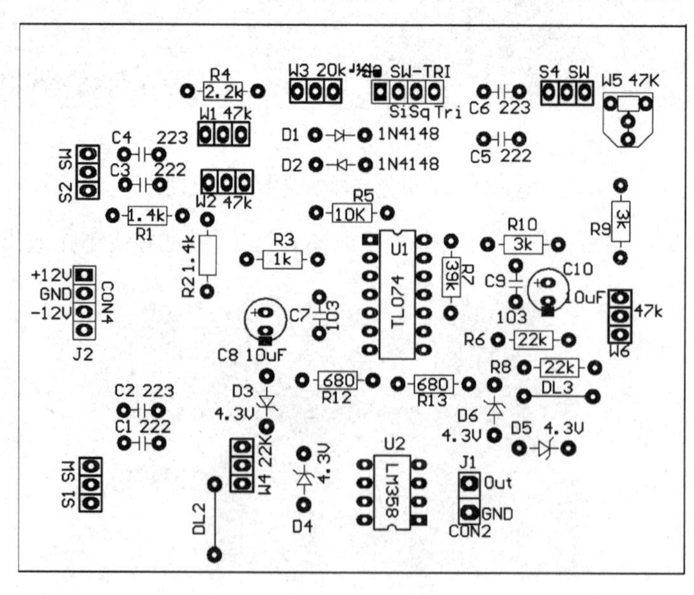

图 6-31　波形产生板元器件位置图

（1）静态电压测试。

① 将电源板的插头接到波形产生板上，用万用表测量插座 J2 上的电压，测量时黑表笔接 J2 的 GND 端，红表笔分别接标有 12V 和-12V 的两个端子，看看测量结果是否与标注一致。

② 黑表笔仍然接J2的GND端，红表笔测量U1的引脚4和引脚11，电压应为12V和-12V，再测量 U2 的引脚 8 和引脚 4，电压也应为 12V 和-12V。

（2）正弦波电路的调试。

① 将波段开关拨到正弦波挡，用示波器测量图 6-31 中 SW-TRI 的 Si 端，应测得正弦波，然后调整多圈电位器 W3，使正弦波波形最大不失真。若没有波形或波形一直处于失真状态，则检查元器件是否装错或损坏。

② 示波器接面板上的输出端子，调整面板上的“正弦波粗调”和“正弦波细调”旋钮，观察正弦波的频率变化范围。若输出端子处测不到波形，则检查集成运放 U1、电位器 W4 及波段开关的接线是否正确。

（3）方波电路的测试。

① 将波段开关拨到方波挡，用示波器测量图 6-31 中 SW-TRI 的 Sq 端，应测得方波，若没有波形，则检查 U1、R5、VD3、VD4。

② 示波器接面板上的输出端子，调整面板上“正弦波粗调”和“正弦波细调”旋钮，观察方波的频率变化范围。若输出端子处测不到波形，则检查波段开关的接线是否正确。

（4）三角波电路的调试。

① 将波段开关拨到三角波挡，调整电位器 W5，使 R8 与 W5 的阻值之和等于 39kΩ，用示波器测量图 6-31 中 SW-TRI 的 Tri 端，应测得三角波。若没有波形，则检查三角波电路及连线。

② 示波器接面板上的输出端子，调整面板上的“三角波粗调”和“三角波细调”旋钮，观察三角波的频率变化范围。若输出端子处测不到波形，则检查波段开关的接线是否正确。

3．整机检修

在调试前，若函数信号发生器工作不正常，则应先进行检修，待故障排除后方可进行调试。下面就常见的典型故障进行介绍。

（1）无±12V 输出。

① 检查电源开关焊接是否正确。

② 检查变压器次级是否有 15V 交流电压输出。

③ 检查 7812、7912 是否焊反、损坏。

（2）无输出波形。

① 检查电源插座是否连接。

② 测量集成电路 TL074 的引脚 4、引脚 11 是否有电压。

③ 检查 TL074 的引脚 1 是否有正弦波输出。若无，则检查 R1、R2，C1～C4 是否有问题；波段开关 S1、S2 焊接是否正确。

④ 若有正弦波，则测量 TL074 的引脚 7 的方波是否正常。

⑤ 检查波段开关 S3 焊接是否正确。

⑥ 检查 LM358 的引脚 4、引脚 8 电压是否正常。

⑦ 检查 TL074 的引脚 8、引脚 14 的波形，若无，则检查 C5、C6、W6。

任务总结

电子产品的焊接、安装与调试是电子产品生产、制造过程中极其重要的环节。一件设计精良的产品可能因为装配不当而无法实现预期的技术指标，可能由于没有调试好而无法正常工作。严格按照工艺要求焊接、组装电子产品并正确调试，可制造出性能稳定可靠的电子产品。掌握整机的装配和调试技术对电子产品的设计、制作、使用和维修都是必不可少的。

思考与练习

6.1　简述电烙铁的组成及使用注意事项。

6.2　简述波峰焊的工艺流程。

6.3　简述再流焊的工艺流程。

6.4　在印制电路板上安装元器件的基本要求有哪些？

6.5　什么是电子总装，其基本原则是什么？

6.6　何谓调试，其目的是什么？

第7章

电子产品设计资料的撰写

本章介绍了电子产品设计文件的定义、种类、作用以及编写方法，掌握技术文件编写方法及意义，培养严谨的工作态度和治学精神。

任务七　编写函数信号发生器技术文件

任务目标

掌握电子产品设计文件的编写方法。

任务要求

在产品设计制作完成后，根据电子产品的原理图、PCB 图、安装工艺及调试方法等编写产品的技术文件。

相关知识

7.1　电子产品设计文件概述

设计文件是产品在研制和生产过程中逐步形成的文字、图样及技术资料。它规定了产品的组成形式、结构尺寸、原理，以及在制造、验收、使用和维修时所必需的技术数据和说明，是制订工艺文件、组织生产和进行产品维修的依据。

设计文件的种类很多，各种产品的设计文件所需的文件种类也各不相同。按文件的样式不同，可将设计文件分为 3 大类：文字性设计文件、表格性设计文件和电子工程图。

7.1.1　文字性设计文件

文字性设计文件主要包括产品标准或技术文件、技术说明、使用说明、安装说明和调试说明。

（1）产品标准或技术条件。

产品标准或技术条件是对产品性能、技术参数、试验方法和检验要求等做出的规定。产品标准是反映产品技术水平的文件。有些产品标准是国家标准或行业标准做了明确规定的，文件可以引用，国家标准和行业标准未包括的内容文件应补充进去。一般情况下，企业制订的产品标准不能低于国家标准或行业标准。家用电器产品中按技术条件要求编成的技术规格书也类似产品标准。

（2）技术说明。

技术说明是供研究、使用和维修产品用的，对产品的性能、工作原理及结构特点应说明清楚，其主要内容包括产品技术参数、结构特点、工作原理、安装调整、使用和维修等内容。

（3）使用说明。

使用说明是为使用者正确使用产品而编写的，其主要内容包括说明产品性能、基本工作原理、使用方法和注意事项。

（4）安装说明。

安装说明是为使用产品前的安装工作而编写的，其主要内容包括产品性能、结构特点、安装图、安装方法及注意事项。

（5）调试说明。

调试说明是用来指导产品生产时调试其性能参数的。

7.1.2 表格性设计文件

表格性设计文件主要包括明细表、软件清单和接线表。

（1）接线表。

接线表是用表格形式表述电子产品两部分之间接线关系的文件，用于指导生产时这两部分的连接，见表 7-1。

表 7-1 接线表示例

序号	线 号	导线规格	颜色	导线长度/mm			连 接 点	
				全长 L	剥端 A	剥端 B	I	II
1	1—1	AVR0.1×28	红	325	5	6	JI1	BD6
2	…	…	…					
…	…							

（2）软件清单。

软件清单是记录软件程序的清单。

（3）明细表。

明细表是构成产品（或某部分）的所有零部件、元器件和材料的汇总表，也称物料清单。某产品的物料清单见表 7-2。

表 7-2 某产品的物料清单

元件汇总表			产品名称	
			×××××	
序 号	元器件类型	元器件参数	数 量	备 注
1	电阻	RJ14-1/4W-1kΩ	3	
2	电阻	RJ14-1/4W-1Ω	2	
3	电阻	RJ14-1/4W-2.2kΩ	1	
4	电阻	RJ14-1/4W-5.1kΩ	1	
5	电阻	RJ74-1/4W-10kΩ	2	精密电阻

续表

元件汇总表			产 品 名 称	
			×××××	
序　　号	元器件类型	元器件参数	数　　量	备　　注
6	电容	CC1-33pF	2个	
7	电容	CC1-1000pF	6个	
8	电容	CD11-1μF/25V	4个	
9	电容	CD11-100μF/50V	9个	
…	…	…	…	…

7.1.3　电子工程图

电子工程图是用规定的“工程语言”来描述电路设计内容、表达工程设计思想、指导生产过程的工程图，是人们进行工程设计和产品生产交流的语言。它以各种图形、符号及代号作为基本元素，以规则、标准作为表达方式，具有简洁、直观、通俗易懂的特点。

1．方框图

方框图是一种使用非常广泛的说明性图形，它用简单的“方框”代表一组元器件、一个部件或一个功能模块，用它们之间的连线表达信号通过电路的途径或电路的动作顺序。方框图具有简单明确、一目了然的特点。如图7-1所示为普通超外差式收音机的方框图，它能让人一眼就看出电路的全貌、主要组成部分及各级电路的功能。

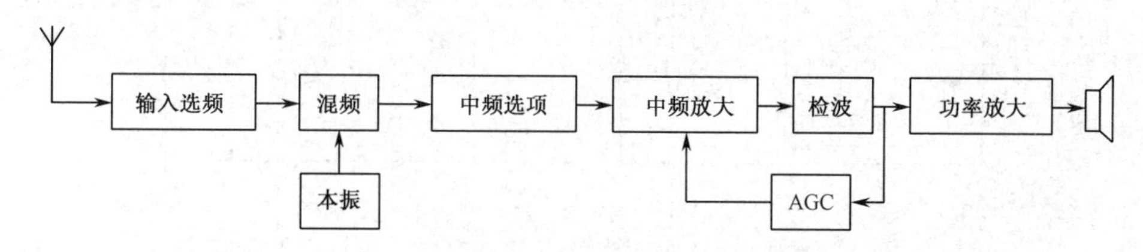

图7-1　超外差式收音机方框图

方框图对于了解电路的工作原理非常有用。一般情况下，比较复杂的电路原理图都附有方框图作为说明。

绘制方框图时，要在方框内使用文字或图形注明该方框代表电路的内容或功能，方框之间一般用带有箭头的连线表示信号的流向。在方框图中，也可以用一些符号代表某些元器件，如天线、电容器、扬声器等。方框图往往与其他图组合起来，表达一些特定的内容。

2．电路图

电路图也称原理图、电路原理图，它以电气制图图形符号的方式画出产品各元器件之间、各部分之间的连接关系，用以说明产品的工作原理。它是电子产品设计文件中最基本的图纸。

电路图不表示电路中各元器件的形状或尺寸，也不反映这些器件的安装、固定情况。因此，一些整机结构和辅助元件（如紧固件、接线柱、焊片及支架等）在电路图中都不要画出来。

电路图绘制分手工绘制和计算机绘制两种。尽管手工绘制和计算机绘制的方法不同，但绘制原则是一样的。手工绘制是绘制原理图的基础。

① 图面基本要求。图面整洁，字符清晰，线条粗细分明且一致，具有易读性，图面必须按照国家标准绘制。

② 图面布置。预先规划好各种图形符号的位置，在正常情况下，应使电信号按从左到右、自上而下的顺序传递，即输入端在图纸的左方或左上方，输出端在右方或右下方，并应该能够体现电路工作时各元器件的作用顺序和信号传递过程。主要原理图画在图纸的上方，辅助电路画在下方。整幅图要求布置均匀，协调一致；否则，不仅增加看图的难度，而且容易出现错误。

③ 元器件的图形符号。同类元器件无论实际体积大小，均采用大小一致的符号进行绘制。元器件的符号有国际标准图形、其他国家标准图形、中国国家标准图形和标准简化图形，使用时应尽量采用中国国家标准图形符号。

④ 元器件在电路中的位置序号。同一电路中，每一类元器件要按照它们在图中的位置自上而下、从左到右地标注出它们的位置序号，如 R_1，R_2，C_1，C_2。

⑤ 元器件的文字符号和基本参数。元器件的文字符号和基本参数要标在其图形符号旁边。为了读图方便，各元器件的字符代号和基本参数对于简单的图可直接写在图上，如图 7-2 所示，电阻标出了阻值，电容标出了容值，二极管和三极管标出了型号。

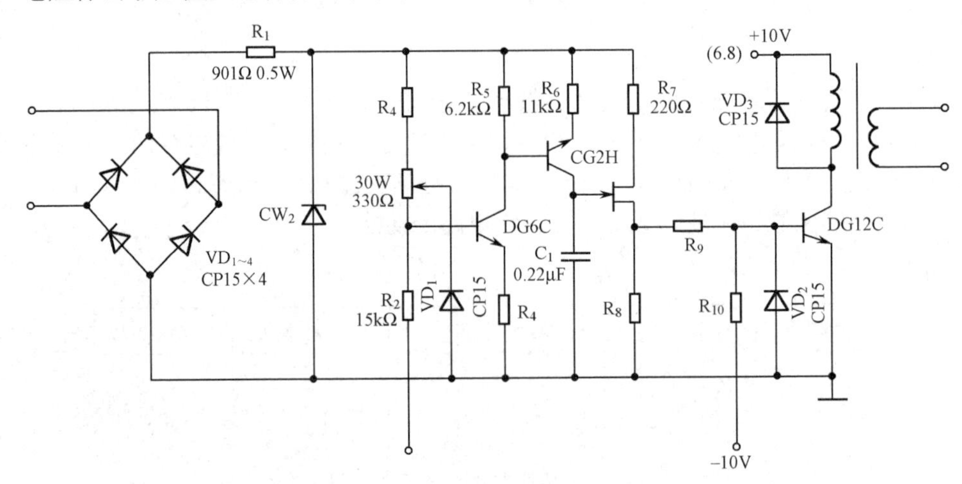

图 7-2　电子元器件在电路中按单元编制的序号

⑥ 元器件的布置。将同一功能的元器件尽可能画在一起。串联元器件最好画在一条直线上，并联时，各元器件符号的中心对齐。当若干元件（如电阻、电容及线圈等）接到同一根公共线上时，同类元器件的图形符号应保持高、齐、平。集成块、晶体管应尽可能画在中央，使图形保持对称、均匀。

⑦ 元器件之间的连线。元器件之间的连线应水平或垂直，互相平行的导线保持一定的间距，不要太密。尽量减少两线交叉，以保证图纸表述清晰。导线交叉时，若交叉且连接，则应在交叉处画一实心圆点，以示连接；若交叉且不连接，则无须画出圆点，如图 7-3 所示。

⑧ 对于同轴多联的元器件，如同轴电位器、多联电容器及多位波段开关等，在图纸上应将它们用虚线连接起来，如图 7-4 所示为双联可调电容器的画法。

⑨ 对于幅面较大或者排列较密集的图纸，当两个元器件的连接距离较远时，为了使图纸简洁清晰，可以将其连线断开，在两个元器件的连线起点用两个相向的箭头画出。当有多组箭头出现时，每组箭头都应编上相应的编号，以便查找，如图 7-5 所示。

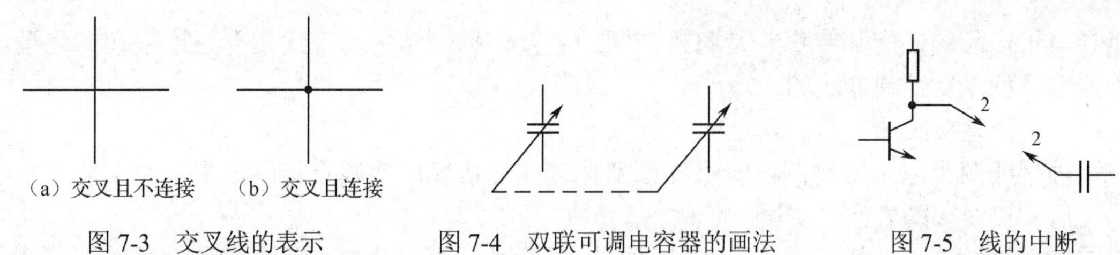

图 7-3　交叉线的表示　　　　图 7-4　双联可调电容器的画法　　　　图 7-5　线的中断

3．印制电路板装配图

印制电路板装配图用于指导工人装配焊接，是带有实际元器件安装位置的印制板图。一般说来，通过软件进行印制电路板设计后，将其元器件封装外形轮廓图和字符标记图叠印即可作为印制电路板装配图。如图 7-6 所示为某印制电路板装配图。

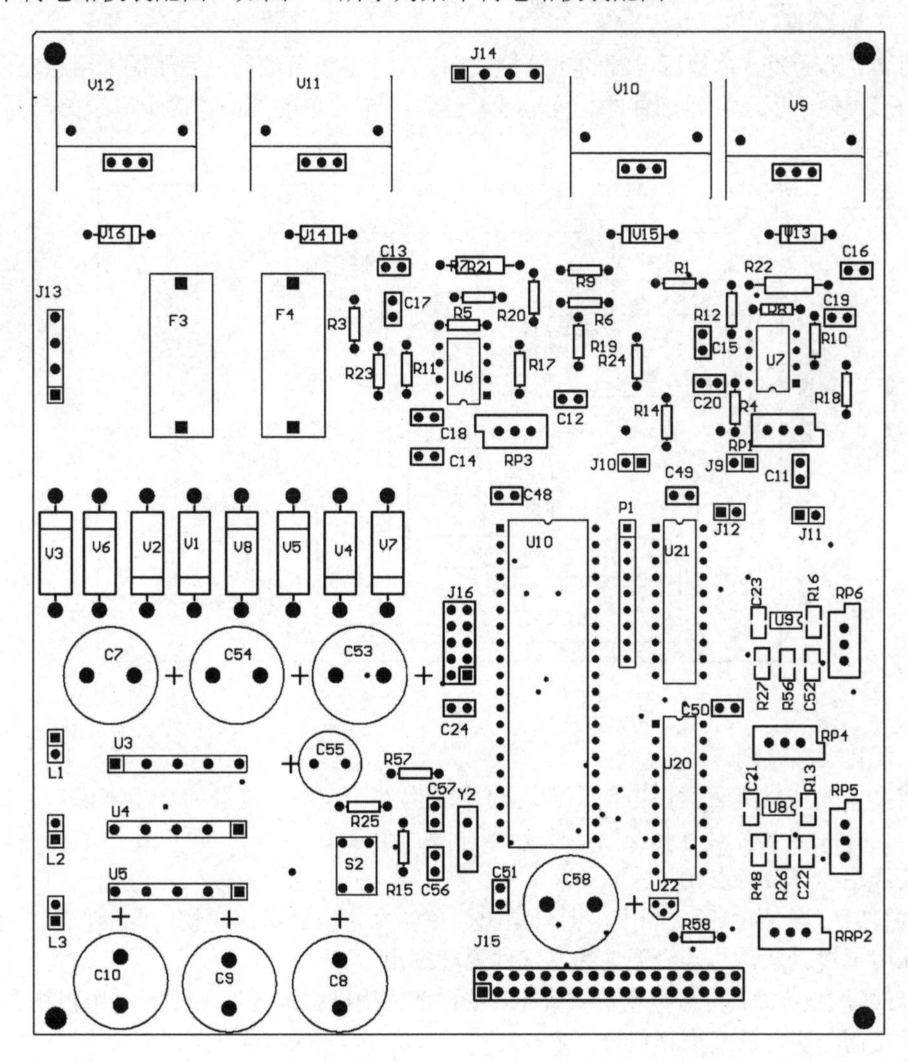

图 7-6　某印制电路板装配图

4．接线图

接线图是按照原理图绘制的表示各元器件之间或各零部件之间连接情况的工艺图。它用来指导电子产品的装配和维修，是整机装配的主要依据。常用的接线图有直连型和简化型，它们的主要特点及绘制方法如下。

（1）直连型接线图。

这种接线图类似于实物图，即将各零部件之间的接线用连线直接画出来。对于简单电子产品，这种接线图既方便又实用。

① 由于接线图主要用于表示接线关系，所以图中主要画出接线板、接线端子等与接线有关的部位即可，其他部分可以简化或者省略。此外，绘制接线图时不必拘泥于实物的比例，但各零部件的位置及方向等一定要同实际的位置及方向对应。

② 连线可以用任意的线条表示，但为了图面整齐，大多数情况下都采用直线表示。

③ 在接线图中应该标出各条导线的规格、颜色及特殊要求。如果没有标注，则意味着可由制作者任意选择。

如图 7-7 所示为一个稳压电源的实体接线图。图中，设备的前、后面板采用从左到右连续展开的图形，便于表示各零部件的相互连线。这是一个简单的图例，对于复杂的产品接线图，可以依此类推。

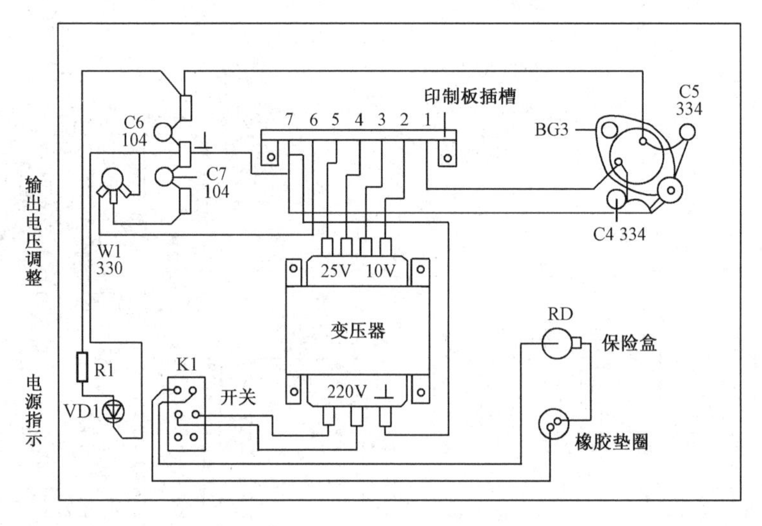

图 7-7 稳压电源实体接线图

（2）简化型接线图。

直连型接线图虽具有读图方便、使用简明的优点，但对于复杂的产品来说，不仅绘图非常费时，而且连线太多且互相交错，容易被看错。在这种情况下，可以使用简化型接线图。简化型接线图的主要特点如下。

① 零部件以结构的形式画出，即只画出简单轮廓，不必画出实物。元器件可以用符号表示，导线用单线表示，与接线无关的零部件无须画出。

② 导线汇集成束时，可以用单线表示，结合部位用圆弧或 45° 线表示。用粗线表示线束，其形状及走向与实际的线束相似。

③ 每根导线的两端应该标明端子的号码；如果采用接线表，还要给每条线编号。

在简化型接线图中，也可以直接标出导线的规格、颜色等要求。如图 7-8 所示为一个步进电机实验装置的简化型接线图。

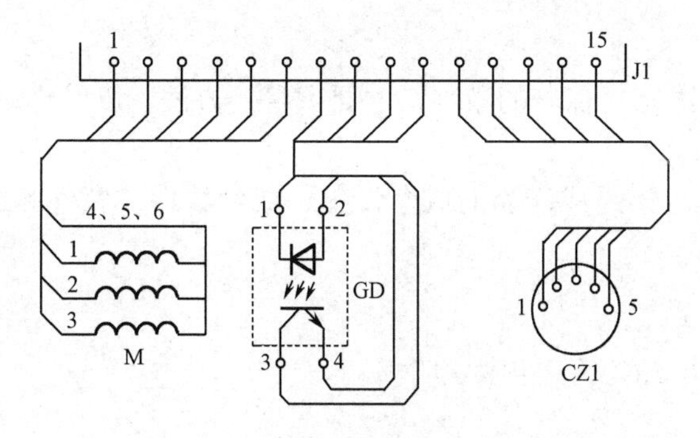

图 7-8 步进电机实验装置简化型接线图

7.2 电子产品的技术说明书和使用说明书

7.2.1 技术说明书

技术说明书（JS）是对产品用途、性能、组成、工作原理、调整和使用维修方法等的技术说明，供使用、维修产品之用。

1. 技术说明书的内容

技术说明书一般由下列内容构成：概述、技术特性、工作原理、结构特征、安装和调整、使用和操作、故障分析与排除、维修和保养及产品的成套等。可根据产品的具体要求增减或合并某些内容。

（1）概述。

概述部分用于概括说明产品的用途、性能、组成及原理等。

（2）技术特性。

技术特性应列出产品所具有的主要性能和主要参数，以及有关的计算公式和特性曲线等。

（3）工作原理。

为便于正确使用产品，用通俗易懂的文字和必要的简图说明产品的工作原理。

（4）结构特征。

结构特征用于说明产品在结构上的特点及组成，可用外形图、装配图和照片等表明其主要的结构情况。

（5）安装和调整。

安装和调整用于说明产品在使用地点进行安装和调整的方法及必须注意的事项，与人身安全和设备安全相关的内容应突出说明。

（6）使用和操作。

使用和操作应详细叙述正确使用产品的操作程序（也可用局部图样和简图加以说明）、安全防护、安全标志、运行监测、运行记录、停机操作程序和注意事项。

（7）故障分析与排除。

故障分析与排除应指出可能出现的故障现象并分析其原因，排除故障的程序、方法和注意事项。

（8）维修和保养。

维修和保养应指出维修、保养的条件，主要项目、方法，以及维修、保养周期和程度。

（9）产品的成套。

产品的成套应列出直接组成产品的成套设备、成套软件、整件和成套件，以及运用文件的名称和数量。

2．示例

JXD—1 型群集式电子电度表技术说明书。

（1）概述。

JXD—1 型群集式电子电度表适用于大中专院校的学生宿舍及企事业单位的单身宿舍的用电集中管理。该表具有限电、计度及短路保护等功能，是集电气技术与信息电子技术于一体的产品。计度原理：检测元件检测出电压、电流信号后，经标度转换电路送至单板机进行数据处理，再送往显示器和打印机。限电原理：当用电电流大于限电电流时，通过控制电路中断用户的工频电（交流 220V）。短路保护原理：用高分断小型断路器实现短路保护。

（2）技术参数。

① 限电电流（3±0.3）A。当用电电流大于（3±0.3）A 时，（5～10）s 内自动断电，40s 内自动恢复供电（用电电流不大于限电电流）。

② 短路电流。短路电流为 100A 时，在 0.1s 内停止供电。

③ 启动。当用电电流大于等于 15mA 时，计度器开始记录。

④ 绝缘电阻。工频电源进线端之间及工频电源进线端对机壳的绝缘电阻>20MΩ。

⑤ 功率消耗。功率消耗<100W。

⑥ 计度范围。计度范围为（0～9999）kW・h，误差不大于±5%。

⑦ 电源电压。交流（220±10%）V。

⑧ 记忆功能。用户的用电量，计度器应存储一年。

（3）结构与安装。

该群集式电子电度表为落地柜式结构，户内长期连续使用。它具有体积小、外形美观、操作方便、显示醒目、便于安装与维修等特点。

7.2.2 使用说明书

1．使用说明书的内容

使用说明书（SS）是对产品用途、性能、结构特征、工作原理和使用方法的说明。对于同类型产品，可按类编制使用说明书。

使用说明书一般由下列内容构成：概述、技术参数、工作原理、结构和特征、使用和维护等，可根据产品具体要求增减或合并某些内容。产品出厂的有关标识及其规定见 GB 5296.1 和 GB 9969.1。

（1）概述。

概述应概括说明产品用途和使用要求。

（2）技术参数。

技术参数应列出产品的主要技术数据。

（3）工作原理。

工作原理应按使用本产品的要求，用通俗易懂的文字和必要的图样简单扼要地说明产品的工作原理。

（4）结构特征。

结构特征用于说明产品在结构上的特征（包括外形尺寸、安装尺寸等），可用外形图、图形符号等表明其主要的结构情况和功能原理。

2．示例

××系列直流电源的使用说明书。

（1）概述。

××系列直流电源具有稳压（CV）和稳流（CC）功能，是我公司向广大用户推出的新一代电源产品。本系列电源引进“悬浮式”和“预稳压”等新型设计，在高稳、高效、高可靠等诸多方面具有其他系列稳压电源无法媲美的优势。本系列电源功能齐全，使用方便，具有稳流、稳压、连续可调、不怕短路等优点，其稳压和稳流两种工作状态可以随负载的变化自动切换。

××系列直流电源造型美观，工艺先进，结构简单，维修方便，其输出读数清晰，调整方便，可长期工作。它广泛用于国防、生产、科研、实验室和学校教学等领域，也可用于计算机和自控系统等进行直流供电。××系列新一代产品将以优秀的性能价格比和优质的服务给广大新老客户更满意的回报。

（2）性能指标。

① 输出电压调节范围（V）：（0～32）V。

② 输出电流调节范围（A）：（0～5.5）A。

③ 输出电压控制范围（V）：（3～30）V。

④ 输出电流控制范围（A）：（0.5～5）A。

⑤ 输入电压：220V AC、50Hz。

（3）工作原理。

主电路采用“悬浮放大”和“预稳压”等新型设计方案，使电路调压范围宽、精度高，能保持长期稳定可靠工作。预稳压电路采用可控硅移相技术，通过改变整流桥两端的电压，使调整管上的压降在一定的范围内变化，从而保证调整管能够长期安全可靠地工作，同时提高了整机效率。

调整电路采用串联线性调整电路，当输出电压（电流）变化时，由电压（电流）比较放大器的输出控制，使输出电压（电流）恒定。

电路恒压工作时，电压比较放大器处于优先控制状态。当输出电压由于输入电压或负载的变化而偏离原来的电压值时，电压变化量经取样电路被送入比较放大器的反相输入端，与同相输入端设定的基准电压进行比较放大后，经与门去控制调整管，使其输出电压趋于原来的数值，从而达到稳压的目的。

电路恒流工作时，电流比较放大器处于优先控制状态，控制过程和恒压工作时完全相同。电路工作状态可自动切换，当负载超过额定值或输出短路时，电路失去稳压作用，自动切换到稳流状态；若负载低于额定值或输出开路，电路又自动切换到稳压状态。当电路工作在稳压状态时，稳流部分即为限流保护电路；当电路工作在稳流状态时，稳压部分又起到限压作用，两者相互保护，此为理想设计。

（4）使用注意事项。

① 使用前请仔细阅读说明书。

② 本系列直流电源具有完善的过流保护功能，当输出超载时，电源输出电流将被限制在已设置的最大限流点并不再增加；当输出严重超载（或短路）时，本机将进入截流保护状态，输出无电压、无电流。为避免出现不必要的损耗和损坏，应关断电源，将故障排除，使机器工作在正常状态（使用时应尽可能避免出现超载或输出短路情况）。

③ 本系列直流电源设有过压保护功能。当输出电压超过设定的过压值时，本机自动切断输出，并进行声光报警。如开机时就出现保护现象，则检查机器后再重新开机。

④ 本机若长期不用，请放在干燥、通风的地方。

任务实施

根据前面各任务形成的资料，填写设计文件表格，见附录 A 和附录 B 中的设计文件和工艺文件。

任务总结

本任务通过填写设计文件和工艺文件，使学生掌握各类文件的基本要求和技术规范，同时了解技术文件的编写方法。

思考与练习

7.1　什么是设计文件？它包括哪几种类型的文件？

7.2　简述电路图的绘制原则。

7.3　试编写某电子产品的技术说明书和使用说明书。

第 8 章

综合设计实例

本章通过 3 个综合设计实例（其中 LED 发光控制器的设计与制作、模拟电梯电路的设计与制作取材于世界技能大赛电子技术赛项原题），一方面增加课程教学案例，对教学内容进行补充，另一方面提高学生电子产品设计与制作的能力，激发学生的制作兴趣、拓展视野、培养创新能力，使工匠精神根植于心，内化于行。

8.1 数字频率计的设计与制作

在电子产品制作与调试过程中，经常需要对信号的频率进行测量，频率计就是用来测量各种信号频率的一种装置，一般要求它能直接测量方波、三角波及正弦波等各种周期信号的频率。

数字频率计的应用十分广泛，除了测量信号的频率，对于一些非电量的测量，如电动机的转速、行驶中车轮转动的速度、自动生产线上单位时间内传送和装配零件的个数等，可以通过一定的传感器（如光电传感器）将这些非电量转换成电信号的频率再进行测量。不过，此时测量“频率”的装置一般不叫频率计，而被称为转速表、里程计或计数器，但其实质仍是一个频率计。

通过本综合设计实例可以进一步掌握电子产品的设计与制作方法，加深对数字电路应用技术的了解与认识，掌握数字电路系统设计、制作与调试的方法和步骤。

8.1.1 数字频率计的组成

1．设计指标

设计并制作一种数字频率计，其技术指标如下。

① 频率测量范围：1Hz～99.99kHz。

② 输入电压幅度：>20mV。

③ 输入信号波形：方波、三角波、正弦波、锯齿波。

④ 显示位数：4 位。

⑤ 量程：分为×1、×10 两挡。

⑥ 电源：220V、50Hz。

2．数字频率计的组成

数字频率计的主要功能是测量周期信号的频率。所谓频率，就是周期信号在单位时间（1s）内变化的次数。若在一定时间间隔 T 内测得这个周期性信号的重复变化次数为 N，则其频率 f_x 可表示为

$$f_x = N/T \tag{8-1}$$

如果在1s内对信号波形进行计数，并将计数结果显示出来，就能读取被测信号的频率了。

数字频率计的原理框图如图8-1所示，它由放大、整形电路，闸门电路，计数器电路，译码器电路，时基电路和逻辑控制电路几部分组成。

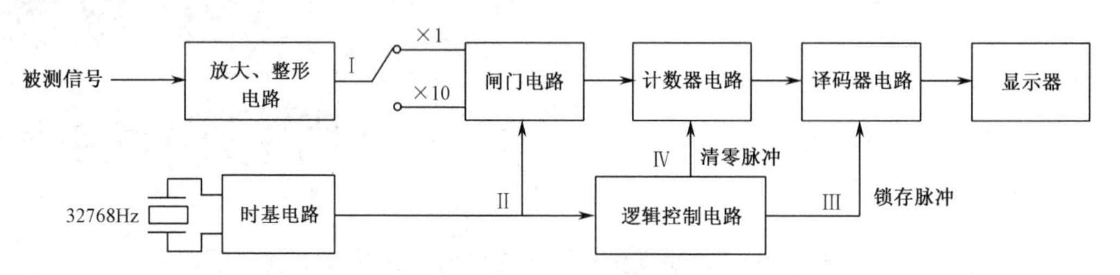

图8-1 数字频率计原理框图

数字频率计的主要波形如图8-2所示。

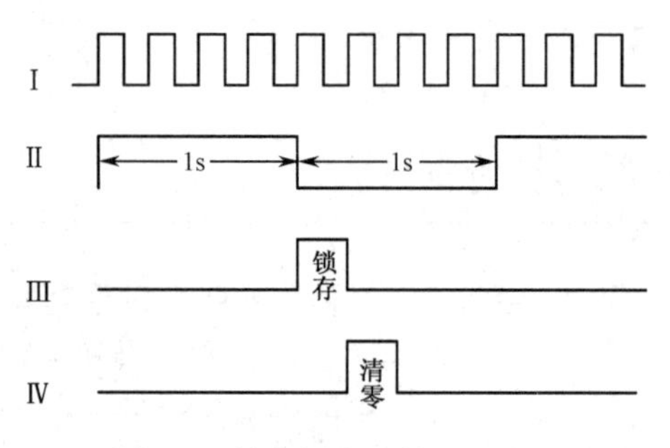

图8-2 数字频率计的主要波形

由原理框图可知，被测信号经放大、整形电路变成计数器所要求的脉冲信号Ⅰ，其频率与被测信号的频率 f_x 相同，它被送到由与非门组成的闸门电路的一个输入端。由时基电路产生的0.5Hz方波（正、负半周各1s）基准信号Ⅱ，被送入闸门电路的另一个输入端，用于控制闸门电路的开放时间。当其为高电平时，计数器计数；当其为低电平时，计数器处于保持状态，数据被送入锁存器进行锁存显示。然后对计数器进行清零，准备下一次计数。由于时基电路产生的是0.5Hz方波信号，根据式（8-1），计数器显示即为被测信号频率。

8.1.2 数字频率计单元电路的设计与仿真

1. 放大、整形电路的设计与仿真

为了能测量不同电平值与波形的周期信号的频率，必须对被测信号进行放大与整形处理，使之成为能被计数器有效识别的脉冲信号。信号放大与波形整形电路的作用即在于此。信号放大可以采用一般的运算放大电路，波形整形可采用施密特触发器。

在设计过程中，考虑到输入信号的幅度不定，很难确定放大器的放大倍数，并且施密特触发器要求输入电平很高，所以放大器的放大倍数要随输入信号幅度随时调整，因此采用一般的方案不能实现。为了解决这个问题，可以采用运放构成过零比较器来实现，这时只要待测信号电压达到20mV（由运放参数决定）以上，即可将输入方波、三角波、正弦波或锯齿波整形成能被计数器识别的矩形脉冲信号。

由于输入信号的频率最高达100kHz，使用频带范围窄的运放构成过零比较器会将整形输

出的波形变成梯形波，严重时变成三角波，因此，采用增益带宽积为 15MHz 的运放 LM833N。由运放构成的过零比较器电路如图 8-3 所示。

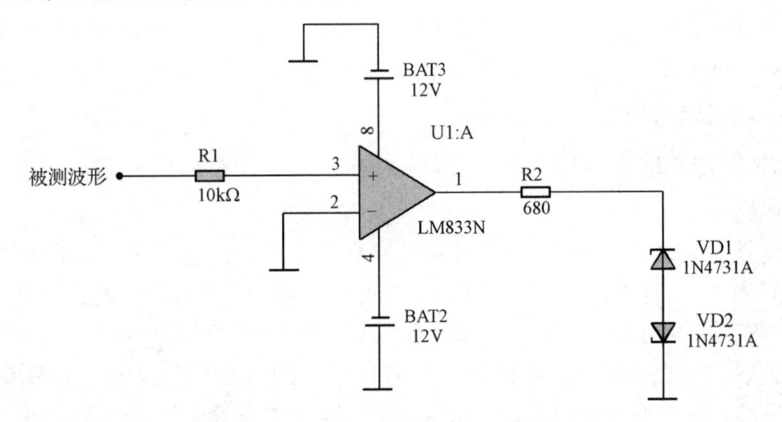

图 8-3 由运放构成的过零比较器电路

图 8-3 中，R1 是输入耦合电阻，R2 是稳压管的限流电阻，VD1 和 VD2 是 4.3V 稳压管，经 LM833N 整形后输出矩形波，其幅度是±5V_{P-P}。

在数字频率计中，设计了×10 挡对输入信号进行 10 分频，可实现 10 倍扩展。当数字频率计拨到×10 挡时，被测信号的实际频率是显示值乘以 10。×10 挡电路由 LM833N 构成的电压跟随器和十进制计数器 74LS160 组成，如图 8-4 所示。

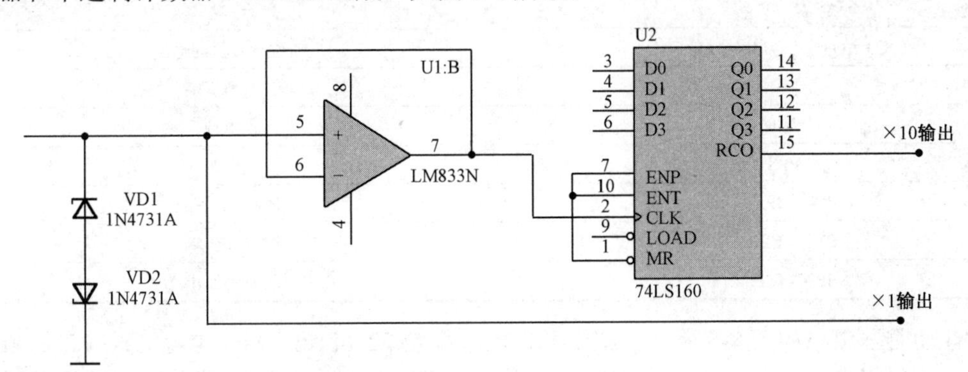

图 8-4 ×10 挡电路（MR=$\overline{CLR}$）

74LS160 十进制同步计数器具有计数、保持、预置及清零功能。图 8-4 中，MR（$\overline{CLR}$）为异步清零端，LOAD（$\overline{LD}$）为同步置数端，ENP、ENT 为使能端，CLK 为脉冲输入端，RCO 为进位输出端。表 8-1 是 74LS160 的功能表。

表 8-1 74LS160 的功能表

$\overline{CLR}$	$\overline{LD}$	ENP	ENT	CLK	Q3	Q2	Q1	Q0
0	×	×	×	×	0	0	0	0
1	0	×	×	↑	D3	D2	D1	D0
1	1	0	×	×	Q3	Q2	Q1	Q0
1	1	×	0	×	Q3	Q2	Q1	Q0
1	1	1	1	↑	计　数			

当复位端$\overline{CLR}$=0 时，输出 Q3Q2Q1Q0 全为零，实现异步清零功能（又称复位功能）。当$\overline{CLR}$=1，预置控制端$\overline{LD}$=0，并且 CLK=CLK↑时，Q3Q2Q1Q0= D3D2D1D0，实现同步预置数功能。当$\overline{CLR}$=$\overline{LD}$=1 且 ENP·ENT=0 时，输出 Q3Q2Q1Q0 保持不变。当$\overline{CLR}$=$\overline{LD}$=ENP=ENT=1，CLK=CLK↑时，实现计数功能。当计满 10 个数后，由 RCO 引脚输出进位脉冲，实现对输入信号的 10 分频。

2. 时基和控制电路的设计与仿真

（1）时基电路。

在数字频率计中，由于要在单位时间内对被测信号不断地进行采样，所以需要有能不断地产生持续时间为 1s 的标准时间信号的电路，而产生这种信号的电路就是时基电路。时基电路都采用晶体振荡器，经过若干次分频后获得 1s 的标准时间信号。

设计时，选取晶体振荡器和 CD4060 产生秒脉冲。CD4060 是 14 位二进制串行计数器/分频器，由两部分组成，一部分为 14 级分频器，另一部分是振荡器。分频器是由 T 触发器组成的 14 位二进制串行计数器，在时钟脉冲下降沿的作用下进行增量计数，且所有输入端和输出端都有缓冲级。振荡器可由外接电阻和电容构成 RC 振荡器，也可通过外接晶体构成高精度的晶体振荡器。其 12 引脚 MR 端为公共清零端，只要在 MR 端上加一高电位或正脉冲，即可使计数器输出全部为“0”，同时使振荡器停振。具体引脚功能见表 8-2。

表 8-2　CD4060 引脚功能

引 脚 名 称	引 脚 功 能
Q3（Q4）~Q13（Q14）	14 位计数器的输出
MR	公共清零端
VDD	正电源
VSS	负电源
RS（CP1）	时钟输入端
CTC（CP0）	时钟输出端
RTC（$\overline{CP0}$）	反相时钟输出端

设计的时基电路如图 8-5 所示。图中晶振的频率是 32768Hz，两个电容 C1、C2 是频率校正电容，可采用半微调电容。由于 CD4060 最大只能实现 2^{14}=16384 级分频，且晶振频率为 32768Hz，则由 CD4060 的 13 引脚输出的脉冲的频率是 32768Hz÷16384=2Hz。要想获得正负脉冲持续时间均为 1s 的 0.5Hz 脉冲，还需要一个芯片实现 4 分频。

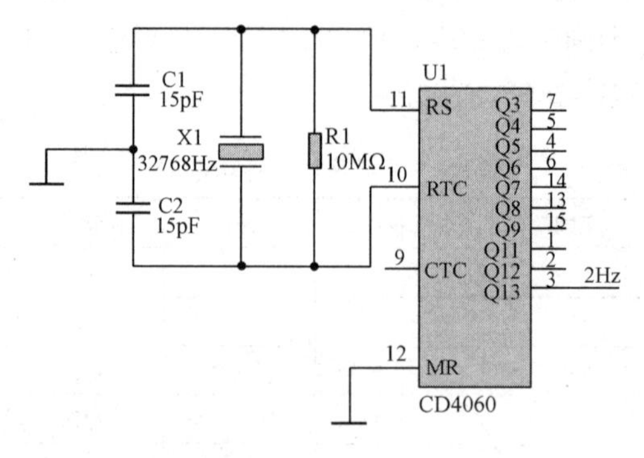

图 8-5　时基电路

在设计中，选用 74LS160 构成 4 分频电路，如图 8-6 所示。用 74LS160 构成 4 分频电路实质上就是用它构成四进制计数器，即在 Q0Q1Q2Q3=0100 时，计数器复位。因此，将 Q2 端接与非门 7400 后送到复位端 MR，最后由 Q1 端输出 0.5Hz 脉冲。

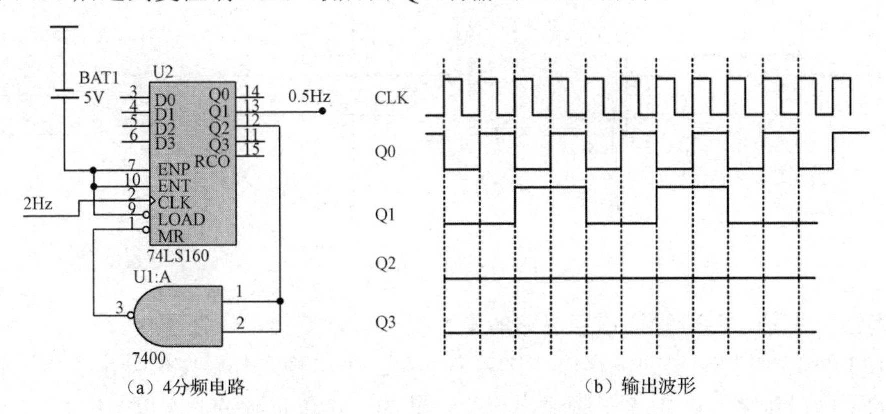

（a）4分频电路　　（b）输出波形

图 8-6　4 分频电路及输出波形

（2）控制电路。

从某种意义上讲，控制电路是整机电路设计成败的关键。对控制电路的要求是：逻辑性强，时序关系配合要得当。控制电路的作用是：产生一个锁存保持信号，使 1s 内的计数结果（被测信号频率）显示一段时间，以便观察者看清并记录下来，接下来输出一个清零脉冲，使计数器的原记录数据被清零，准备下次计数。

控制电路产生的锁存信号应在 1s 计数结束后（0.5Hz 脉冲正半周结束后下降沿）产生。清零信号应在锁存信号产生后产生。在设计时，选用可重复触发的单稳态电路 74LS123 实现，直接用 0.5Hz 脉冲作为单稳态电路的外触发信号。

74LS123 是可重复触发的单稳态多谐振荡器，由高电平或低电平进行脉冲触发，且触发得到的脉冲宽度可调，其功能见表 8-3。

表 8-3　74LS123 功能表

CLEAR(MR)	A	B	Q	$\overline{Q}$
L	×	×	L	H
×	H	×	L	H
×	×	L	L	H
H	L	↑	⎍	⊔
H	↓	H	⎍	⊔
↑	L	H	⎍	⊔

由功能表可知，当 CLEAR=1，B=1，A 端输入脉冲的下降沿到来时，输出端 Q 输出一个正脉冲，此脉冲的宽度由引脚 14、15 或引脚 6、7 之间所接阻容元件的时间常数决定。

根据系统对控制电路的要求，设计的控制电路如图 8-7 所示。电路中 1 引脚输入 0.5Hz 脉冲，2、3 引脚接电源（高电平），14、15 引脚接阻容定时元件。当 1s 计数结束后，脉冲的下降沿触发 74LS123 的 1 引脚，根据引脚功能表 8-3，在 13 引脚输出一个正脉冲。这个正脉冲的宽度 τ 由 R1、C1 的值确定，即

$$\tau = 0.37\times \text{R1 的阻值} \times \text{C1 的容值}$$

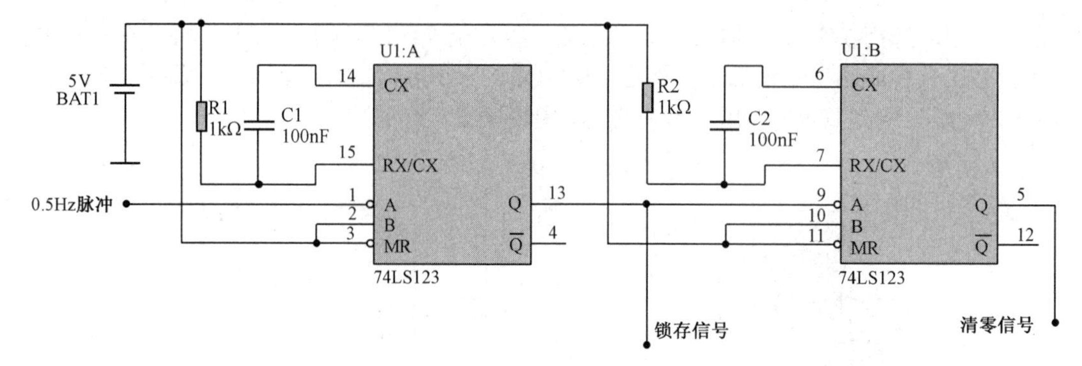

图 8-7　控制电路

此脉冲作为锁存信号，并可根据锁存电路的电平要求进行变换，保证锁存。

74LS123 的 13 引脚输出的锁存信号作为内部第二个单稳态外触发信号由 9 引脚输入，在锁存信号的下降沿到来时，由 5 引脚输出一个正脉冲。这个正脉冲的宽度 τ 由 6、7 引脚外接的 R2、C2 的值确定。它作为清零信号，送到计数器的清零端。

3．计数、译码显示电路的设计与仿真

（1）计数电路。

计数电路用于对经过整形的脉冲信号进行计数，并将计数结果送到译码电路。在设计时，选用四位十进制计数器 74LS160 作为计数电路。单个 74LS160 的应用电路如图 8-8 所示。

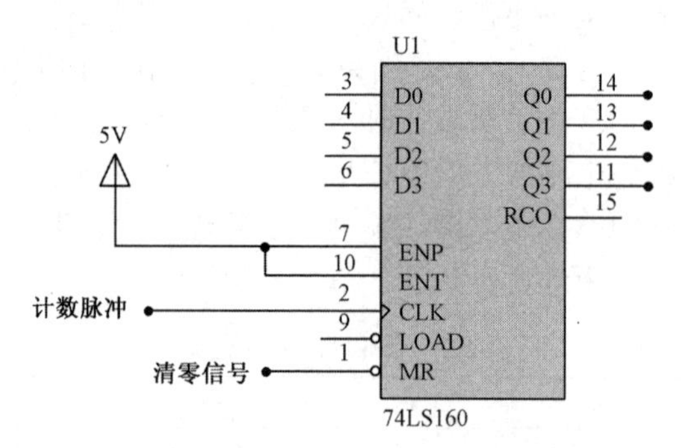

图 8-8　单个 74LS160 的应用电路

74LS160 在使用时将 ENP、ENT 接高电平，CLK 引脚接整形后经过闸门电路的计数脉冲，即可实现十进制计数，由 Q0、Q1、Q2、Q3 输出。当 MR 为低电平时，可实现清零功能。控制电路 13 引脚输出的清零信号应经过一个非门才能满足要求。将 4 个 74LS160 连接起来实现多进制计数的电路如图 8-9 所示。

（2）译码显示电路。

译码显示电路用于将计数器输出的 BCD 码表示的十进制数转换成能驱动数码管显示的段信号，以获得数字显示。

CD4511 是一个用于驱动共阴极 LED（数码管）显示器的 BCD 码—七段码译码器，其特点是：具有 BCD 转换、消隐和锁存控制、七段译码及驱动功能，能提供较大的拉电流，可直接驱动 LED 显示器。CD4511 的引脚排列如图 8-10 所示。

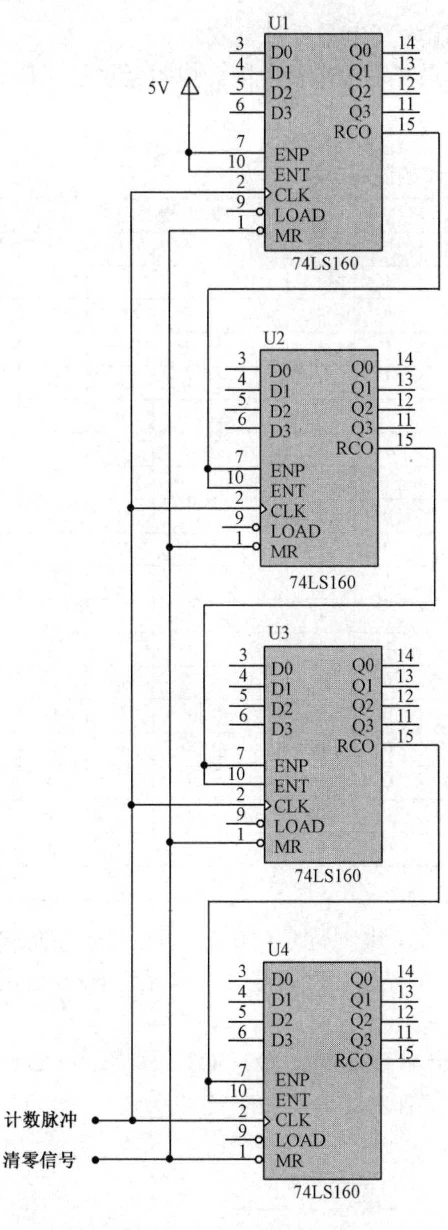

图 8-9 多进制计数电路

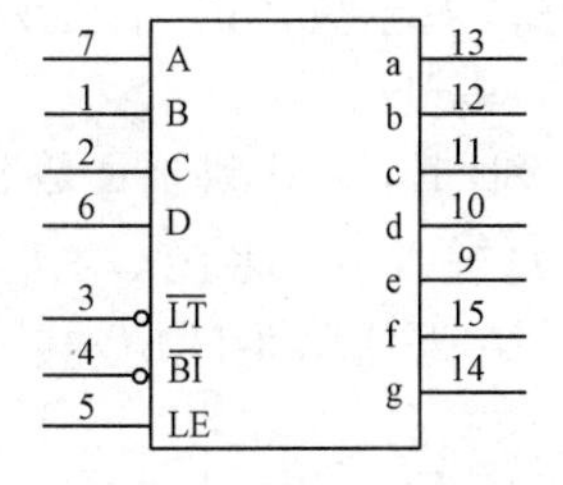

图 8-10 CD4511 引脚排列

各引脚的功能如下。

$\overline{\text{BI}}$：4 引脚是消隐输入控制端。当 $\overline{\text{BI}}$=0 时，不管其他输入端状态如何，七段数码管均处于熄灭（消隐）状态，不显示数字。

$\overline{\text{LT}}$：3 引脚是测试输入端。当 $\overline{\text{BI}}$=1，$\overline{\text{LT}}$=0 时，译码输出全为 1，不管输入端状态如何，七段数码管均发亮，显示“8”。它主要用来检测数码管是否损坏。

LE：锁定控制端。当 LE=0 时，允许译码输出；当 LE=1 时，译码器处于锁定保持状态，输出保持在 LE=0 时的数值。

D、C、B、A： 8421BCD 码的输入端。

a、b、c、d、e、f、g：译码器输出端，输出为高电平 1 时有效。

CD4511 的内部有上拉电阻，在输入端与数码管笔段端接上限流电阻就可以工作。CD4511 的逻辑功能见表 8-4。

表 8-4　CD4511 的逻辑功能

输　入							输　出							
LE	$\overline{BI}$	$\overline{LT}$	D	C	B	A	a	b	c	d	e	f	g	显示
×	×	0	×	×	×	×	1	1	1	1	1	1	1	8
×	0	1	×	×	×	×	0	0	0	0	0	0	0	消隐
0	1	1	0	0	0	0	1	1	1	1	1	1	0	0
0	1	1	0	0	0	1	0	1	1	0	0	0	0	1
0	1	1	0	0	1	0	1	1	0	1	1	0	1	2
0	1	1	0	0	1	1	1	1	1	1	0	0	1	3
0	1	1	0	1	0	0	0	1	1	0	0	1	1	4
0	1	1	0	1	0	1	1	0	1	1	0	1	1	5
0	1	1	0	1	1	0	0	0	1	1	1	1	1	6
0	1	1	0	1	1	1	1	1	1	0	0	0	0	7
0	1	1	1	0	0	0	1	1	1	1	1	1	1	8
0	1	1	1	0	0	1	1	1	1	0	0	1	1	9
0	1	1	1	0	1	0	0	0	0	0	0	0	0	消隐
0	1	1	1	0	1	1	0	0	0	0	0	0	0	消隐
0	1	1	1	1	0	0	0	0	0	0	0	0	0	消隐
0	1	1	1	1	0	1	0	0	0	0	0	0	0	消隐
0	1	1	1	1	1	0	0	0	0	0	0	0	0	消隐
0	1	1	1	1	1	1	0	0	0	0	0		0	消隐
1	1	1	×	×	×	×	锁　存							锁存

CD4511 有拒绝伪码的特点，当输入数据超过十进制数 9（1001）时，显示字形自行消隐。当 CD4511 显示数“6”时，a 段消隐；显示数“9”时，d 段消隐，所以显示 6、9 这两个数时，字形不太美观。

在设计时，将十进制计数器 74LS160 的输出端 Q0、Q1、Q2、Q3 分别接到 CD4511 的 A、B、C、D 输入端，将 $\overline{BI}$、$\overline{LT}$ 端接高电平，LE 端接 74LS123 的 13 引脚输出的锁存信号。具体的应用电路如图 8-11 所示。

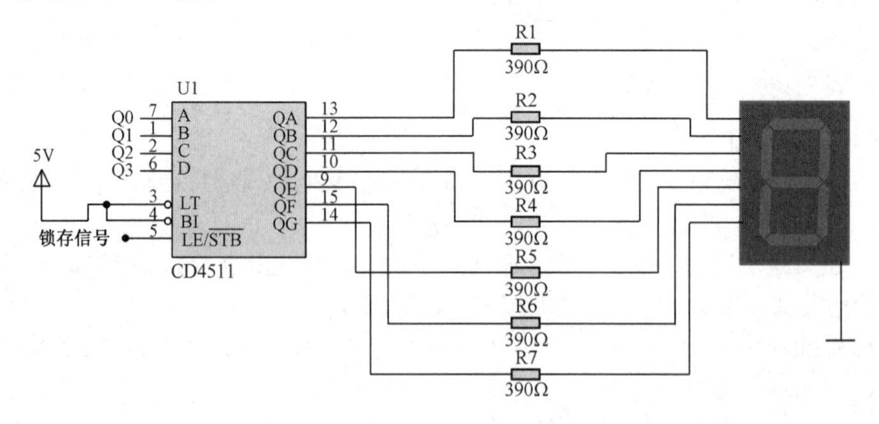

图 8-11　CD4511 应用电路

图 8-11 是 CD4511 和 74LS160 配合而成的一位计数显示电路，若要多位计数，只需将计数器级联，每级输出接一只 CD4511 和 LED 数码管即可。限流电阻要根据电源电压来选取，当电源电压为 5V 时可使用 390Ω 的限流电阻。CD4511 只能驱动共阴极 LED 数码管，所谓共阴极 LED 数码管是指七段 LED 的阴极是连在一起的，在应用时应接地。

8.1.3　数字频率计的 PCB 设计与制作

1．原理图

按照前面设计的仿真电路，用 Altium Designer Summer 09 软件绘制数字频率计的原理图，如图 8-12 所示。

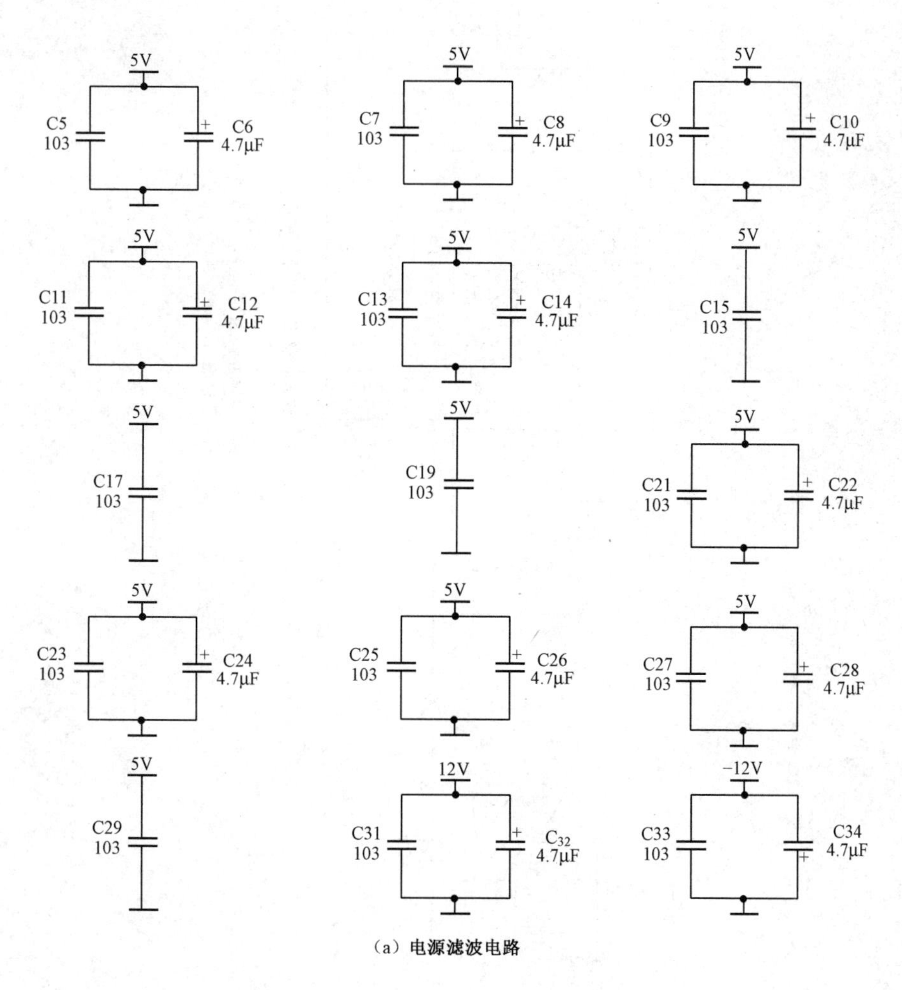

（a）电源滤波电路

图 8-12　数字频率计原理图

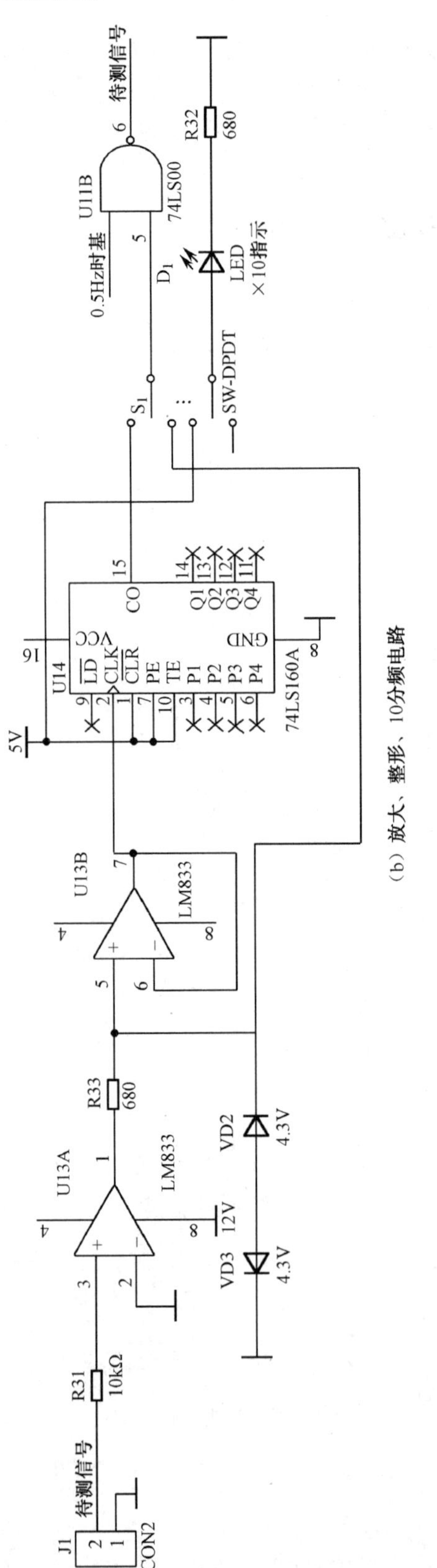

（b）放大、整形、10分频电路

图8-12 数字频率计原理图（续）

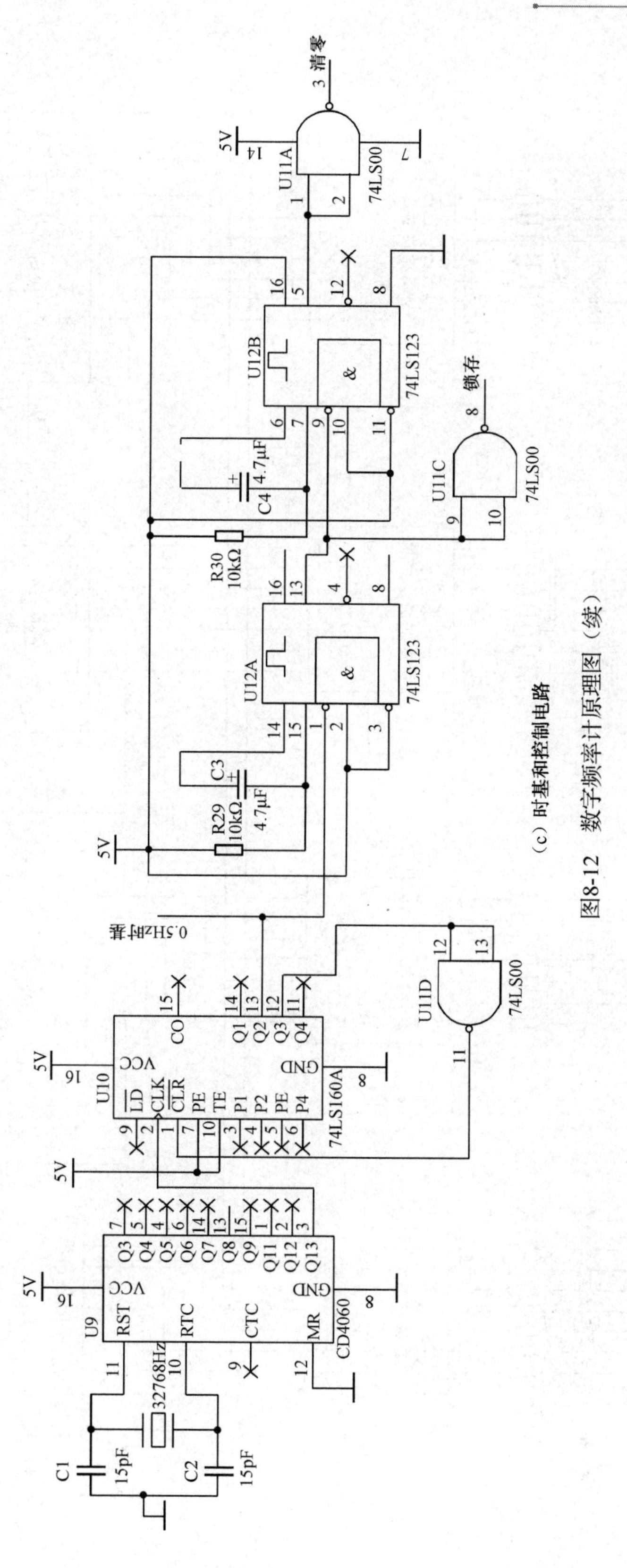

（c）时基和控制电路

图8-12　数字频率计原理图（续）

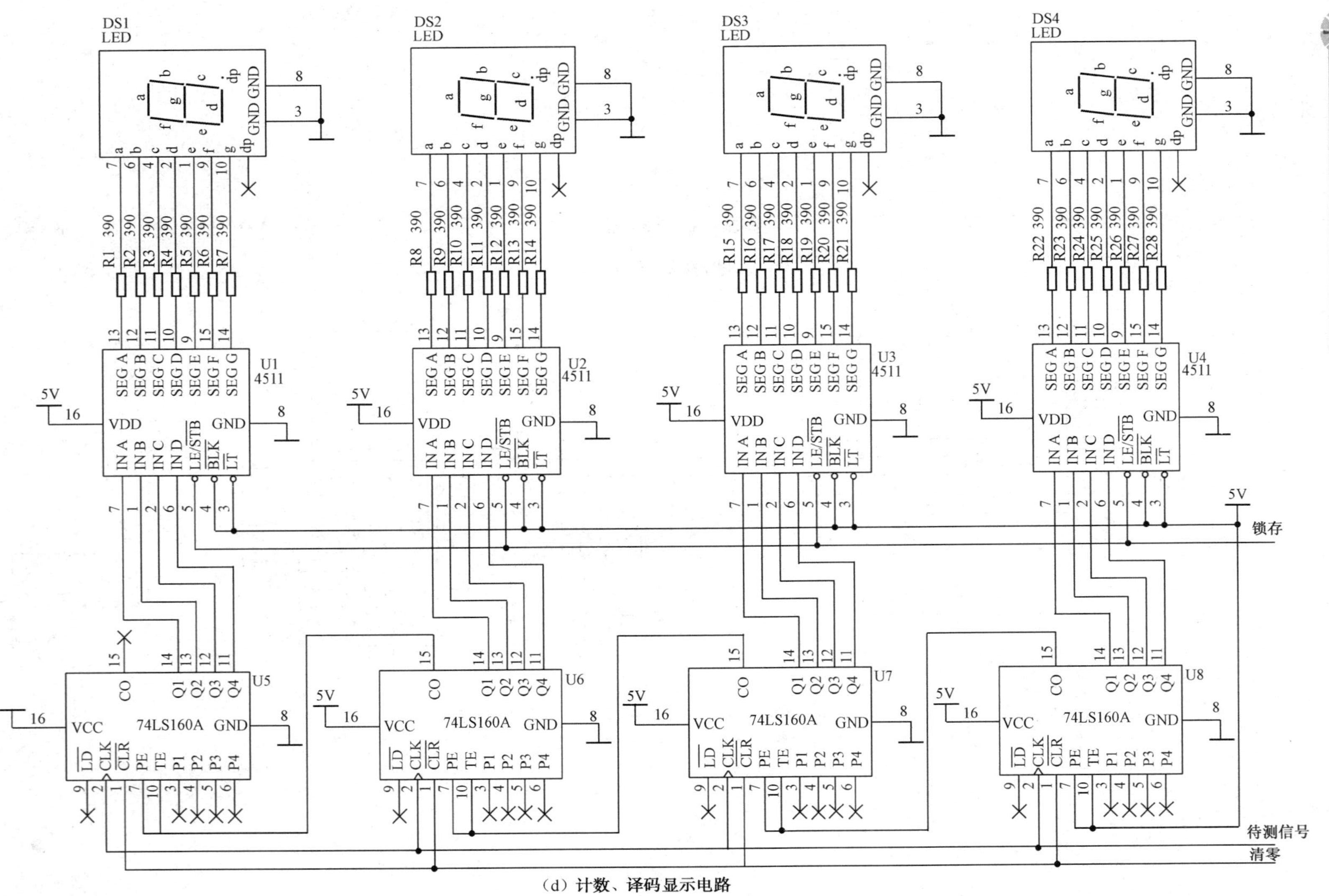

（d）计数、译码显示电路

图8-12 数字频率计原理图（续）

2．PCB 图

由于制作条件的限制，本书提供了单面 PCB 设计板图，如图 8-13 所示，仅供参考。PCB 的制作采用热转印法。

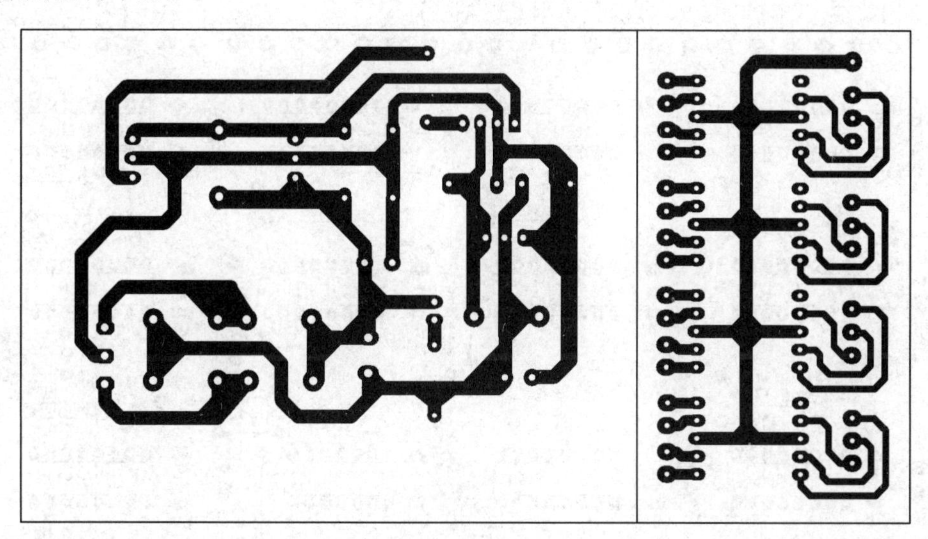

（a）电源板（左）、显示板（右）底层布线图

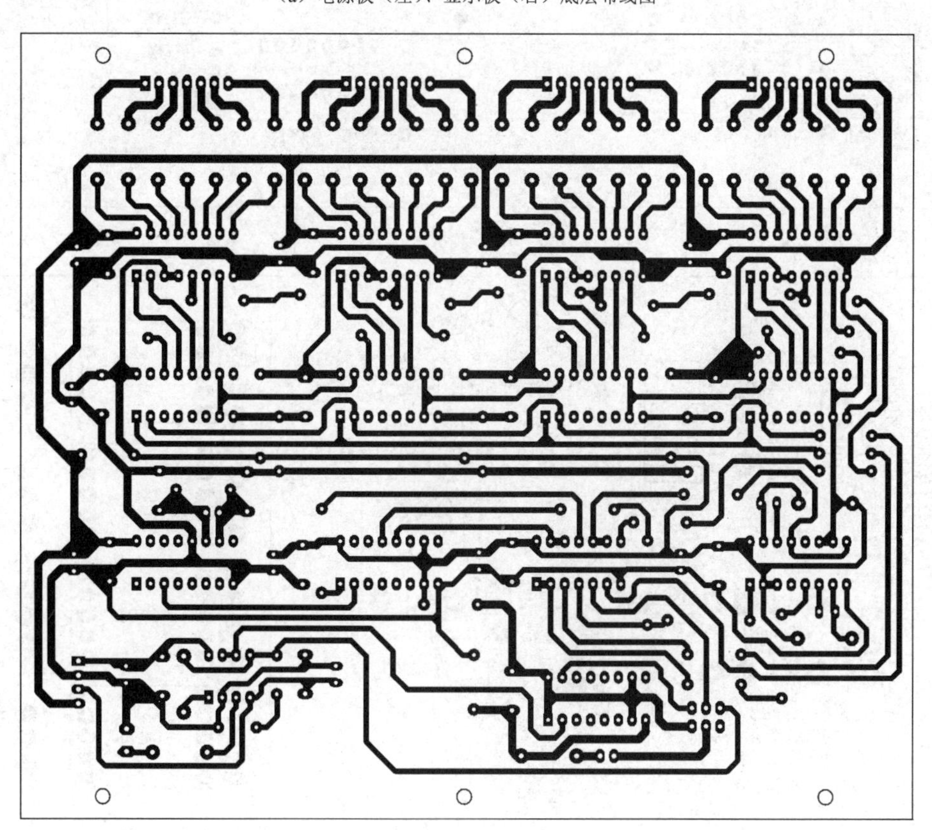

（b）功能板底层布线图

图 8-13　数字频率计 PCB 图

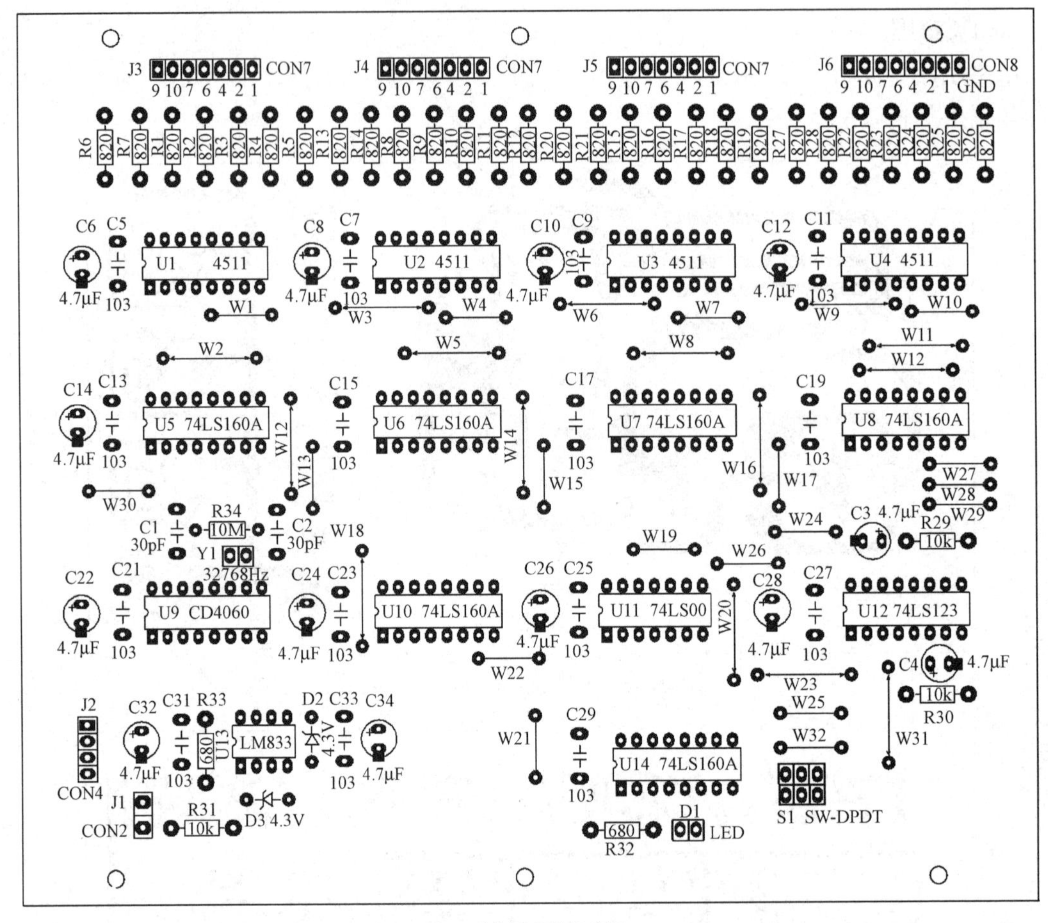

（c）功能板顶层丝印图

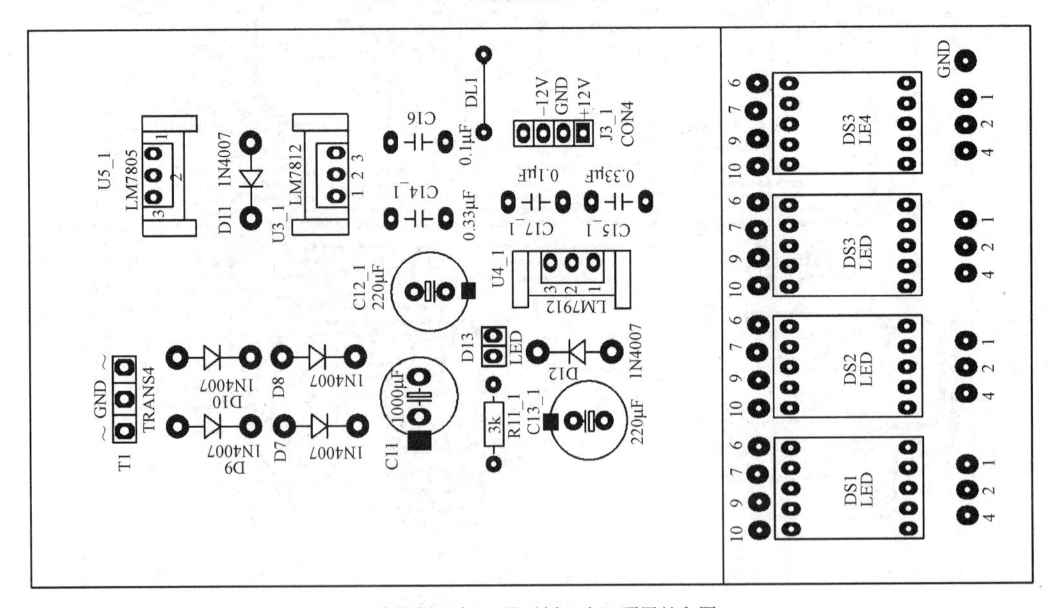

（d）电源板（左）、显示板（右）顶层丝印图

图 8-13　数字频率计 PCB 图（续）

8.1.4　数字频率计的组装与调试

1. 组装

组装应按照由小到大、由低到高的原则进行。安装顺序是：短路线、二极管、电阻、IC座、电容及数码管。安装时应注意极性，IC座的引脚不能弯折等。安装好的功能板如图8-14所示。安装好的整机如图8-15所示。

图8-14　安装好的功能板

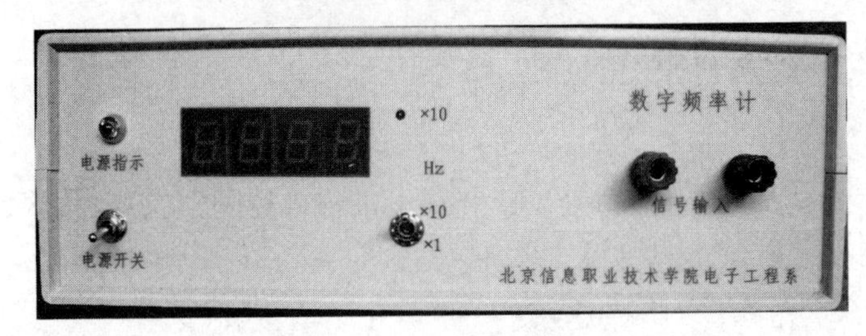

图8-15　安装好的整机

2. 调试

（1）静态测试。

① 接通电源，打开电源开关，用万用表测量电源板上插座J3上的电压，测量时黑表笔接J2的GND端，红表笔分别接标有12V和-12V的两个端子，观察测量结果是否与标注一致。

② 电源板检测正常后，将J3通过导线接到功能板的插座J2上（注意极性，按图8-13（c）所示，J2的上端是12V），为功能板供电。

③ 用万用表测量U1～U12、U14的电源引脚电压应为5V，U13的8引脚电压应为12V，4引脚电压应为-12V。

（2）动态调试。

① 用示波器测量CD4060的13引脚是否输出2Hz脉冲信号，4分频74LS160A的13引脚是否输出0.5Hz脉冲信号。

② 测量74LS123的13引脚和5引脚的时序关系，并观察输出的清零和锁存信号。

③ 用函数信号发生器输出一个频率为1kHz、幅度为500mV$_{P-P}$的正弦波信号，将此信号

接到数字频率计面板上的信号输入端，用示波器测量 LM833 的 1 引脚输出是否为方波，10 分频电路 74LS160A 的 15 引脚输出信号频率是否为输入信号频率的 1/10。

④调整函数信号发生器的频率和幅度，观察数字频率计测得的数据，并与标准测量仪器的测量结果进行比较。

3. 检修

① 若数字频率计显示数值有偏差，应调整 C1 或 C2。

② 若数字频率计显示数值始终为“0000”，应检查 CD4060 是否有振荡波形。若无振荡波形，则应更换晶体振荡器或 CD4060。

③ 若数字频率计显示数值始终为“0000”，则应检查 LM833 的 1 引脚是否输出方波。若无方波，则应更换 LM833。

④ 若数码管有缺段现象，则应检查对应的排线、计数器和译码器。

8.2 LED 发光控制器的设计与制作

LED 发光控制器是模拟电路和数字电路的混合应用实例，是经过世界技能大赛电子技术赛项原题改造的设计案例。通过学习此制作项目，可以使学生进一步掌握电子产品的设计与制作方法，加深对模拟电路和数字电路综合应用的了解与认识，掌握模拟和数字混合电路系统设计、制作与调试的方法和步骤。

8.2.1 LED 发光控制器的组成

1. 设计要求

LED 发光控制器根据输入电压 VR（0～10V）的值，控制七段数码管显示 0～9 之间的数字。同时，LED 的亮度也在 0～9 级之间变化。

2. 组成

LED 发光控制器的框图如图 8-16 所示，输入电压 VR 通过 A/D（模拟/数字）变换电路转换成 D1～D9 的数字量变化，此变化的数字量通过编码器编成 4 位二进制编码（DQ0～DQ3）。这 4 位二进制编码一路通过译码器在数码管上显示数字 0～9；另一路送到 PWM 脉冲产生电路。脉冲产生电路输出 2.4kHz 信号，送到十进制计数器作为计数脉冲，使十进制计数电路从 0～9 循环计数，并以 4 位二进制的形式也输出到 PWM 脉冲产生电路，两路信号经 PWM 脉冲产生电路输出 PWM 脉冲，此 PWM 脉冲再送到放大电路驱动发光二极管发光，由于 PWM

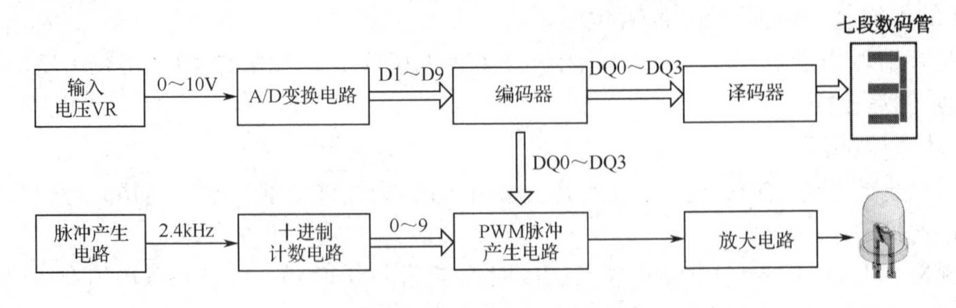

图 8-16　LED 发光控制器框图

脉冲的占空比受输入电压 VR 控制，所以 VR 的大小可以控制发光的亮度。此外，根据前面的叙述，VR 也控制着数码管显示的数值。

8.2.2 电路设计与仿真

1. 脉冲产生电路的设计与仿真

脉冲产生电路用来产生 2.4kHz 方波信号，本例选用 NE555 电路来实现。通过查阅相关资料，选用 NE555 电路构成的多谐振荡器电路及输入、输出波形如图 8-17 所示。

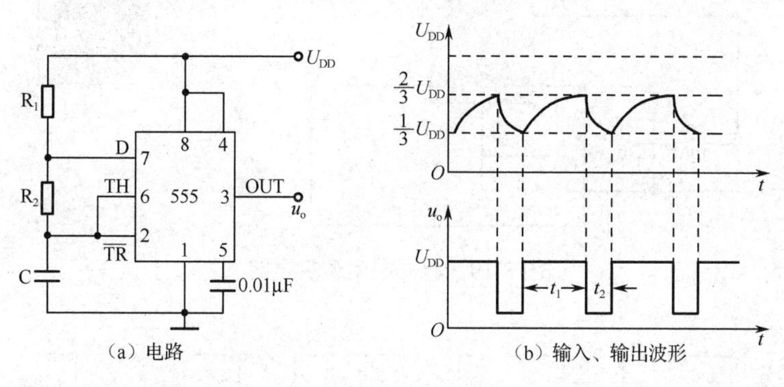

图 8-17 多谐振荡器电路及输入、输出波形

假定零时刻电容初始电压为零，零时刻接通电源后，因电容两端电压 U_C 不能突变，则有 $U_{TH}=U_{\overline{TR}}=U_C=0<\frac{1}{3}U_{DD}$，$U_{OUT}=1$，放电端 D 与地断路，直流电源通过电阻 R_1、R_2 向电容充电，电容电压开始上升；当电容两端电压 $U_C\geqslant\frac{2}{3}U_{DD}$ 时，$U_{TH}=U_C\geqslant\frac{2}{3}U_{DD}$，此时输出由一种暂稳状态（$U_{OUT}=1$，放电端 D 与地断路）自动返回另一种暂稳状态（$U_{OUT}=0$，放电端 D 接地），由于充电电流从放电端 D 入地，电容不再充电，反而通过电阻 R_2 和放电端 D 向地放电，故电容电压开始下降；当电容两端电压 $U_C\leqslant\frac{1}{3}U_{DD}$ 时，$U_{TH}=U_C\leqslant\frac{1}{3}U_{DD}$，此时输出由 0 变为 1，同时放电端 D 由接地变为与地断路；电源通过 R_1、R_2 重新向 C 充电，重复上述过程。此电路的振荡周期 T 为

$$T=t_1+t_2 \tag{8-2}$$

其中，t_1 为充电时间，$t_1\approx0.7(R_1+R_2)C$；t_2 为放电时间，$t_2\approx0.7R_2C$

$$T=t_1+t_2\approx0.693(R_1+2R_2)C \tag{8-3}$$

根据上述原理，若要产生 f=2.4kHz 的脉冲，实际上就是确定电阻 R_1、R_2 和电容 C 的值。选定电容 C 为 0.01μF，根据式（8-3）可知，$R_1+2R_2\approx$ 60kΩ，令 R_1=20kΩ，则 R_2=20kΩ。设计完成的电路如图 8-18 所示。其中，电位器 RP3 相当于图 8-17 中的 R_2，采用电位器的原因是方便进行频率的调整，NE555 电路 3 引脚输出的 CLK 脉冲被送到十进制计数器。

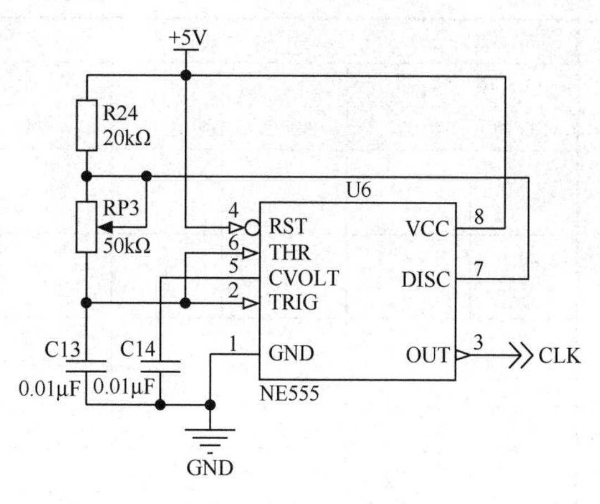

图 8-18 脉冲产生电路

用设计得到的参数对图 8-18 用 Proteus 进行仿真，仿真电路如图 8-19 所示，仿真波形如图 8-20 所示。

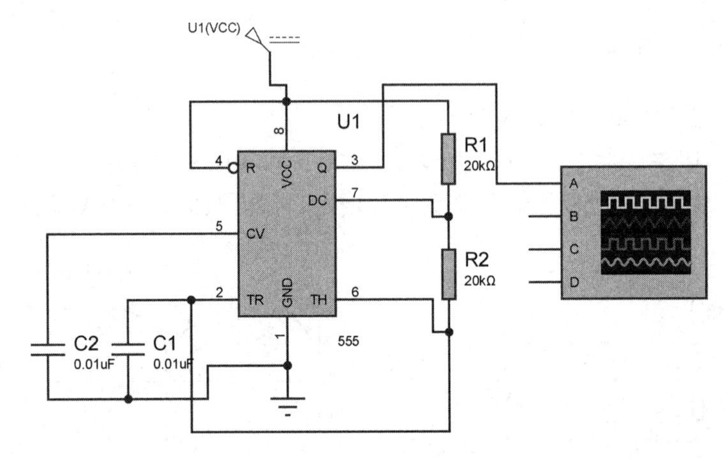

图 8-19　脉冲产生仿真电路

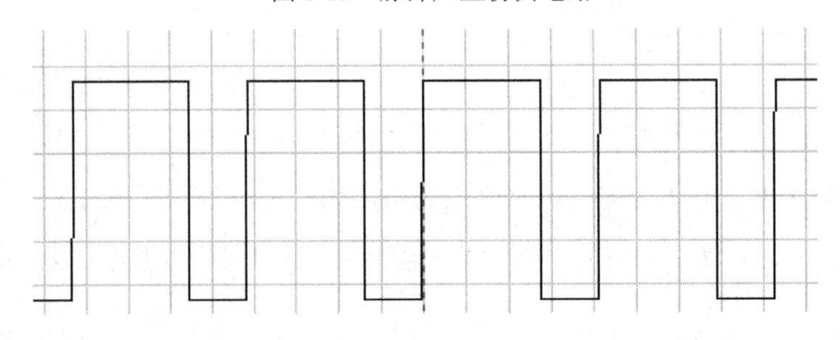

图 8-20　脉冲仿真波形

2．十进制计数电路的设计与仿真

十进制计数电路用来产生 0～9 十进制计数，本设计的十进制计数电路采用 74LS90。74LS90 内部含有两个独立的计数电路，一个是模 2 计数器（CKA 为其时钟，Q0 为其输出端），另一个是模 5 计数器（CKB 为其时钟，Q3、Q2、Q1 为其输出端）。其功能见表 8-5。

表 8-5　74LS90 功能表

<table>
<tr><th colspan="5">输　入</th><th colspan="4">输　出</th><th rowspan="3">功　能</th></tr>
<tr><th colspan="2">清　零</th><th colspan="2">置　9</th><th>时　钟</th><th colspan="4" rowspan="2">Q3 Q2 Q1 Q0</th></tr>
<tr><th colspan="2">R0（1）、R0（2）</th><th colspan="2">R9（1）、R9（2）</th><th>CKA　CKB</th></tr>
<tr><td>1</td><td>1</td><td>0
×</td><td>×
0</td><td>×　×</td><td></td><td></td><td></td><td></td><td>清　零</td></tr>
<tr><td>0
×</td><td>×
0</td><td>1</td><td>1</td><td>×　×</td><td></td><td></td><td></td><td></td><td>置　9</td></tr>
<tr><td colspan="2" rowspan="5">0　×
×　0</td><td colspan="2" rowspan="5">0　×
×　0</td><td>↓　1</td><td colspan="4">Q0　输　出</td><td>二进制计数</td></tr>
<tr><td>1　↓</td><td colspan="4">Q3 Q2 Q1 输出</td><td>五进制计数</td></tr>
<tr><td>↓　Q0</td><td colspan="4">Q3 Q2Q1 Q0 输出 8421BCD 码</td><td>十进制计数</td></tr>
<tr><td>Q3　↓</td><td colspan="4">Q3 Q2Q1 Q0 输出 5421BCD 码</td><td>十进制计数</td></tr>
<tr><td>1　1</td><td colspan="4">不　变</td><td>保　持</td></tr>
</table>

由此功能表可知，若 CKB 与 Q3 相连，清零端 R0（2）=0，置 9 端 R9（2）=0，当 CKA 所接计数脉冲下降沿到来时，可以实现十进制计数且输出 8421BCD 码。按照此种接法进行仿真，仿真电路如图 8-21 所示。图中，CKA 接 NE555 电路输出的 2.4kHz 脉冲。

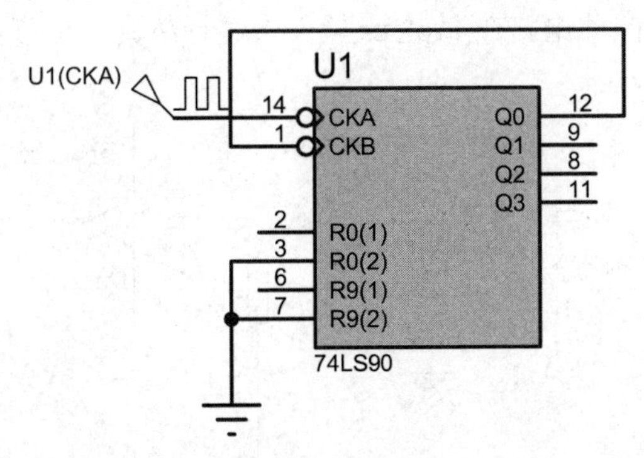

图 8-21　十进制计数电路的仿真电路

3．A/D 变换电路的设计与仿真

A/D 变换电路的功能见表 8-6。例如，当输入电压为 0～0.9V 时，输出 D1～D9 均为 1，当输入电压为 9.0～10.0V 时，输出 D1～D9 均为 0。为实现表 8-6 所要求的功能，采用集成运放实现 A/D 变换。

表 8-6　A/D 变换电路的功能

输　入	输　出								
VR/V	D1	D2	D3	D4	D5	D6	D7	D8	D9
0～0.9	1	1	1	1	1	1	1	1	1
1.0～1.9	0	1	1	1	1	1	1	1	1
2.0～2.9	0	0	1	1	1	1	1	1	1
3.0～3.9	0	0	0	1	1	1	1	1	1
4.0～4.9	0	0	0	0	1	1	1	1	1
5.0～5.9	0	0	0	0	0	1	1	1	1
6.0～6.9	0	0	0	0	0	0	1	1	1
7.0～7.9	0	0	0	0	0	0	0	1	1
8.0～8.9	0	0	0	0	0	0	0	0	1
9.0～10.0	0	0	0	0	0	0	0	0	0

用集成运放实现 A/D 变换的基本原理是：利用 U_{REF} 和电阻分压网络，构造出全量程范围内的所有量化比较电平，用输入模拟信号 VR 与各个量化比较电平进行比较，若 VR 大于或小于量化比较电平，则比较器输出 1 或 0，形成数字信号。模拟电压产生电路如图 8-22 所示，输出电压范围是 0～10V。

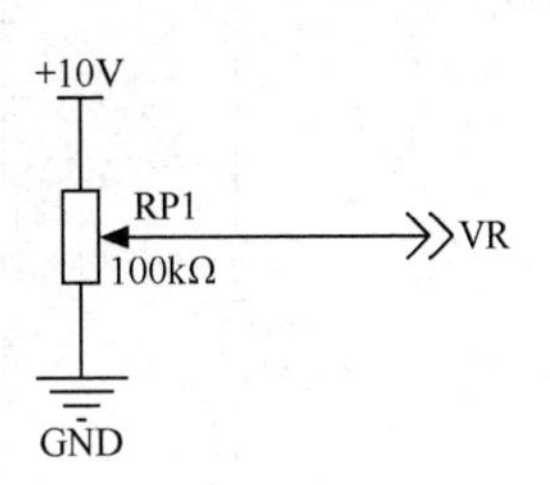

图 8-22　模拟电压产生电路

A/D 变换电路如图 8-23 所示。电阻 R5～R10、R16～R19 构成电阻网络，根据电阻分压原理进行计算，U2 的 3 引脚电压为 9V，U2 的 5 引脚电压为 8V，U2 的 10 引脚电压为 7V，U2 的 12 引脚

电压为 6V，U3 的 12 引脚电压为 5V，U3 的 5 引脚电压为 4V，U3 的 10 引脚电压为 3V，U3 的 3 引脚电压为 2V，U4 的 3 引脚电压为 1V。当 VR 在 9.0～10.0 V 范围内时，根据比较器原理进行分析，D9～D1 输出均为 0，当 VR 在 0.0～1.0 V 范围内时，D9～D1 输出均为 1，其余情况请读者自行分析。按照此电路在 Proteus 软件中进行仿真，也可得到上述输出结果。

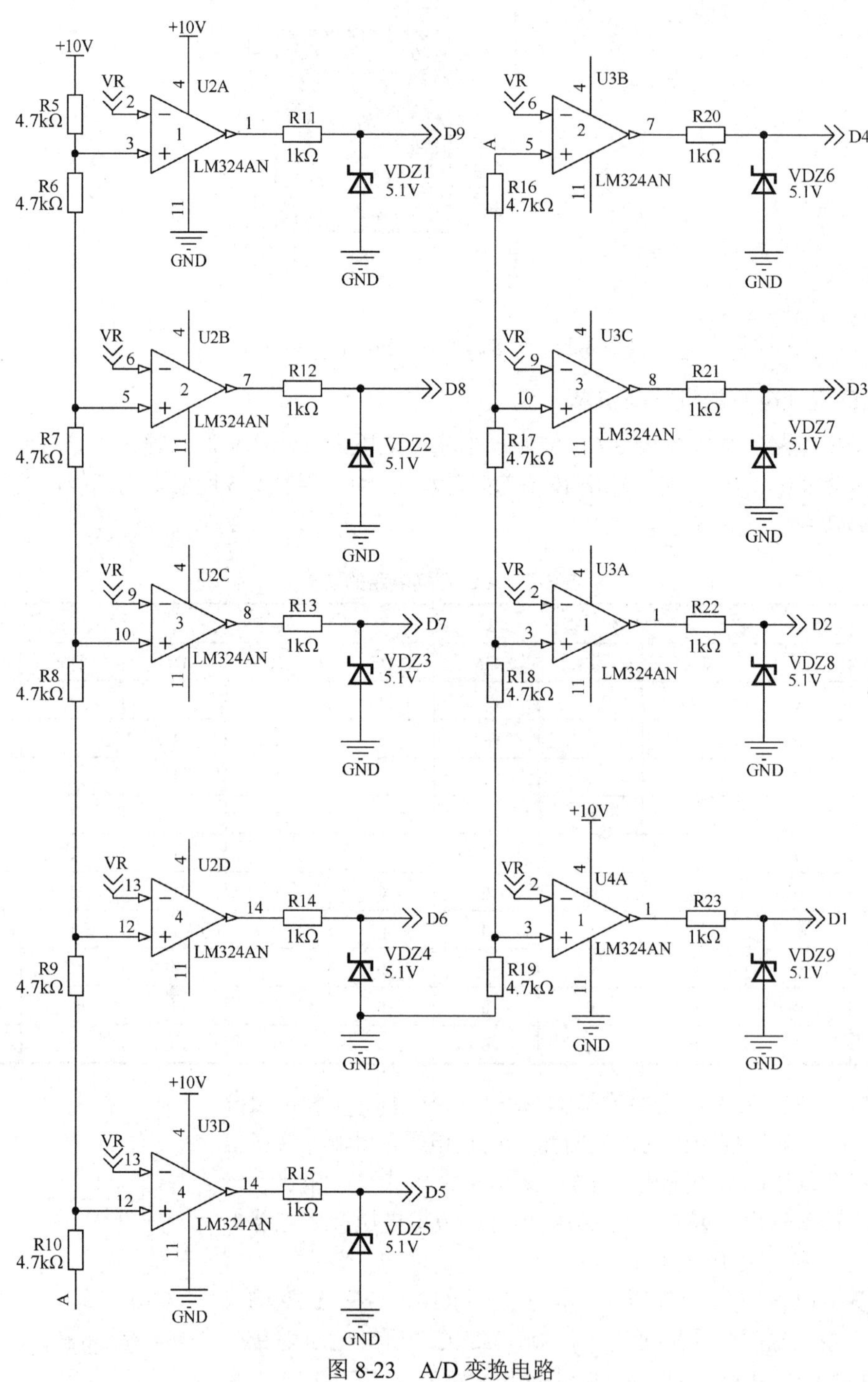

图 8-23　A/D 变换电路

4．编码电路的设计与仿真

编码电路用于对数字信号 D1～D9 编码后输出 0～9 的 8421BCD 码。在设计时选用 74LS147。74LS147 是 10 线/4 线 BCD 码优先编码器，其输入、输出均为低电平有效。74LS147 的功能见表 8-7。它有 9 个输入端，1 个输入端代表 1 个十进制编码。某输入端为 0，代表某输入数，例如 $\overline{I9}=0$，代表输入数为 9；当 9 个输入全为 1 时，代表输入数为 0。74LS147 有 4 个输出端，输出 BCD 码，当 4 个输出全为 1 时，输出十进制数 0。由表 8-7 可知，只要在 74LS147 的输出端增加非门，就可将输出低电平有效转换为输出高电平有效。

表 8-7　74LS147 功能表

输　入									输　出				经非门输出			
$\overline{I9}$	$\overline{I8}$	$\overline{I7}$	$\overline{I6}$	$\overline{I5}$	$\overline{I4}$	$\overline{I3}$	$\overline{I2}$	$\overline{I1}$	$\overline{D}$	$\overline{C}$	$\overline{B}$	$\overline{A}$	DQ3	DQ2	DQ1	DQ0
0	×	×	×	×	×	×	×	×	0	1	1	0	1	0	0	1
1	0	×	×	×	×	×	×	×	0	1	1	1	1	0	0	0
1	1	0	×	×	×	×	×	×	1	0	0	0	0	1	1	1
1	1	1	0	×	×	×	×	×	1	0	0	1	0	1	1	0
1	1	1	1	0	×	×	×	×	1	0	1	0	0	1	0	1
1	1	1	1	1	0	×	×	×	1	0	1	1	0	1	0	0
1	1	1	1	1	1	0	×	×	1	1	0	0	0	0	1	1
1	1	1	1	1	1	1	0	×	1	1	0	1	0	0	1	0
1	1	1	1	1	1	1	1	0	1	1	1	0	0	0	0	1
1	1	1	1	1	1	1	1	1	1	1	1	1	0	0	0	0

根据前面的原理分析，设计出的编码电路如图 8-24 所示。由 A/D 变换输出的 D1～D9 数字量分别接到 74LS147 的 $\overline{I1}$～$\overline{I9}$，经过编码器和非门后，可以输出 0000～1001 共 10 个 8421BCD 码。按照图 8-24 在 Proteus 软件中进行仿真，也可以得到上述输出结果。

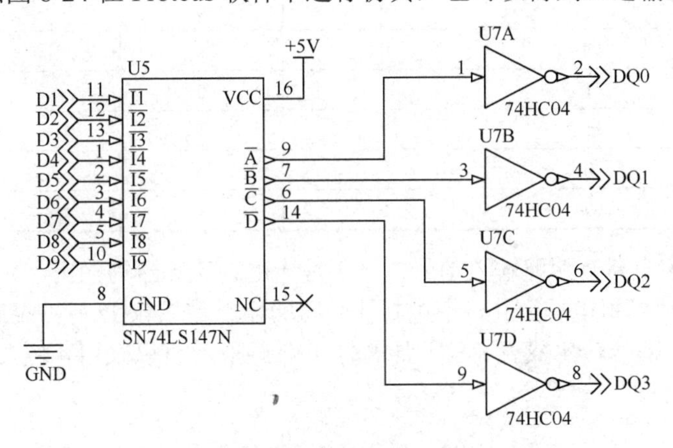

图 8-24　编码电路

5．译码及显示电路设计与仿真

译码及显示电路用于将编码电路输出的 8421BCD 码译码并显示出来，这里选用译码器 74LS47。它与 CD4511 的区别是：74LS47 驱动共阳数码管，CD4511 驱动共阴数码管。根据其功能设计的译码及显示电路如图 8-25 所示。编码器输出的 DQ0～DQ3 分别接 74LS47 的 A、

B、C、D，$\overline{Y0}$～$\overline{Y6}$ 接数码管的 a～g，电阻 R25 是数码管限流电阻。读者可根据此电路进行仿真。

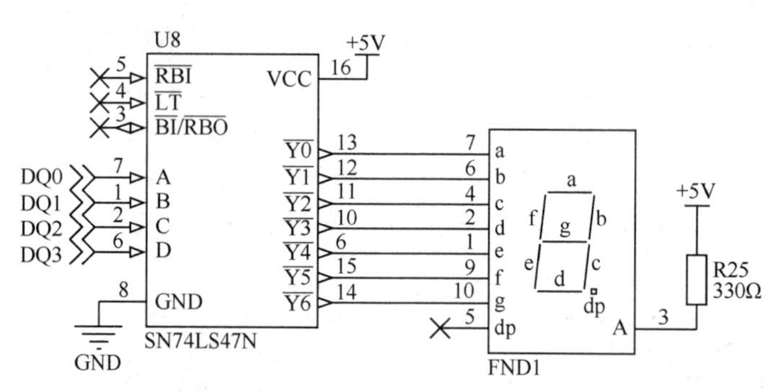

图 8-25　译码及显示电路

6. PWM 脉冲产生电路设计与仿真

PWM 在 LED 发光控制器中要实现的功能见表 8-8。当输入 DQ3～DQ0 为 0000 时，PWM 的占空比为 0%，当输入 DQ3～DQ0 为 0001 时，PWM 的占空比为 10%，其余情况可以从表中直接得到。

表 8-8　PWM 功能表

输　入				输　出
DQ3	DQ2	DQ1	DQ0	PWM 占空比
0	0	0	0	0%
0	0	0	1	10%
0	0	1	0	20%
0	0	1	1	30%
0	1	0	0	40%
0	1	0	1	50%
0	1	1	0	60%
0	1	1	1	70%
1	0	0	0	80%
1	0	0	1	90%

PWM 脉冲产生电路有两路输入信号，一路是十进制计数器的输出，另一路是编码器的输出。编码器的输出随模拟电压变化，十进制计数器的输出受 2.4kHz 脉冲控制，按 0～9 循环输出。若要将两路输入信号转化成表 8-8 所要求的 PWM 脉冲，可以采用 4 位数值比较器 74LS85，它的功能见表 8-9。

表 8-9　74LS85 功能表

输　入							输　出		
A_3　B_3	A_2　B_2	A_1　B_1	A_0　B_0	$I_{A>B}$	$I_{A<B}$	$I_{A=B}$	$Q_{A>B}$	$Q_{A<B}$	$Q_{A=B}$
$A_3>B_3$	×	×	×	×	×	×	H	L	L
$A_3<B_3$	×	×	×	×	×	×	L	H	L

续表

输入							输出		
A_3　B_3	A_2　B_2	A_1　B_1	A_0　B_0	$I_{A>B}$	$I_{A<B}$	$I_{A=B}$	$Q_{A>B}$	$Q_{A<B}$	$Q_{A=B}$
$A_3=B_3$	$A_2>B_2$	×	×	×	×	×	H	L	L
$A_3=B_3$	$A_2<B_2$	×	×	×	×	×	L	H	L
$A_3=B_3$	$A_2=B_2$	$A_1>B_1$	×	×	×	×	H	L	L
$A_3=B_3$	$A_2=B_2$	$A_1<B_1$	×	×	×	×	L	H	L
$A_3=B_3$	$A_2=B_2$	$A_1=B_1$	$A_0>B_0$	×	×	×	H	L	L
$A_3=B_3$	$A_2=B_2$	$A_1=B_1$	$A_0<B_0$	×	×	×	L	H	L
$A_3=B_3$	$A_2=B_2$	$A_1=B_1$	$A_0=B_0$	H	L	L	H	L	L
$A_3=B_3$	$A_2=B_2$	$A_1=B_1$	$A_0=B_0$	L	H	L	L	H	L
$A_3=B_3$	$A_2=B_2$	$A_1=B_1$	$A_0=B_0$	×	×	H	L	L	H
$A_3=B_3$	$A_2=B_2$	$A_1=B_1$	$A_0=B_0$	H	H	L	L	L	L
$A_3=B_3$	$A_2=B_2$	$A_1=B_1$	$A_0=B_0$	L	L	L	H	H	L

注：表中H表示高电平，L表示低电平。

从表8-9可以看出，两个4位数进行比较，从A的最高位A_3和B的最高位B_3开始，若它们不相等，则该位的比较结果可以作为两数的比较结果，若最高位$A_3=B_3$，则再比较A_2和B_2，其余情况类推。若A>B，则输出端$Q_{A>B}$=1；若A<B，则$Q_{A<B}$=1；若A=B，则$Q_{A=B}$=1。

根据表8-8和表8-9，设计出的PWM脉冲产生电路如图8-26所示。图中十进制计数器输出Q3～Q0接74LS85的A_3～A_0，编码器输出的DQ3～DQ0接B_3～B_0，74LS85的输出端$Q_{A<B}$输出PWM脉冲。当模拟电压VR为0～1.0 V时，DQ3～DQ0的输出为0000（代表数A），与Q3～Q0的10个输出（0000～1001，代表数B）分别进行比较，74LS85的输出端$Q_{A<B}$输出为10个0，占空比为0%；当模拟电压VR为1.0～2.0 V时，DQ3～DQ0输出为0001，与Q3～Q0的10个输出分别进行比较，74LS85的输出端$Q_{A<B}$输出只在0000时为1，其余比较结果输出均为0，占空比为10%；以此类推，可以得到其他情况下的输出及占空比。使PWM脉冲通过图8-27所示的放大电路，就可以驱动发光二极管了，调节模拟电压VR可以改变发光强度。读者可根据此电路自行仿真。

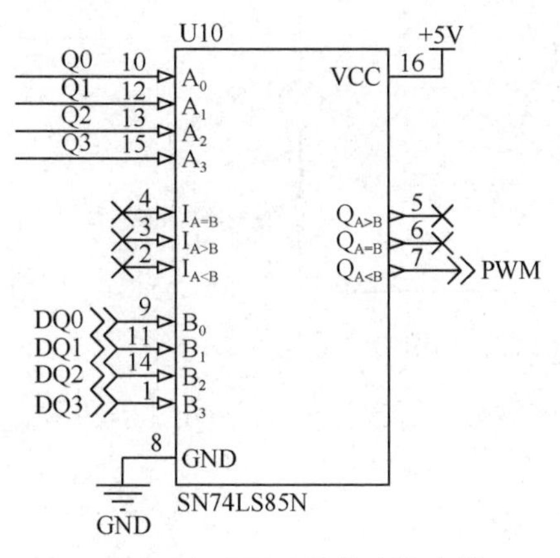

图8-26　PWM脉冲产生电路

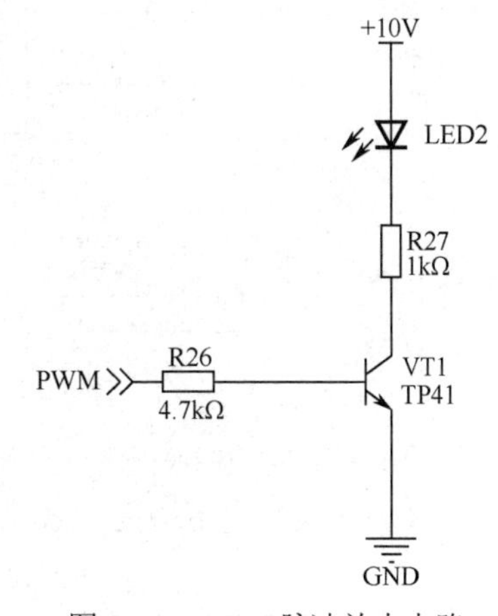

图8-27　PWM脉冲放大电路

7. 电源电路的设计与仿真

MC34063 是一单片双极型线性集成电路，专用于直流—直流变换器控制部分。片内包含温度补偿带隙基准源、一个占空比周期控制振荡器、驱动器和大电流输出开关，能输出 1.5A 的开关电流。它能使用最少的外接元件构成开关式升压变换器、降压式变换器和电源反向器。其主要特性如下。

① 输入电压范围：2.5～40V。

② 输出电压可调范围：1.25～40V。

③ 输出电流：1.5A。

④ 工作频率：最高可达 100kHz。

⑤ 低静态电流。

⑥ 短路电流限制。

MC34063 的内部结构如图 8-28 所示，各引脚的功能如下。

1 引脚：开关管 VT1 集电极引出端。

2 引脚：开关管 VT1 发射极引出端。

3 引脚：定时电容 CT 接线端；调节 CT 可使工作频率在 100Hz～100kHz 范围内变化。

4 引脚：电源地。

5 引脚：电压比较器反相输入端，同时也是输出电压取样端。使用时，应外接两个精度不低于 1%的精密电阻。

6 引脚：电源端。

7 引脚：负载峰值电流取样端；当 6、7 引脚之间电压超过 300mV 时，芯片将启动内部过流保护功能。

8 引脚：驱动管 VT2 集电极引出端。

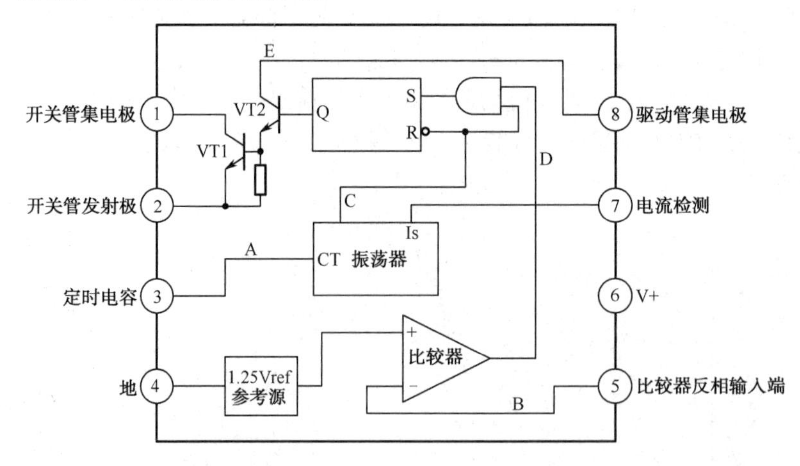

图 8-28　MC34063 的内部结构

使用 MC34063 组成的降压电路可以满足设计需要，所设计的电路如图 8-29 所示。电路的输出电压 U_o（C2 正极）由下面的公式决定：

$$U_o=1.25\times(1+(R1+RP2)/R4)$$

其中，1.25V 为内部基准电压；调整电位器 RP2，可以使输出电压为 5V。请读者使用 Proteus 软件进行电路仿真，并测量输出电压的范围。

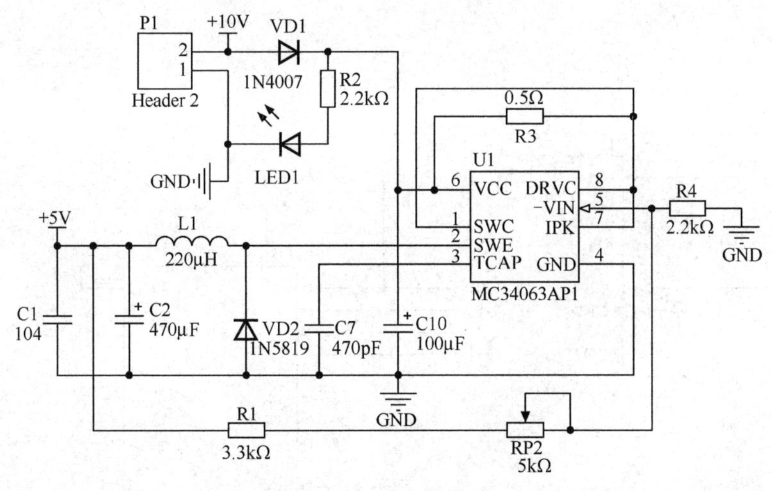

图 8-29 电源电路

8.2.3 LED 发光控制器的 PCB 设计与制作

1. 原理图

按照前面设计的电路，用 Altium Designer Summer 09 软件绘制 LED 发光控制器的原理图，如图 8-30 所示。

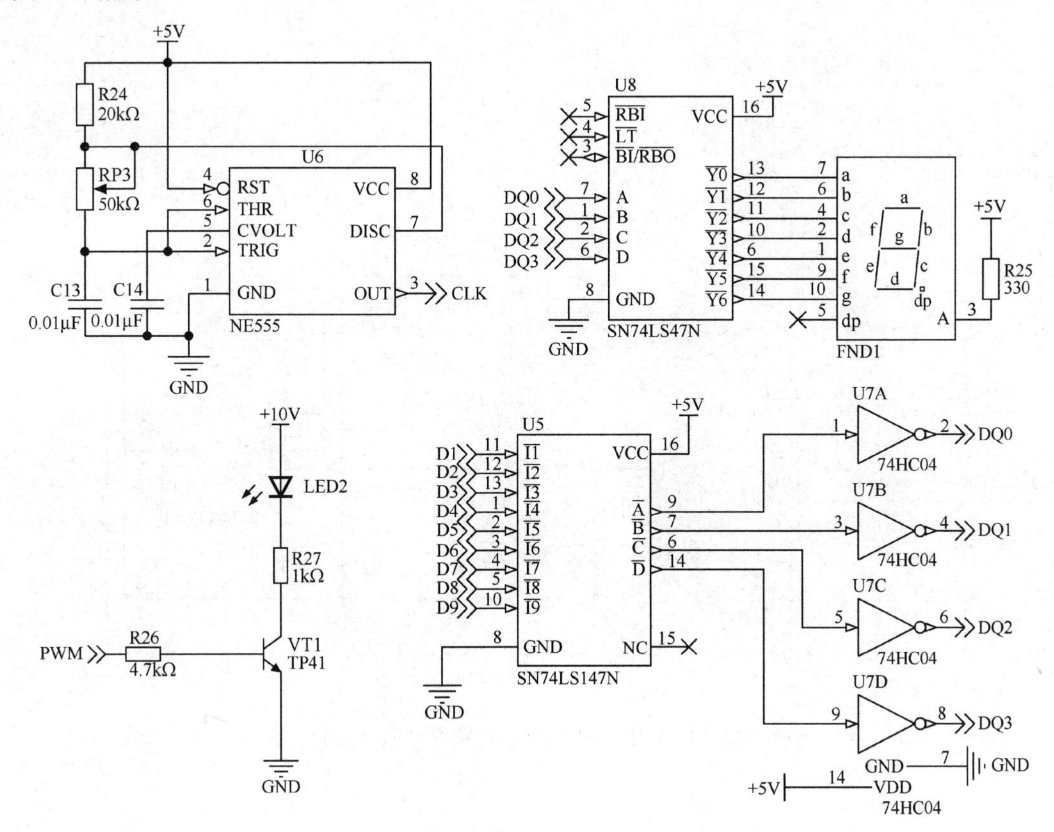

图 8-30 LED 发光控制器电路原理图

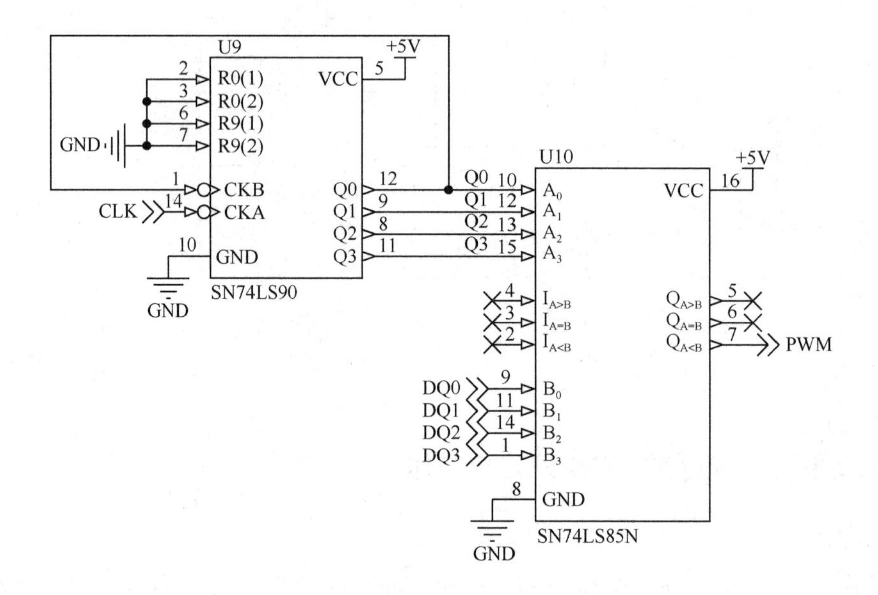

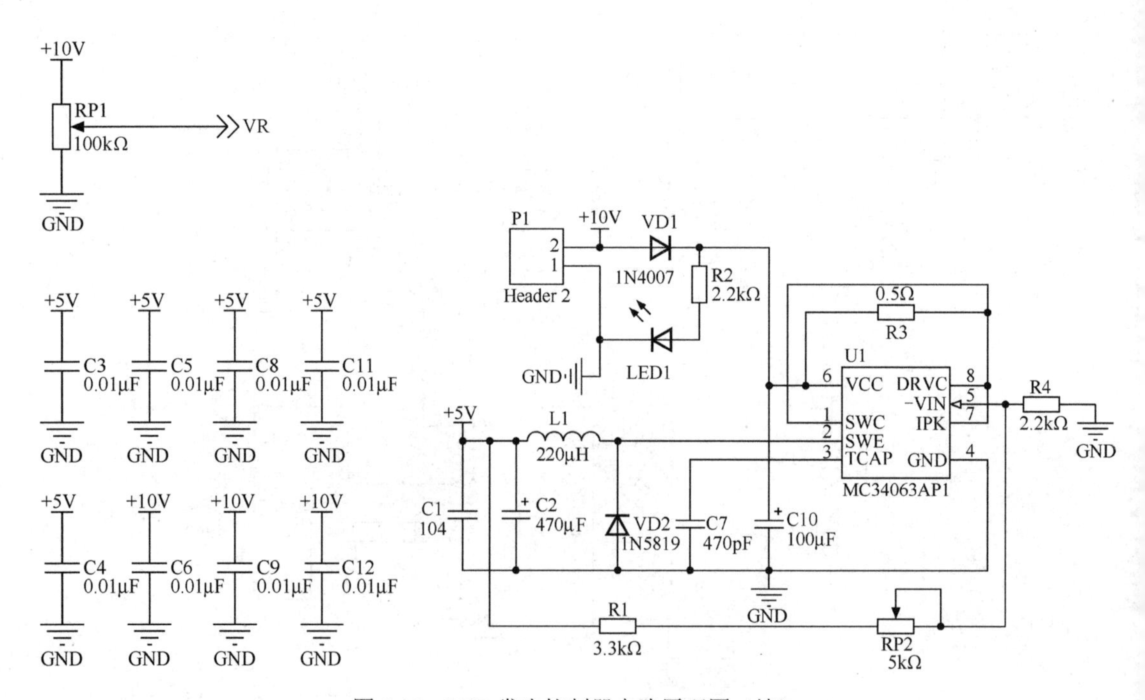

图 8-30　LED 发光控制器电路原理图（续）

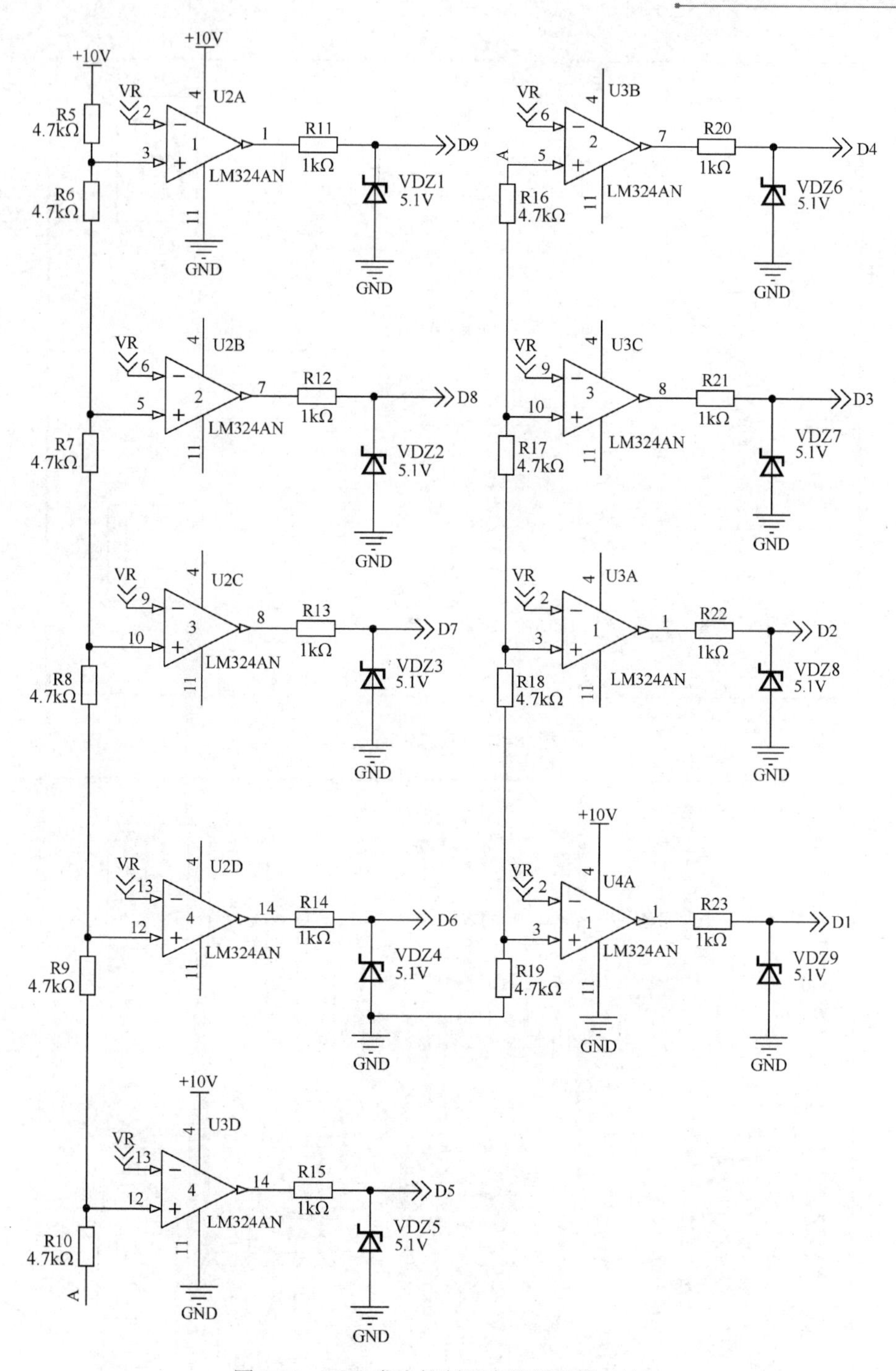

图 8-30 LED 发光控制器电路原理图（续）

2. PCB 图

设计电路板时采用双面 PCB，电路板尺寸为 130mm×98mm。电路板的元器件布局如图 8-31 所示，顶层走线如图 8-32 所示，底层走线如图 8-33 所示。

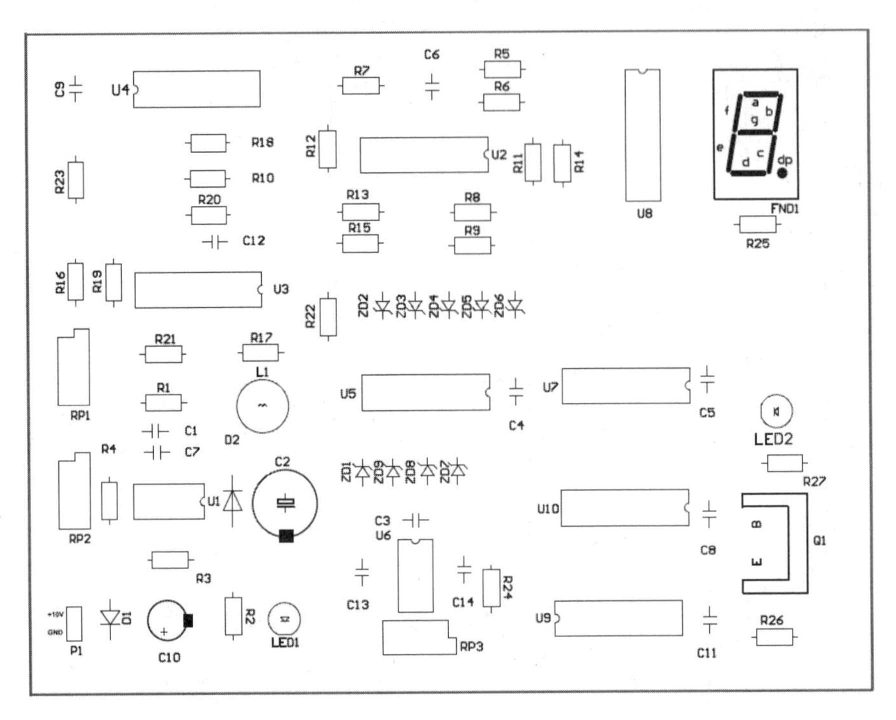

图 8-31　元器件布局

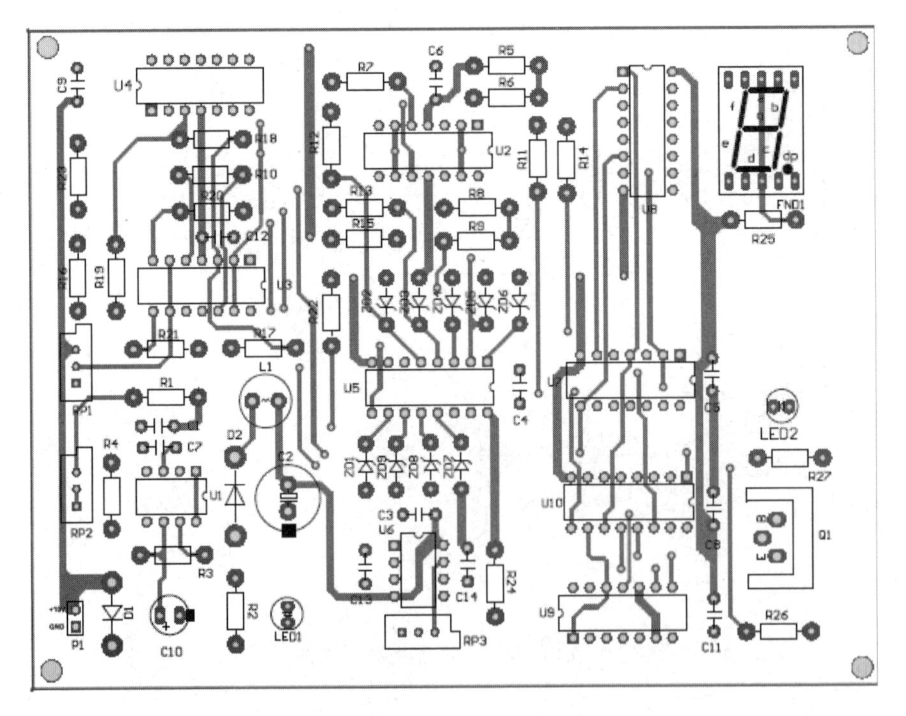

图 8-32　顶层走线

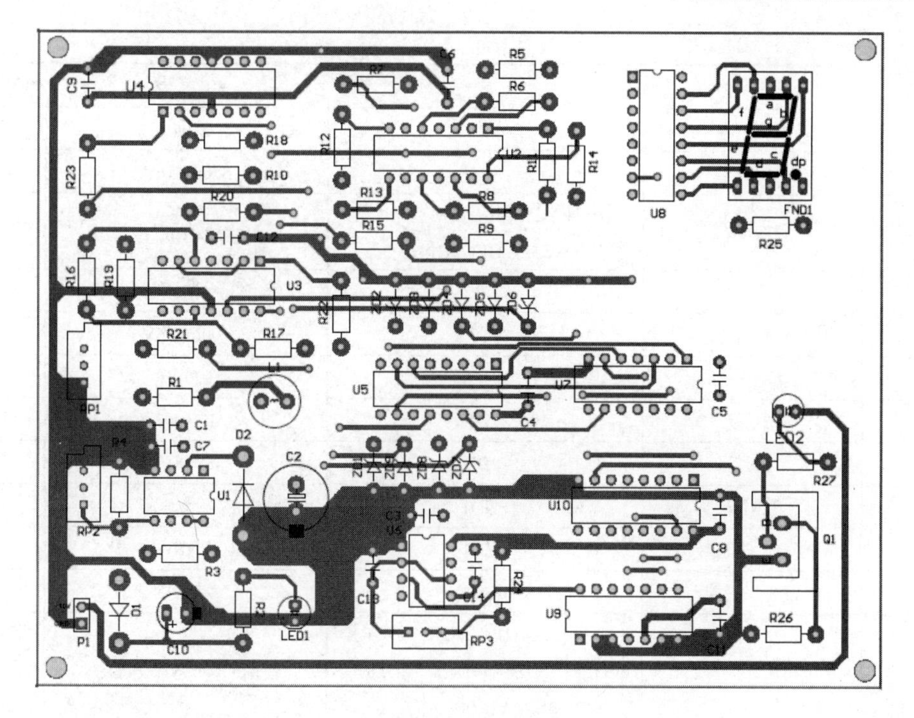

图 8-33　底层走线

8.2.4　LED 发光控制器的组装与调试

1．组装

LED 发光控制器的元器件清单见表 8-10。组装应按照由小到大、由低到高的原则进行。二极管、集成电路、电解电容器及数码管在安装时应注意极性，IC 座的引脚不能弯折等。安装好的电路板如图 8-34 所示。

表 8-10　LED 发光控制器元器件清单

序　号	名　称	代　号	参　数	数　量
1	电阻	R1	3.3kΩ，1/4W	1
2	电阻	R2，R4	2.2kΩ，1/4W	2
3	电阻	R3	0.5Ω，1/4W	1
4	电阻	R5，R6，R7，R8，R9，R10，R16，R17，R18，R19，R26	4.7kΩ，1/4W	11
5	电阻	R11，R12，R13，R14，R15，R20，R21，R22，R23，R27	1kΩ，1/4W	10
6	电阻	R24	20kΩ，1/4W	1
7	电阻	R25	330Ω，1/4W	1
8	电位器	RP1	100kΩ	1
9	电位器	RP2	5kΩ	1
10	电位器	RP3	50kΩ	1

续表

序　号	名　称	代　号	参　数	数　量
11	独石电容	C1	104	1
12	电解电容	C2	470μF/16V	1
13	独石电容	C3，C4，C5，C6，C8，C9，C11，C12，C13，C14	0.01μF	10
14	瓷片电容	C7	470pF	1
15	电解电容	C10	100μF/16V	1
16	功率电感	L1	220μH	1
17	二极管	VD1	1N4007	1
18	二极管	VD2	1N5819	1
19	数码管	FND1	共阳数码管	1
20	发光二极管	LED1	绿ϕ3	1
21	发光二极管	LED2	红ϕ3	1
22	稳压二极管	VDZ1，VDZ2，VDZ3，VDZ4，VDZ5，VDZ6，VDZ7，VDZ8，VDZ9	5.1V/0.25W 稳压管	9
23	三极管	VT1	TIP41	1
24	两针插座	P1	2 针	1
25	DC/DC 转换控制	U1	MC34063AP1	1
26	集成运放	U2，U3，U4	LM324AN	3
27	10 线—4 线优先编码器	U5	SN74LS147N	1
28	555 定时器	U6	NE555	1
29	六反相器	U7	74HC04	1
30	二—十进制译码器	U8	SN74LS47N	1
31	十进制计数器	U9	SN74LS90	1
32	4 位数值比较器	U10	SN74LS85N	1

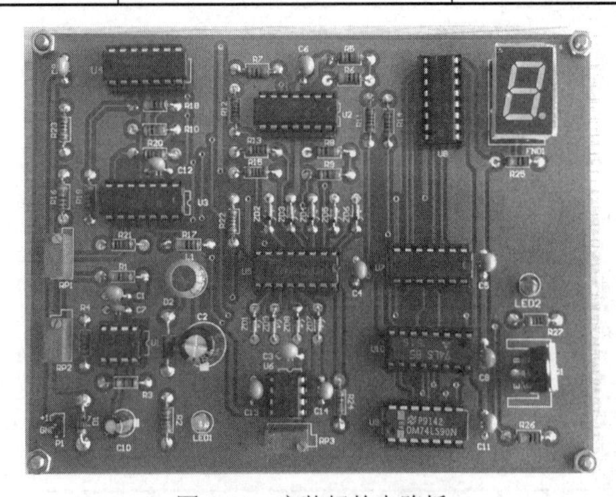

图 8-34　安装好的电路板

2．调试

（1）静态工作电压测试与调整。

① 调整直流稳压电源，使其输出 10V 电压，并将电源输出夹子的正极与两针插座 P1 的“+10V”一端连接，电源输出夹子的负极与 P1 的“GND”端连接，此时电源指示灯 LED1 应点亮。

② 用万用表测量电容 C2 的正极对地电压，然后调整 RP2 使电压值为+5V。若电压不变或很低，则检查 MC34063 及周围元件的安装是否正确。

③ 测量集成电路 U5～U10 的电源引脚对地电压是否为+5V；测量 U1～U4 的电源引脚电压是否为+10V。

④ 测量分压电阻网络的电压，即 U2 的 3 引脚电压为 9V，U2 的 5 引脚电压为 8V，U2 的 10 引脚电压为 7V，U2 的 12 引脚电压为 6V，U3 的 12 引脚电压为 5V，U3 的 5 引脚电压为 4V，U3 的 10 引脚电压为 3V，U3 的 3 引脚电压为 2V，U4 的 3 引脚电压为 1V。若上述电压不正确，则检查分压电阻的安装及阻值。

⑤ 调整电位器 RP1，测量其中心抽头的电压应在 0～10V 范围内变化。

（2）动态测试与调整。

① 示波器探头接 U6 的 3 引脚，调整电位器 RP3，使其输出 2.4kHz 的矩形波。

② 调整电位器 RP1，根据数码管显示数值，用示波器测量三极管 VT1 基极的 PWM 脉冲及占空比，并将结果记入表 8-11 中，同时发光二极管 LED2 按 0～9 级发光。

表 8-11 PWM 脉冲占空比

数码管显示	PWM 脉冲波形	占空比（%）
0		
1		
2		
3		
4		
5		
6		
7		
8		
9		

3．检修

① 若无 2.4kHz 方波，则会导致数码管无显示或显示不正常。

② 若分压网络电阻阻值偏差较大，会出现调整 RP1 时有些数字不能显示或显示间隔较短等问题。

③ 若稳压二极管其中一个装反，会使 A/D 变换输出的 D1～D9 中，某一输出一直为低电平，导致译码器译码不正确，且发光等级少于 10 级。

8.3 模拟电梯电路的设计与制作

模拟电梯电路的设计与制作取材于世界技能大赛电子技术赛项的原题，通过此设计实例的学习使学生进一步掌握电子产品的设计方法，体会电子设计的特点。本节在结构安排上与赛题结构基本保持一致。

8.3.1 任务描述

1. 电路原理图设计及 PCB 设计

按要求完成 4 个设计电路，仅能够使用表 8-12 元器件清单中的元器件进行设计，并不需要使用清单中的所有元器件。

使用 Altium Designer Summer 09 软件设计电路图和印制电路板。

表 8-12 元器件清单

序号	名称	型号	数量
1	CD4532	封装 DIP-16	1
2	CD4027	封装 DIP-16	2
3	CD4069	封装 SOP-14	1
4	CD4071	封装 DIP-14	1
5	CD4510	封装 DIP-16	1
6	CD4028	封装 DIP-16	1
7	CD4511	封装 DIP-16	1
8	74LS85	封装 DIP-16	1
9	NE555	封装 DIP-8	1
10	七段数码管	FND500，共阴	1
11	金膜电阻	330Ω，1/4W	2
12	金膜电阻	4.7kΩ，1/4W	1
13	金膜电阻	10kΩ，1/4W	1
14	金膜电阻	56kΩ，1/4W	1
15	金膜电阻	100kΩ，1/4W	1
16	排阻	1kΩ，5-pin	1
17	排阻	1kΩ，7-pin	1
18	二极管	1N4148	2
19	电解电容	10μF/16V	1
20	轻触按键	TS-1105	10
21	发光二极管	333HD(Red)	10
22	管座	DIP-14	1
23	管座	DIP-16	7
24	接线端子	CLL5.08-2P	1

2. 安装与调试

对设计并制作完成的印制电路板进行焊接组装，然后检测其运行状态。

3. 系统简介

本电路包含一个10层的模拟电梯，七段数码管和LED组指示电梯的楼层，0表示地面层，9表示第九层，选择要去往的楼层是通过按钮开关实现的，LED组以1Hz的频率按顺序从现有楼层到选择的楼层顺次点亮。如果选择的楼层高于现在电梯所处的楼层，七段数字就升位计数；如果选择的楼层低于现在电梯所处的楼层，七段数字就降位计数。模拟电梯电路系统方框图如图8-35所示。

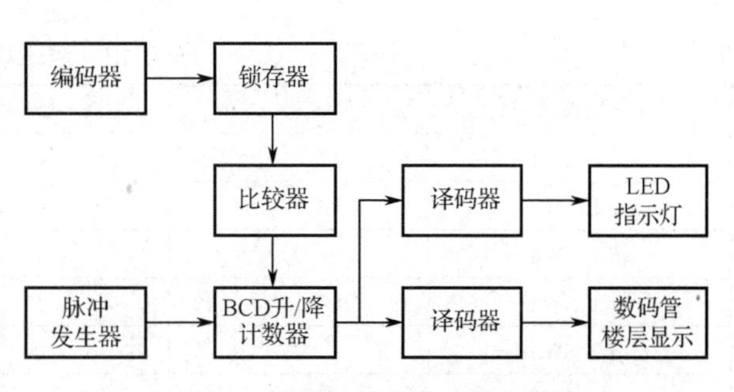

图8-35 模拟电梯电路系统方框图

8.3.2 电路设计

模拟电梯电路的部分电路已经设计完成，如图8-36所示，此电路实现了译码后的数码管楼层显示及LED楼层指示功能。图8-36中的CD4511为七段译码器，能够将输入的0000～1001译成数字0～9的段码，并驱动共阴极数码管进行显示。CD4028是BCD码译码器，当输入0000时，输出端只有Q0为"1"，其余输出为"0"，LED1点亮，此时表明电梯在地面层；当输入0001时，输出端只有Q1为"1"，其余为"0"，LED2点亮，以此类推。接下来，我们根据电路设计要求完成以下4个电路的设计。

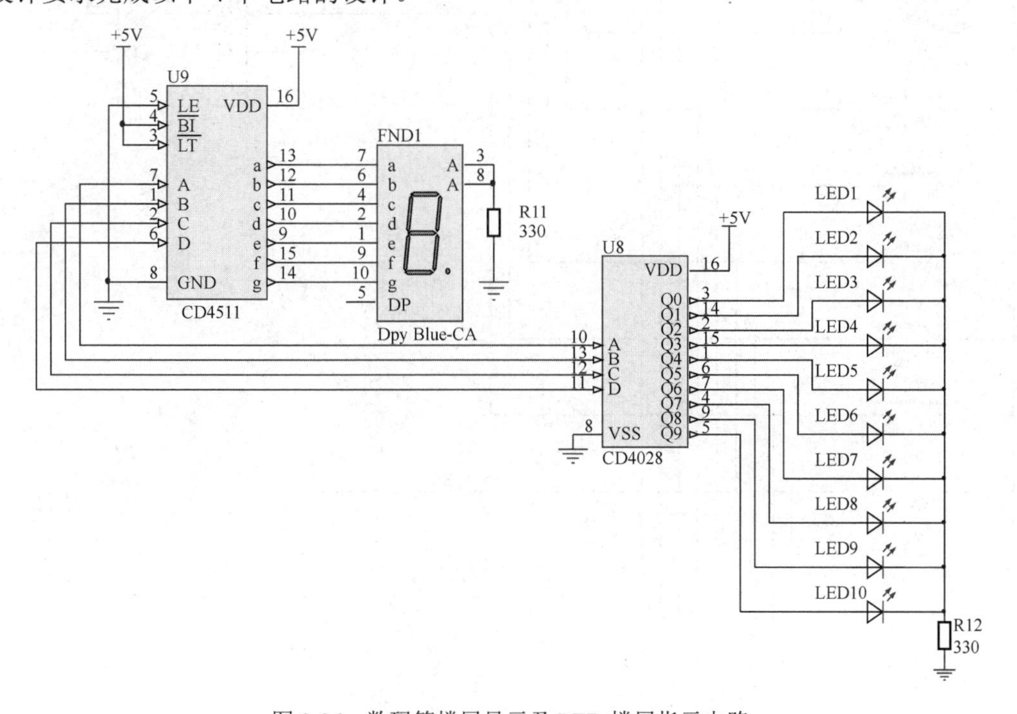

图8-36 数码管楼层显示及LED楼层指示电路

1．设计 1

设计要求：参考图 8-35 所示的系统方框图，根据表 8-13，将图 8-37 给出的部分电路图补全，实现十输入编码功能，可选元器件和芯片有 CD4532（1 片）、1N4148 二极管（2 只）、CD4071（1 片）、电阻（若干）。

表 8-13　逻辑功能表

SW	Q0	Q1	Q2	Q3
按下 SW1	0	0	0	0
按下 SW2	1	0	0	0
按下 SW3	0	1	0	0
按下 SW4	1	1	0	0
按下 SW5	0	0	1	0
按下 SW6	1	0	1	0
按下 SW7	0	1	1	0
按下 SW8	1	1	1	0
按下 SW9	0	0	0	1
按下 SW10	1	0	0	1

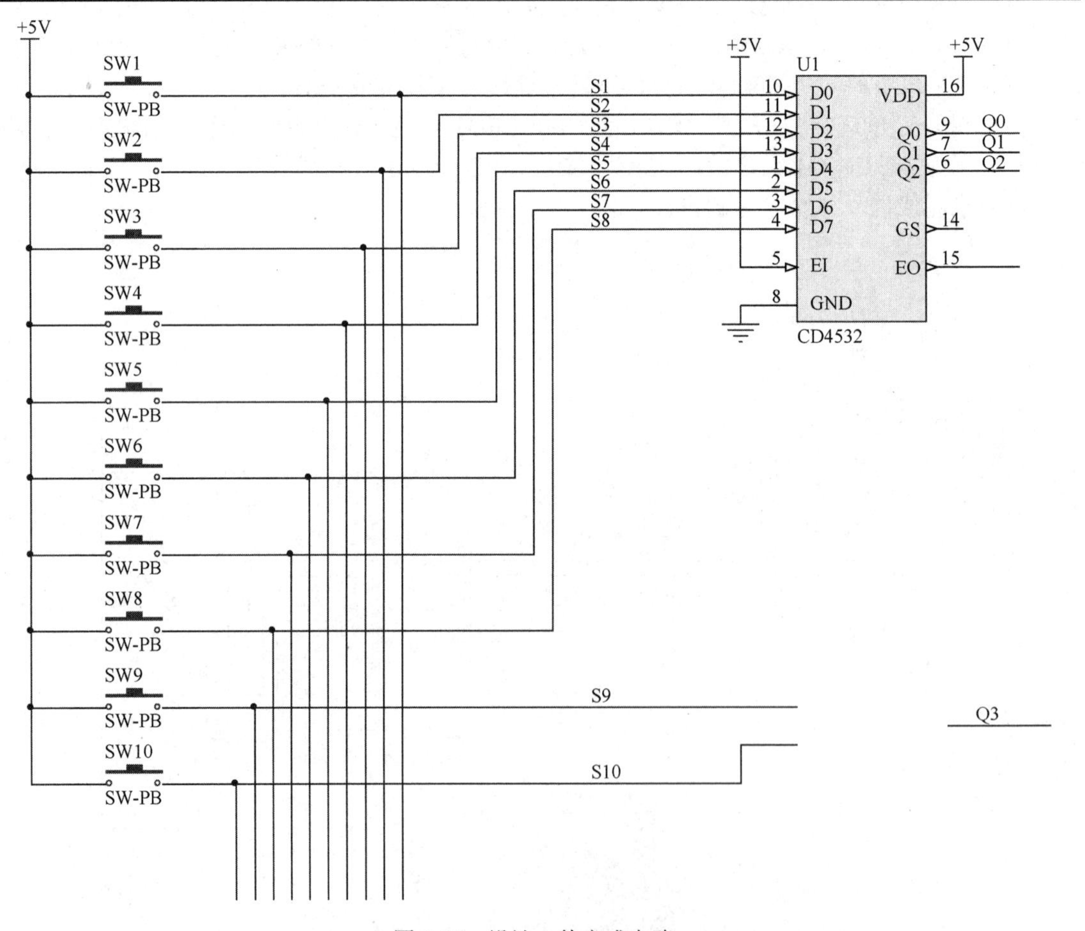

图 8-37　设计 1 待完成电路

首先查看8位优先编码器CD4532的真值表（见表8-14）。根据此表并结合图8-37可以得出，若按下SW1使Q0～Q3输出0000，则U1的10引脚D0必须为高电平，因此，在SW1和U1的10引脚之间必须接一个电阻，电阻的另一端接地。同理，SW2～SW8与U1对应连接端之间也要接上相应的电阻，电阻可以从表8-12中选择1kΩ的排阻。

表8-14 CD4532真值表

输入									输出				
EI	D7	D6	D5	D4	D3	D2	D1	D0	GS	Q2	Q1	Q0	EO
L	×	×	×	×	×	×	×	×	L	L	L	L	L
H	L	L	L	L	L	L	L	L	L	L	L	L	H
H	H	×	×	×	×	×	×	×	H	H	H	H	L
H	L	H	×	×	×	×	×	×	H	H	H	L	L
H	L	L	H	×	×	×	×	×	H	H	L	H	L
H	L	L	L	H	×	×	×	×	H	H	L	L	L
H	L	L	L	L	H	×	×	×	H	L	H	H	L
H	L	L	L	L	L	H	×	×	H	L	H	L	L
H	L	L	L	L	L	L	H	×	H	L	L	H	L
H	L	L	L	L	L	L	L	H	H	L	L	L	L
说明：H表示高电平，L表示低电平，×表示高电平或低电平均可													

CD4532只能实现8位编码，而电路要求能够实现10位编码，因此要对编码器进行扩展。从表8-13可以看出，当SW9按下为高电平时，Q0～Q2输出000，可以在SW9与U1的10引脚之间接上1只1N4148，同时为了使Q3为“1”，SW9接或门CD4071的一个输入端，或门的输出端即为Q3。同理，在SW10与U1的11引脚之间也接上1只1N4148，为了使Q3为“1”，SW10接或门CD4071的另一个输入端。此外，SW9、SW10分别对地接1kΩ的排阻。

2．设计2

设计要求：使用一片NE555设计一个脉冲发生器，可产生1Hz方波信号。待完成的电路如图8-38所示，根据公式T=0.693（(R13+2R14）×C2）确定R13、R14和C2的值。

由于表8-12中只有10μF电解电容1只，所以C2=10μF。已知f=1Hz，即T=1s，代入公式得

$$1\text{s}=0.693\times(R13+2R14)\times10\mu\text{F}$$

计算得R13+2R14≈144kΩ。若选表8-12中的100kΩ电阻作为R13，则R14=22kΩ。

3．设计3

设计要求：参考图8-35所示的系统方框图，使用六反相器CD4069（1EA）和JK触发器CD4027（2EA）设计一个锁存电路。待完成的电路如图8-39所示。

锁存器是一种对脉冲电平敏感的存储单元电路，可以在特定输入脉冲电平作用下改变状态。锁存就是把信号暂存起来以维持某种电平状态。

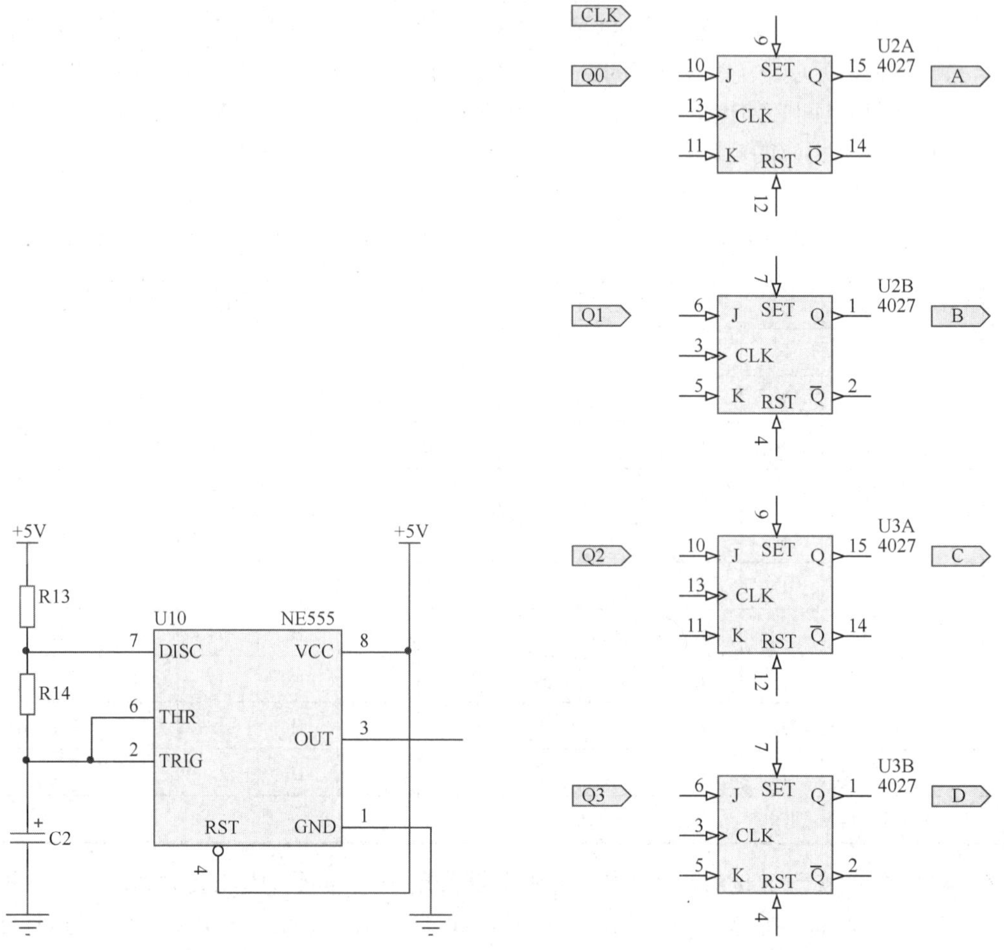

图 8-38　设计 2 待完成电路　　　　图 8-39　设计 3 待完成电路

（1）确定 SET（置位）引脚和 RST（复位）引脚的连接。

本设计要求采用 JK 触发器 CD4027 与六反相器 CD4069 实现。表 8-15 所示为 CD4027 功能表，从表中可以看出，若想实现触发器功能，SET（置位）引脚和 RST（复位）引脚需要接地，因此，图 8-39 中两个触发器的 4、7、9 和 12 引脚应接地。

表 8-15　CD4027 功能表

输　入					输　出	
SET	RST	CLK	J	K	Q	$\bar{Q}$
H	L	×	×	×	H	L
L	H	×	×	×	L	H
H	H	×	×	×	H	H
L	L	↑	L	L	维持原态	
L	L	↑	H	L	H	L
L	L	↑	L	H	L	H
L	L	↑	H	H	$\bar{Q}$	Q
说明：H 表示高电平，L 表示低电平，×表示高电平或低电平均可，↑表示上升沿						

（2）确定 CLK 引脚的连接。

从表 8-14 可以得出，当 D0～D7 均为“0”，即 SW1～SW10 均未被按下时，GS 为“0”；当 SW1～SW10 中任一按键被按下时，GS 为“1”，此时产生一个上升沿。触发器需要将一个上升沿的脉冲送到 CLK 引脚，此上升沿脉冲可以由图 8-37 中 U1 的 14 引脚 GS 得到。

（3）确定 J、K 引脚的连接。

JK 触发器的特性方程是 $Q^{n+1}=J\bar{Q}^n+\bar{K}Q^n$，要求每个 JK 触发器的 J 或 K 与其输出端 Q（Q^{n+1}）相等。令 Q^{n+1}=J，根据特性方程可以得到 K 等于 J 的非，即将 J 通过 CD4069 取反后接到触发器的 K 端，如图 8-40 所示。

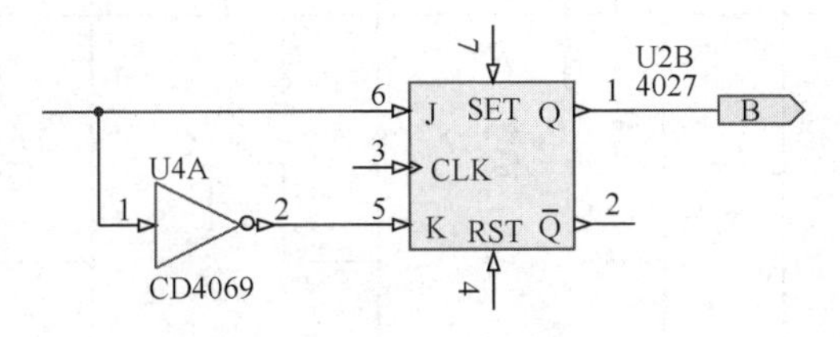

图 8-40　触发器 J、K 引脚的接法

4．设计 4

设计要求：参考图 8-35 所示的系统方框图，使用 74LS85 比较器和一个 CD4510 升/降计数器完成设计，如果按下的楼层数高于现在所处的楼层数，则升计数，反之则降计数，如图 8-41 所示。

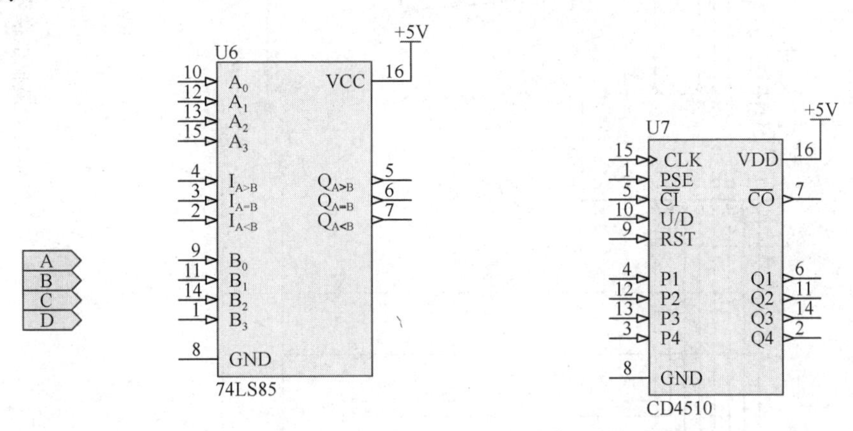

图 8-41　设计 4 待完成电路

根据设计要求，74LS85 对输入的数据 A 和数据 B 进行比较，数据 A（U6 的 A_0～A_3）来自 CD4510 计数器的输出（Q1～Q4），数据 B 来自锁存电路的输出（楼层数所对应的 BCD 码），两者比较的结果（74LS85 的 5、6、7 引脚）控制计数器 CD4510 进行升或降计数。可以将 74LS85 的 6 引脚接计数器 CD4510 的 5 引脚，当两者相等时，74LS85 的 6 引脚输出“1”，计数器停止计数；当 A≠B 时，74LS85 的 6 引脚输出“0”，计数器进行升或降计数。74LS85 的 7 引脚接 CD4510 的 10 引脚，当 A<B 时，数码管显示的楼层比当前所按下楼层数低，74LS85 的 7 引脚输出为“1”，使得 CD4510 的 10 引脚也为“1”，计数器升计数；反之降计数。

模拟电梯系统的总电路如图 8-42 所示。

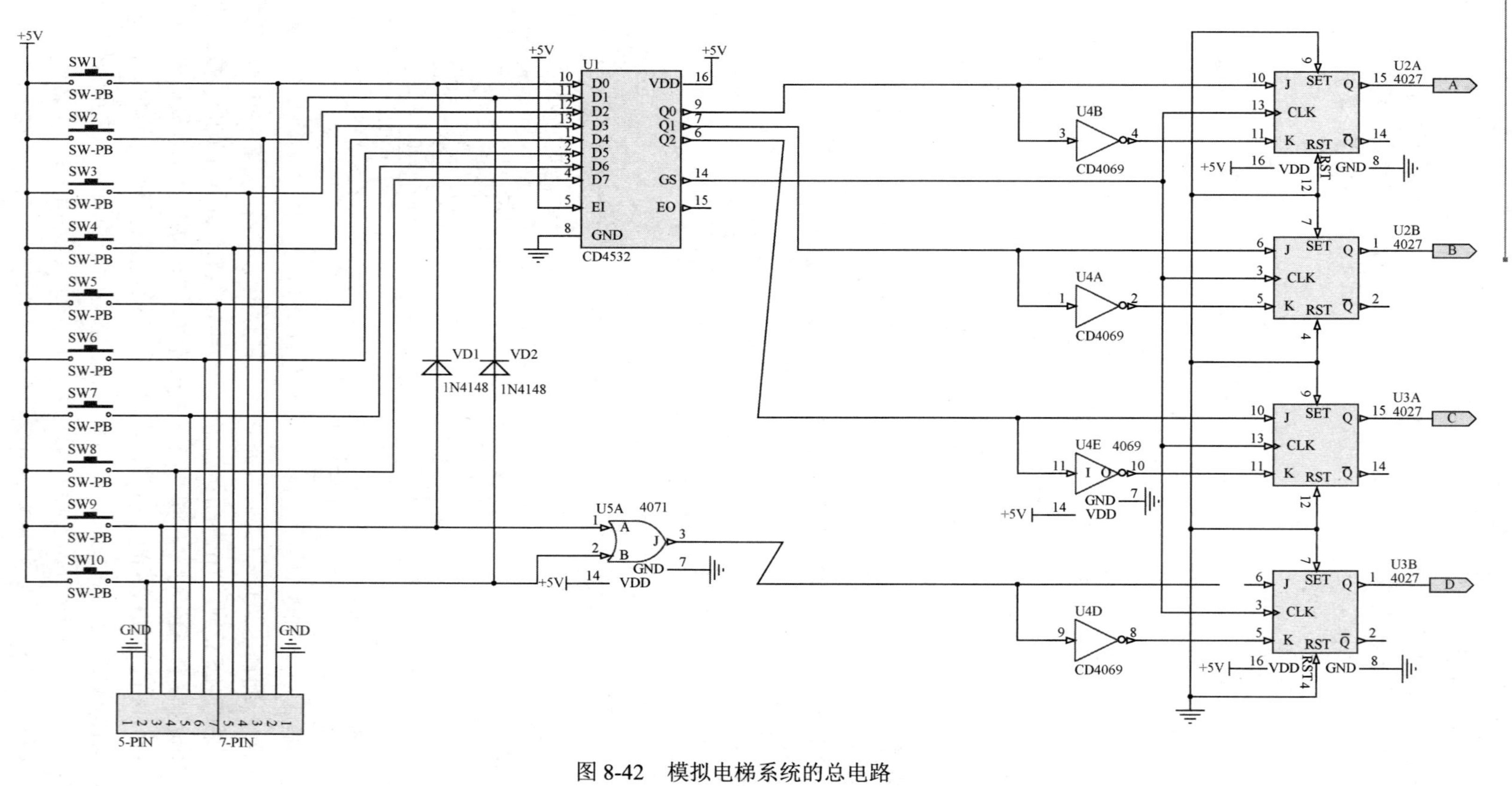

图 8-42 模拟电梯系统的总电路

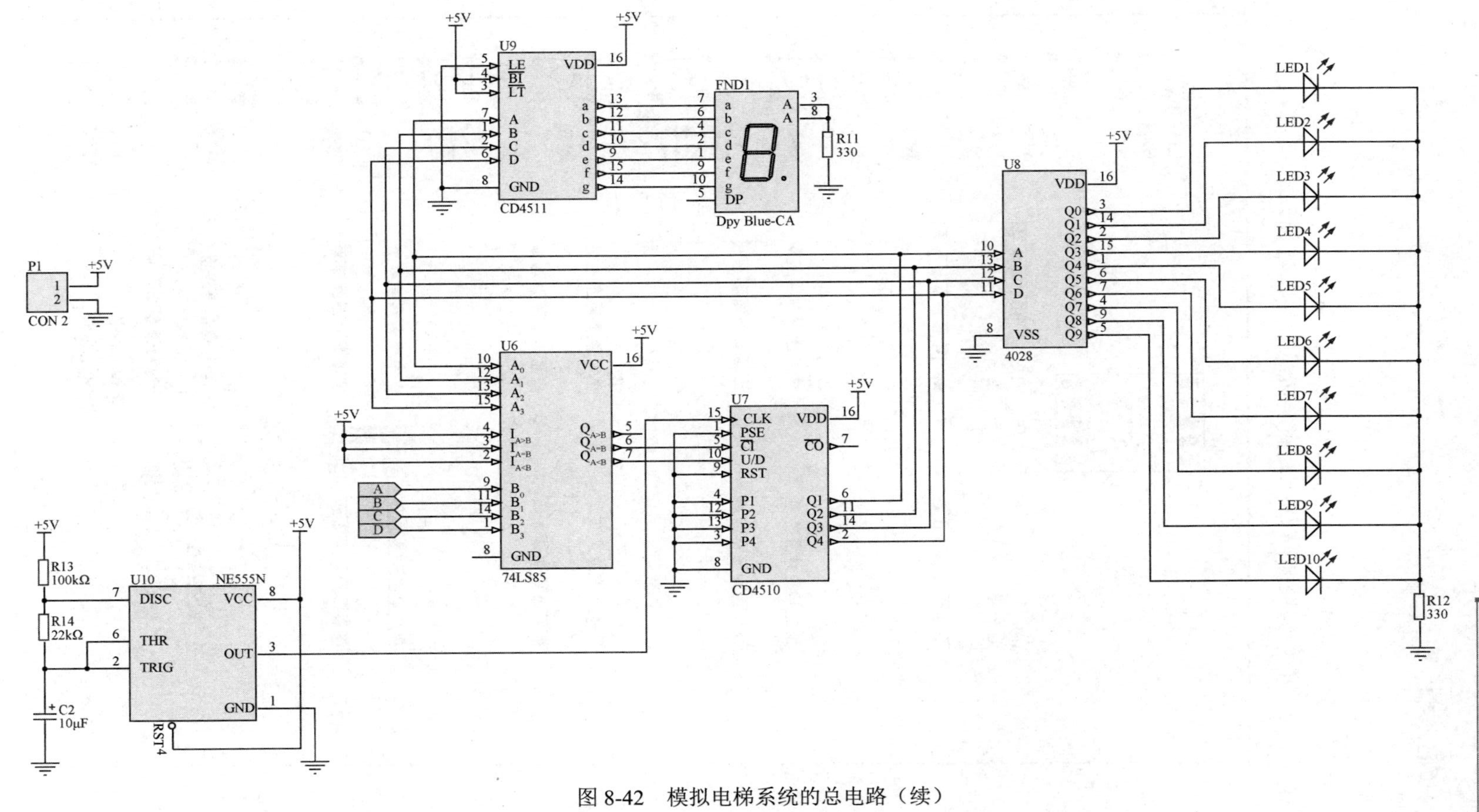

图 8-42 模拟电梯系统的总电路（续）

8.3.3 PCB 设计

本部分要求 PCB 的尺寸为 160mm×100mm，所有信号线宽度≥0.3mm，电源和地线的线宽≥0.5mm，安全距离≥0.3mm。电路板采用的是双面 PCB，元器件布局如图 8-43 所示，其中 U4 放在底层。顶层布线如图 8-44 所示，底层布线如图 8-45 所示。

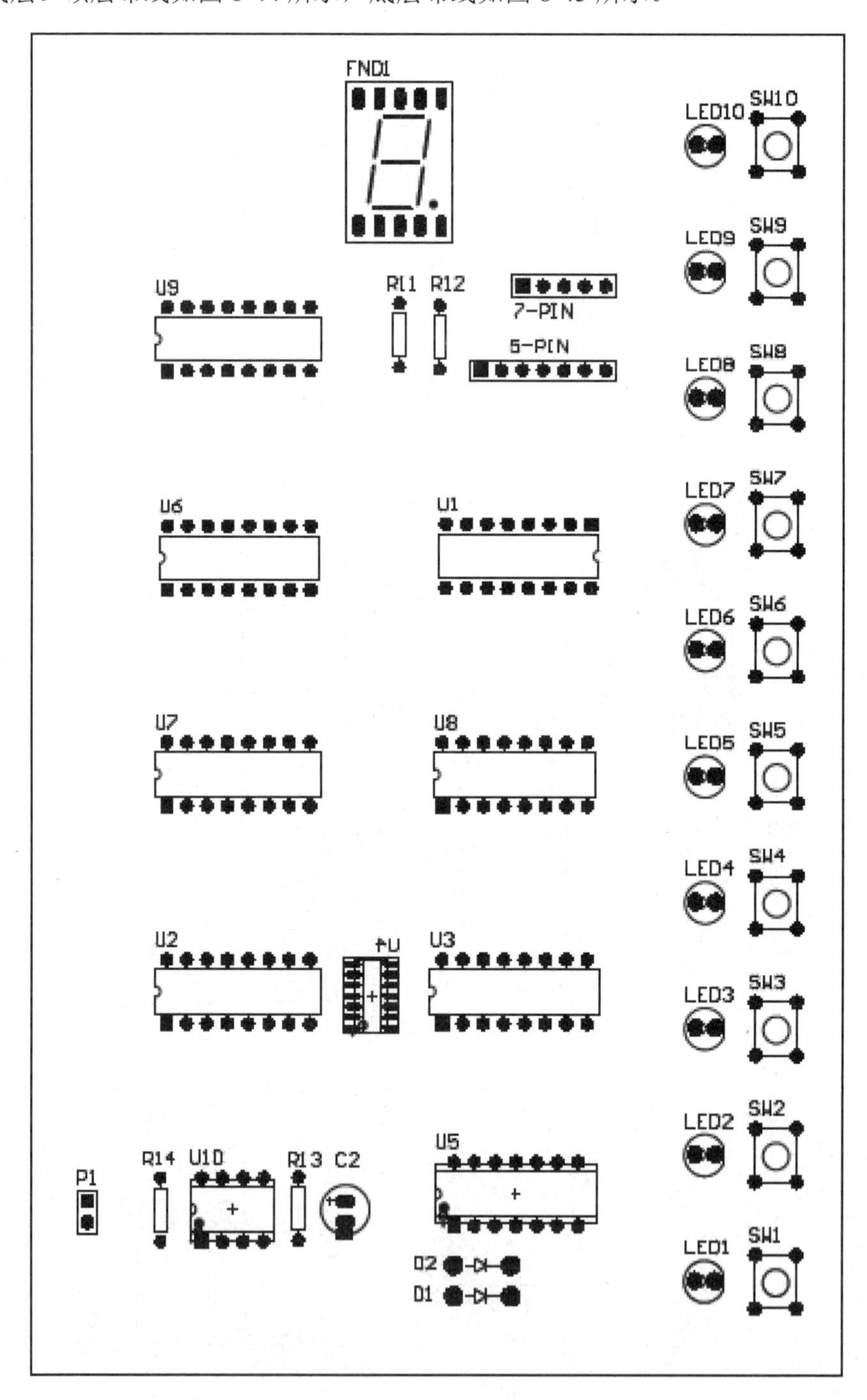

图 8-43　模拟电梯电路 PCB 元器件布局

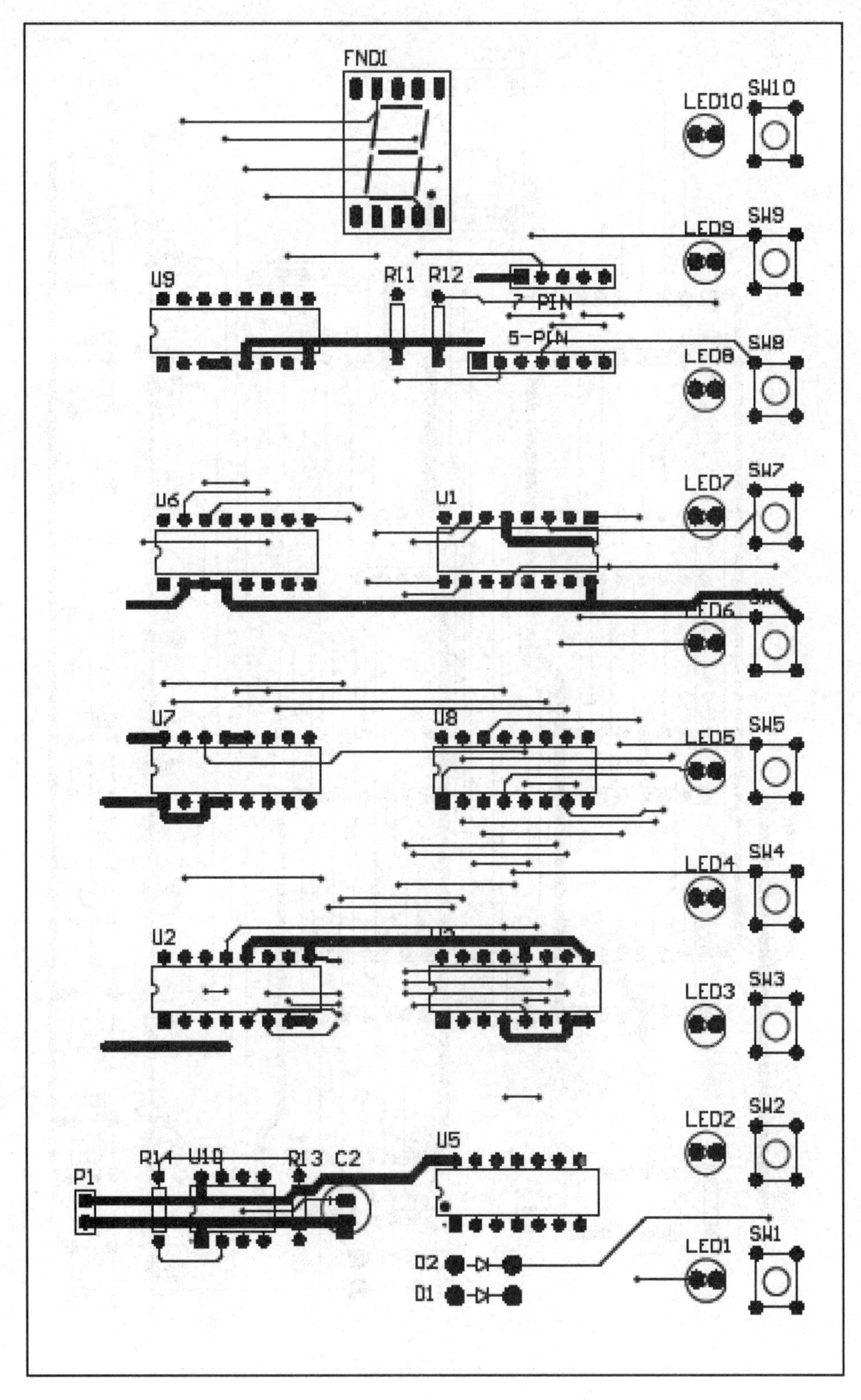

图 8-44　模拟电梯电路 PCB 顶层布线图

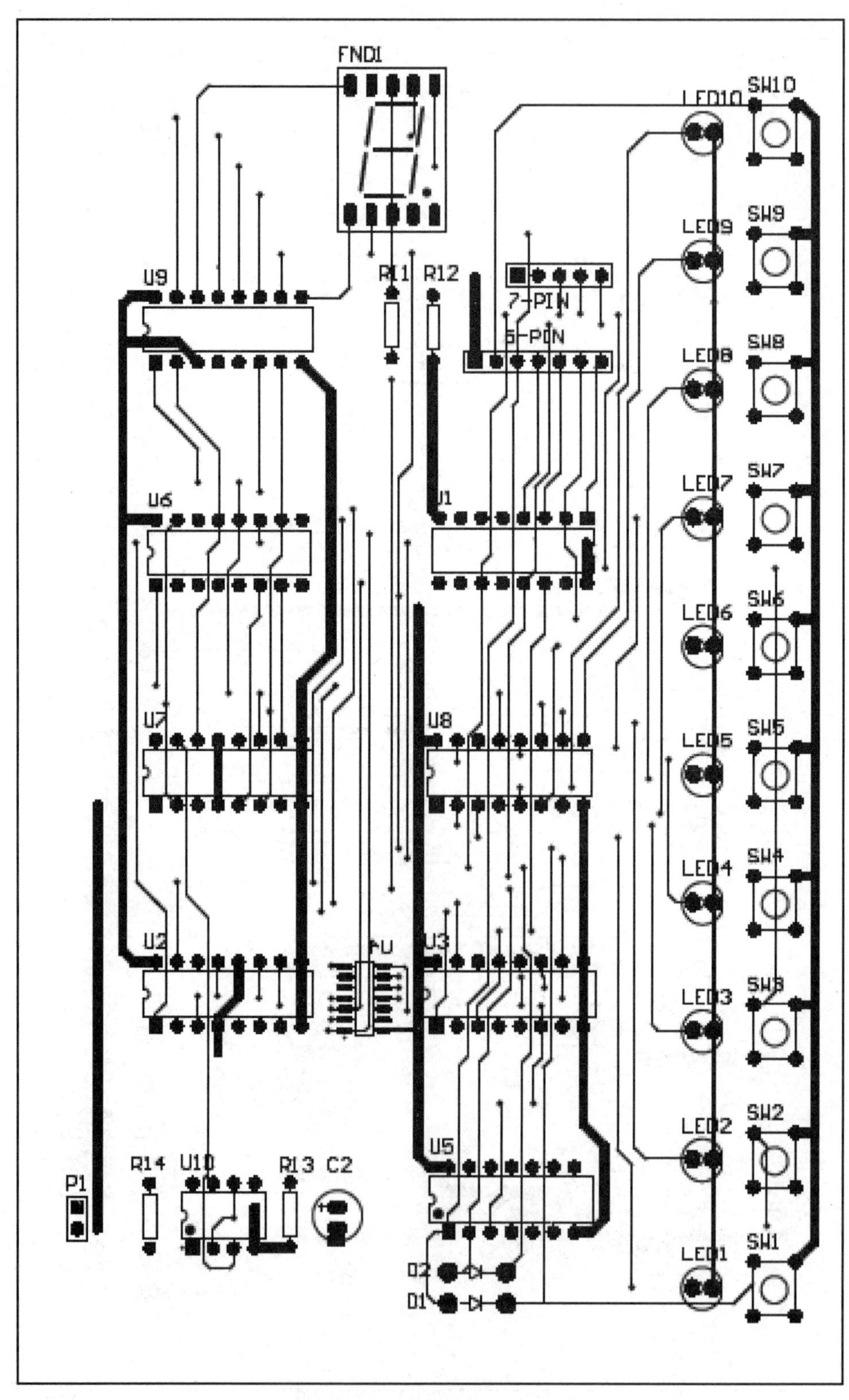

图 8-45　模拟电梯电路 PCB 底层布线图

8.3.4 组装与测试

1．组装

用 Altium Designer Summer 09 软件导出模拟电梯电路的元器件清单，按照由小到大、由低到高的原则进行组装。二极管、集成电路、电解电容及数码管在安装时应注意极性，IC 座的引脚不能弯折。

2．测试

（1）按下不同的键值，对照表 8-16 检查各输出电压是否与对应的电压值一致。

（2）用示波器测量 NE555 芯片 3 引脚的输出波形是否为 1Hz 方波信号。

（3）按下 SW9，观察 LED1～LED9 是否顺次点亮，数码管是否显示对应的楼层数；在此基础上按下 SW4，观察数码管的状态是否为降位计数。

表 8-16 SW 被按下时 Q0~Q3 端电压参考值

SW 被按下	输出电压（V）±5%			
	Q0	Q1	Q2	Q3
SW1	0	0	0	0
SW2	5	0	0	0
SW3	0	5	0	0
SW4	5	5	0	0
SW5	0	0	5	0
SW6	5	0	5	0
SW7	0	5	5	0
SW8	5	5	5	0
SW9	0	0	0	5
SW10	5	0	0	5

附录A

电子产品的设计文件格式

表1　设计文件

设　计　文　件

第 1 册
共 1 册
共 5 页

文件类别：电子产品设计及制作设计文件
文件名称：2010EC000
产品名称：函数信号发生器的设计与制作
产品图号：（不填）产品功能及使用说明
本册内容：原理图及设计说明、元器件明细表、产品功能及使用说明

批准：（不填）

年　　月　　日

媒体编号	（注：页脚中除参赛队编号外，其余均不填写）			
旧底图总号				
		标记	数量	更改单号	签名	日期
底图总号	拟制		2010EC000	
	校对			
	审核			
日期	签名		阶段标记	第 1 张 共 1 张
	标准化		1　1	
	批准			
格式(3)	制图	描图	幅面	

设计文件目录		产品名称 函数信号发生器的设计与制作	
序号	设 计 文 件 名 称	页 号	备 注
1	封面	1	
2	目录	2	
3	原理图及设计说明	3	
4	元器件明细表	4	
5	产品功能及使用说明	5	

媒体编号				
旧底图总号				
	标记	数量	更改单号	签名	日期

底图总号	拟制			2010EC000		
	校对					
	审核					
日期 签名				阶段标记	第 2 张	共 2 张
	标准化			1	1	
	批准					

格式(3) 制图 描图 幅面

原理图及设计说明	产品名称
	函数信号发生器的设计与制作

媒体编号														
旧底图总号														
											标记	数量	更改单号	签名	日期

底图总号	拟制			2010EC000			
	校对						
	审核						
日期 签名				阶段标记		第 3 张	共 3 张
	标准化			1	1		
	批准						

格式(3)　制图　描图　幅面

元器件明细表			产品名称 函数信号发生器的设计与制作	
序号	元器件类型	位号	元器件参数	备注

媒体编号					
旧底图总号		标记	数量	更改单号	签名	日期
底图总号	拟制		2010EC000			
	校对					
	审核					
日期 签名			阶段标记		第 4 张	共 4 张
	标准化		1	1		
	批准					

格式(3) 制图 描图 幅面

产品功能及使用说明	产品名称
	函数信号发生器的设计与制作

媒体编号

旧底图总号

标记	数量	更改单号	签名	日期

底图总号	拟制		2010EC000
	校对		
	审核		
日期 签名			阶段标记 第 5 张 共 5 张
	标准化		1 1
	批准		

格式(3) 制图 描图 幅面

附录B

电子产品的工艺文件格式

表2　工艺文件

工　艺　文　件

第 1 册
共 1 册
共 8 页

文件类别：电子产品设计及制作工艺文件

文件名称：2010EC000

产品名称：函数信号发生器的设计与制作

产品图号：(不填)

本册内容：工艺流程图、元器件汇总表、PCB装配图、线缆连接图

仪器仪表明细表、产品调试记录

批准：(不填)

年　月　日

媒体编号	(注：页脚中除参赛队编号外，其余均不填写)					
旧底图总号						
		标记	数量	更改单号	签名	日期
底图总号	拟制		2010EC000			
	校对					
	审核					
日期　签名			阶段标记		第 1 张	共 1 张
	标准化		1	1		
	批准					

格式(3)　　制图　　描图　　幅面

工艺文件目录		产品名称	
		函数信号发生器的设计与制作	
序号	工 艺 文 件 名 称	页 号	备 注
1	封面	1	
2	目录	2	
3	工艺流程图	3	
4	元器件汇总表	4	
5	PCB 装配图	5	
6	线缆连接图（表）	6	
7	仪器仪表明细表	7	
8	产品调试记录	8	

媒体编号

旧底图总号

标记	数量	更改单号	签名	日期

底图总号	拟制		2010EC000
	校对		
	审核		
日期 / 签名			阶段标记 / 第 2 张 / 共 2 张
	标准化		1 / 1
	批准		

格式(3)　　制图　　描图　　幅面

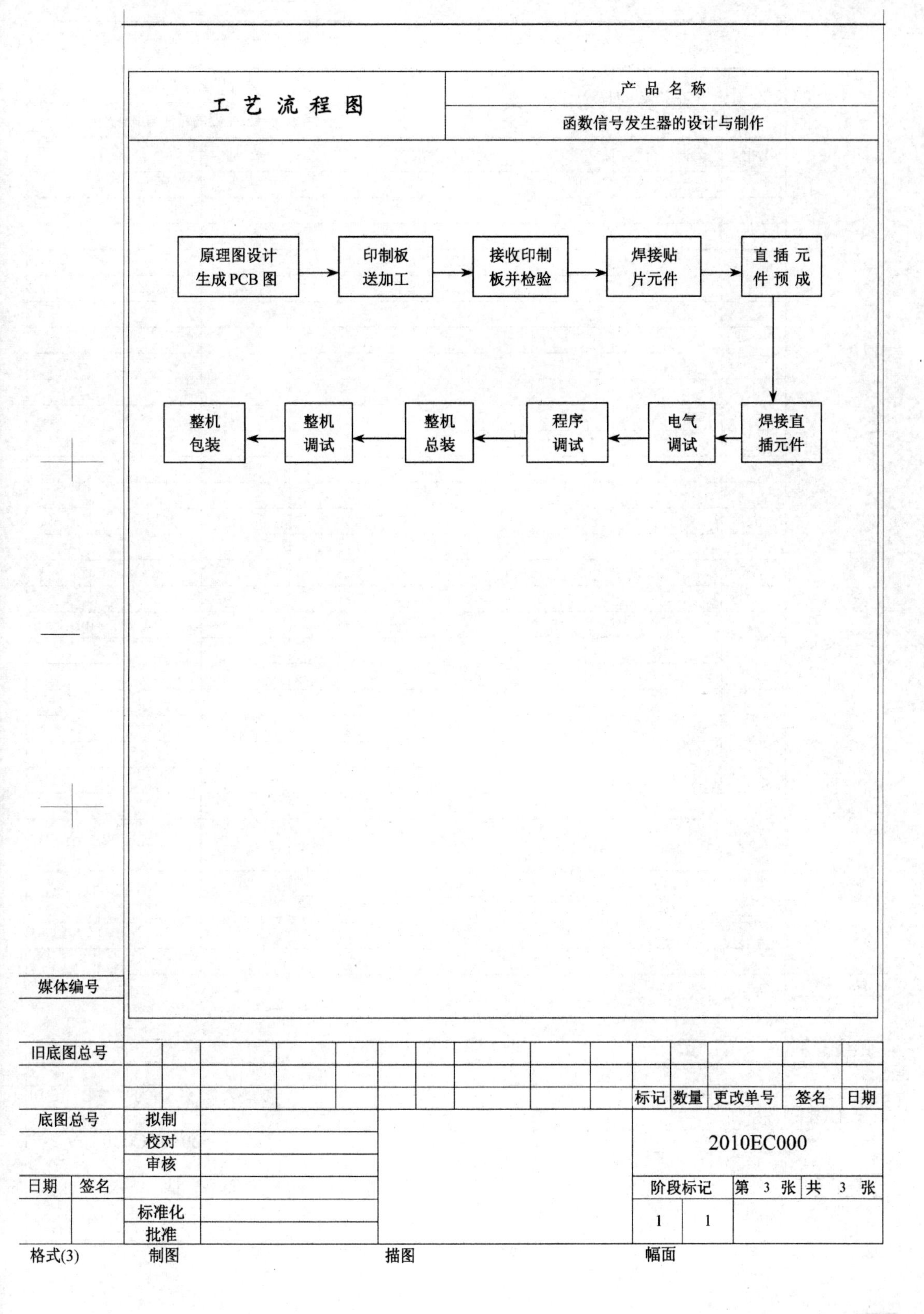

工艺流程图	产品名称
	函数信号发生器的设计与制作

原理图设计生成PCB图 → 印制板送加工 → 接收印制板并检验 → 焊接贴片元件 → 直插元件预成 → 焊接直插元件 → 电气调试 → 程序调试 → 整机总装 → 整机调试 → 整机包装

媒体编号					
旧底图总号					
		标记	数量	更改单号	签名	日期
底图总号	拟制		2010EC000			
	校对					
	审核					
日期	签名		阶段标记	第 3 张	共 3 张	
		标准化	1	1		
		批准				

格式(3) 制图 描图 幅面

元器件汇总表			产品名称	
			函数信号发生器的设计与制作	
序号	元器件类型	元器件参数	数量	备注

媒体编号					
旧底图总号		标记	数量	更改单号	签名	日期

底图总号	拟制			2010EC000		
	校对					
	审核					
日期 签名				阶段标记	第 4 张	共 4 张
	标准化			1	1	
	批准					

格式(3)　　制图　　描图　　幅面

PCB 装 配 图	产 品 名 称
	函数信号发生器的设计与制作

媒体编号

旧底图总号														
										标记	数量	更改单号	签名	日期

底图总号		拟制			2010EC000			
		校对						
		审核						
日期	签名				阶段标记		第 5 张	共 5 张
		标准化			1	1		
		批准						

格式(3) 制图 描图 幅面

线缆连接图（表）	产品名称
	函数信号发生器的设计与制作

媒体编号

旧底图总号

										标记	数量	更改单号	签名	日期

底图总号	拟制			2010EC000			
	校对						
	审核						
日期	签名			阶段标记		第 6 张	共 6 张
		标准化		1	1		
		批准					

格式(3) 制图 描图 幅面

仪器仪表明细表		产品名称 函数信号发生器的设计与制作		
序号	型号	名称	数量	备注

媒体编号

旧底图总号

标记	数量	更改单号	签名	日期

底图总号		拟制			2010EC000			
		校对						
		审核						
日期	签名				阶段标记		第 7 张	共 7 张
		标准化			1	1		
		批准						

格式(3)　制图　描图　幅面

调试记录	产品名称
	函数信号发生器的设计与制作

媒体编号																
旧底图总号																
												标记	数量	更改单号	签名	日期

底图总号		拟制			2010EC000		
		校对					
		审核					
日期	签名				阶段标记	第 8 张	共 8 张
		标准化			1	1	
		批准					

格式(3)　　制图　　描图　　幅面

参考文献

[1] 陈强，等. 印制电路板的设计与制造. 北京：机械工业出版社，2012.

[2] 郭勇，等. EDA 技术基础与应用. 北京：机械工业出版社，2011.

[3] 樊会灵，等. 电子产品工艺（第 2 版）. 北京：机械工业出版社，2010.

[4] 解相吾，解文博. 电子产品开发设计与实践教程. 北京：清华大学出版社，2008.

[5] 周润景，张丽娜. 基于 Proteus 的电路及单片机系统设计与仿真. 北京：北京航空航天大学出版社，2006.

[6] 王俊峰. 电子产品开发设计与制作. 北京：人民邮电出版社，2005.

[7] 王慧玲，沈月来. 电路实验与综合训练——电路综合训练. 北京：电子工业出版社，2005.

[8] 王卫平. 电子产品工艺基础（第 2 版）. 北京：电子工业出版社，2003.

反侵权盗版声明